高职高专物联网应用技术专业系列教材

物联网工程布线

主　编　罗　勇　单光庆

副主编　王　黎　李　团

参　编　程书红　鲍　建　赵　敏

主　审　曹　毅　彭　勇

西安电子科技大学出版社

内 容 简 介

本书从工程施工的角度出发，结合物联网工程综合布线技术特点，系统地介绍了物联网工程综合布线技术所涉及的基本知识和基本操作技能。本书主要内容包括：认识物联网工程布线系统、物联网工程布线标准、物联网工程布线常用器材和工具、物联网工程布线系统方案设计、物联网工程布线预算、物联网工程布线施工、物联网工程布线系统测试与验收、典型案例等。

本书内容详尽，层次清晰，叙述清楚，图文并茂，操作实用性强。书中既有适度的理论基础，又有比较详尽的布线实用技术指导，同时配有大量的实例与操作插图，实用性极强，符合高技能人才培养要求。

本书可作为高职高专院校计算机网络、通信工程、楼宇建筑和物联网等专业的综合布线教材，也可作为综合布线技术的培训教材和网络工程施工技术人员的参考书。

图书在版编目(CIP)数据

物联网工程布线/罗勇，单光庆主编. —西安：西安电子科技大学出版社，2014.10(2023.7重印)

ISBN 978–7–5606–3508–8

Ⅰ. ①物…　　Ⅱ. ①罗…　②单…　　Ⅲ. ①互联网络—应用—高等职业教育—教学参考资料　②智能技术—应用—高等职业教育—教学参考资料　　Ⅳ.①TP393.409　②TP18

中国版本图书馆 CIP 数据核字(2014)第 232580 号

责任编辑　阎　彬　刘玉芳
出版发行　西安电子科技大学出版社（西安市太白南路 2 号）
电　　话　(029)88202421　88201467　　邮　　编　710071
网　　址　www.xduph.com　　　　　电子邮箱　xdupfxb001@163.com
经　　销　新华书店
印刷单位　陕西天意印务有限责任公司
版　　次　2014 年 10 月第 1 版　　2023 年 7 月第 5 次印刷
开　　本　787 毫米×1092 毫米　1/16　印张 18.5
字　　数　435 千字
印　　数　10 001～13 000 册
定　　价　38.00 元

ISBN 978 – 7 – 5606 – 3508 – 8 / TP

XDUP 3800001−5

＊＊＊ 如有印装问题可调换 ＊＊＊

高职高专物联网应用技术专业
系列教材编委会

前　言

物联网被称为世界信息产业的第三次浪潮，国际电联曾预测，未来世界是无所不在的物联网世界。物联网工程布线系统是智能建筑的基础设施，随着城镇化建设的快速发展，企业急需大批物联网工程布线规划设计、安装施工、测试验收和维护管理等高技能专业人才。

为了落实《国务院关于大力发展职业教育的决定》精神，配合教育部做好示范性高等职业院校建设，遵循高技能人才培养的特点和规律，参照综合布线施工人员的职业岗位要求，我们编写了本书。本书的编写从工程实际出发，改革传统编写模式，围绕着一个真实布线工程实例，采用模块管理、项目导向安排内容，简明实用、层次分明；书中以最新网络布线理论为基础，深入浅出地介绍了物联网工程综合布线的必备知识和实用技能，结合目前职业教育与实训教学条件，强调"讲得清、做得了"，力求将工程实践与教学紧密相结合，通过实训环节培养学生的工程意识、工程习惯，满足实际工程的需要。

本书内容的取舍以必需、够用为原则，以针对、实用为目的，内容的深度广度以高职高专技术型人才培养目标为标准，以快速培养符合物联网行业发展需求的专业人才为方向，优化教材结构，突出技术应用性。本书介绍了物联网工程布线的基本概念和工作流程，总结了工程布线的设计原则和安装规范。本书重点介绍了物联网工程布线技术的概念、关键技术与标准、器材与工具、项目设计与安装施工、测试与验收、故障检测与工程经验等内容。全书图文并茂，理论与实践相结合，实训与技能相结合，经验与就业相结合，内容丰富、详实，好学易记。本书是教育部人文社会教学研究项目(12YJA880005)的研究成果之一。

本书分为八个项目：

项目一认识物联网工程布线系统，首先引入一个真实的布线工程项目，通过项目分析，了解相关知识，得到项目实施方法，使学生步入物联网工程布线技术之门，对布线有一个初步认识。

项目二物联网工程布线标准，根据国际标准最新动态，对欧美和国内布线标准作了介绍，对未来的综合布线领域进行预测。

项目三物联网工程布线常用器材和工具，通过讲解通信介质和布线组件的特性和性能参数指标，使学生能够正确选择工程用材、配件及工具。

项目四物联网工程布线系统方案设计，介绍了物联网工程布线项目实现的第一步——系统设计，根据用户(甲方)需求，依据设计等级、原则和各部分设计特点，使用 AutoCAD 或 Visio 等软件做出设计方案。

项目五网络工程预算，根据设计图纸与设计方案预算出各种材料的数量和工程造价，同时给出了常用的预算表格。

项目六物联网工程布线施工，对物联网工程布线系统的基本要求以及系统设备的安装作了详细介绍，重点对铜缆及光缆布线工作进行分析和阐述。

项目七物联网工程布线系统验收与测试，通过讲解常用测试仪器的使用，学习双绞线和光纤网络的测试方法，介绍验收方法及技术规范，完成工程验收。

项目八物联网工程网络综合布线工程案例，通过典型案例对物联网工程综合布线的系统过程进行概括和总结，并结合实例参照对比，设计方案。

本书在写作过程中采用了国家最新颁布的布线标准并参阅了大量的教材、专著、公司产品样本和有关行业标准、规范，叙述准确、规范、有条理。为协助读者进一步提高学习效率，本书提供了配套的电子课件。因此，本书是当前符合高职高专需求的且与工作过程相结合的实用教材。

本书由重庆城市管理职业学院罗勇、单光庆担任主编，重庆普天普科通信技术有限公司王黎、重庆立信职业教育中心李团担任副主编；同时参与本书编写的还有重庆城市管理职业学院程书红，重庆航天职业技术学院鲍建、赵敏；本书由重庆城市管理职业学院曹毅、彭勇担任主审。

物联网工程布线技术是一门跨多学科的新兴技术，发展快、范围广，它将随着计算机技术、通信技术、控制技术与建筑技术紧密结合而不断发展，虽然本书参考了多个国家标准和技术白皮书，也参考了多本相关教材和论文，但许多理论和技术问题有待进一步研究和完善。由于时间仓促，加之作者知识水平有限，书中难免有不足和疏漏之处，恳请读者批评指正。

编　者

2014 年 5 月

目 录

项目一　认识物联网工程布线系统

提及综合布线，大家可能并不陌生，也许你会简单地认为综合布线是把各种设备通过一些线缆连接在一起，例如把多台计算机通过网络线缆连接在一起，实现信息共享。其实，综合布线实现的是一种模块化的、灵活性极高的建筑物内或建筑群之间的信息传输通道，是建筑物内的"信息高速公路"。采用综合布线技术既能使语音、数据、图像设备和交换设备与其他信息管理系统彼此相连，也能使这些设备与外部通信网络相连接。综合布线系统中还包括建筑物外部网络或电信线路的连接点与应用系统设备之间的所有线缆及相关的连接部件。综合布线系统由不同种类和规格的部件组成，其中包括传输介质、相关连接硬件(如配线架、连接器、插座、插头、适配器)以及电气保护设备等。这些部件可用来构建各种子系统，它们都有各自的具体用途，不仅易于实施安装，而且能随需求的变化而平稳升级。

任务一　物联网工程布线介绍

某信息学院为实现教学现代化、提高管理水平，拟组建自己的校园网，并接入互联网。该建设项目要把校园网的各信息点及主要网络设备，用标准的传输介质和模块化的系统结构，构成一个完整的信息化教学与管理综合布线系统，以此连接各办公室、教室、图书馆、机房及信息中心，形成分布式、开放式的网络环境，从而提高教育、教学、管理及科研水平。

信息学院有主要建筑四幢，分别是1、2、3、4号楼。其中，1号楼是多媒体教室用楼，共4层，有多媒体教室60间，计划信息点100个；2号楼是信息中心楼，共5层，包括网管中心、图书馆、网络实训中心、动漫制作中心以及12个常用机房，计划信息点200个(信息中心楼的布线工程是本书重点介绍的内容)；3号楼是办公楼，共4层，包括办公室、会议室和报告厅，计划信息点160个；4号楼是教学主楼，共11层，包括多媒体教室、普通教室和教师办公室，计划信息点300个。信息学院环境布局示意图如图1-1所示。

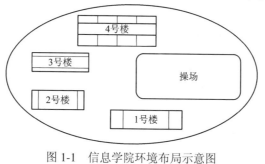

图1-1　信息学院环境布局示意图

1. 项目分析

根据学院环境布局，经过实地测量，本工程楼间距均在 300 米之内。因此，工程目标容易制定，施工范围也好安排。

2. 工程目标

- 支持高速率数据传输，能传输数字、多媒体、视频、音频信息，满足学院日常办公、对外交流、教学过程和教务管理需要。
- 符合 EIA / TIA 568A、EIA / TIA 568B、ISO/IEO 11801 国际标准。
- 所有接插件都采用模块化的标准件，以便于不同厂家设备的兼容。
- 实现校园内 1000 b/s 主干网连接到各 100 b/s 局域网。
- 通过中国网通和中国教育网联入 Internet。
- 根据实际工作需要，网络能够具有可扩充和升级能力。

3. 施工范围

本工程楼间采用光纤连接；2 号楼(网管中心所在位置为一级节点)层间也采用光纤连接，是本次工程的建设重点；其余楼内及其他各二、三级节点处采用双绞线布线。校园网络工程结构如图 1-2 所示，2 号楼信息中心结构示意图如图 1-3 所示。

现代建筑物，常常需要将计算机技术、通信技术、信息技术和办公环境集成在一起，实现信息和资源共享，提供迅捷的通信和完善的安全保障，这就是智能大厦，而这一切的基础就是综合布线。

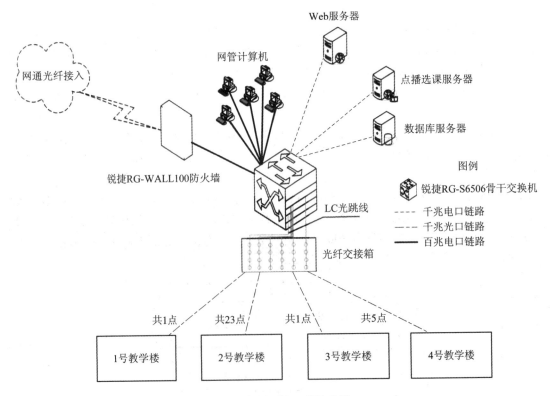

图 1-2　校园网络工程结构图

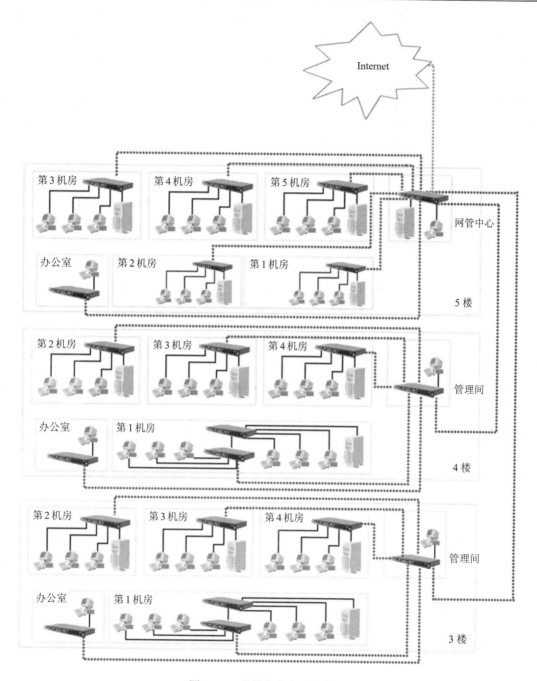

图 1-3　2 号楼信息中心结构图

内容一　物联网工程综合布线概述

　　回顾历史，综合布线的发展与建筑物自动化系统密切相关。传统布线起源于 20 世纪 50 年代，当时，经济发达的国家在城市中兴建新式大型高层建筑，为了增加和提高建筑物的使用功能和服务水平，提出楼宇自动化(BA)的要求。传统布线系统是指为了将分散设置在建筑内的各种设备相连，组成各自独立的集中监控系统，每套系统需要独立的传输线路来发送相应的信号。传统布线(如电话、计算机局域网)是各自独立的，各系统分别由不同的厂商设计和安装，传统布线采用不同的线缆和不同的终端插座。而且，连接这些不同布线的插头、插座及配线架均无法互相兼容。办公布局及环境改变的情况是经常发生的，当需要调整办公设备或随着新技术的发展需要更换设备时，就必须更换布线。这样因增加新电缆而留下不用的旧电缆，天长日久，就会导致建筑物内出现一堆堆杂乱的线缆，造成很大的隐患，维护不便，改造也十分困难。

随着全球社会信息化与经济国际化的深入发展，人们对信息共享的需求日趋迫切，这就需要一个适合信息时代的布线方案。美国电话电报(AT&T)公司贝尔(Bell)实验室的专家们经过多年的研究，在办公楼和工厂试验成功的基础上，于 20 世纪 80 年代末期率先推出了 SYSTIMAX™PDS(建筑与建筑群综合布线系统)，现在已推出结构化布线系统 SCS。中华人民共和国国家标准 GB/T 50311—2000 将这类系统命名为综合布线系统(Generic Cabling System，GCS)。

综合布线系统(Premise Distribution System)又称结构化布线系统(Structure Cabling System)，是目前流行的一种新型布线方式，它采用标准化部件和模块化组合方式，把语音、数据、图像和控制信号用统一的传输媒体进行综合，构成了一套标准、实用、灵活、开放的布线系统。它既能使语音、数据、影像与其他信息系统彼此相连，也支持会议电视、监视电视等系统及多种计算机数据系统。

结构化综合布线系统解决了常规布线系统无法解决的问题。常规布线系统中的电话系统、保安监视系统、电视接收系统、消防报警系统、计算机网络系统等互不相连，每个系统的终端插接件亦不相同，当这些系统中的某一项需要改变时，操作是极其困难的，甚至要付出很高的代价。相比之下，综合布线系统是采用模块化插接件，垂直、水平方向的线路一经布置，只需改变接线间的跳线，改变交换机，增加接线间的接线模块，便可满足用户对这些系统的扩展和移动。

综合布线是一种预布线，能够适应较长一段时间的需求。该布线系统应是完全开放的，能够支持多级多层网络结构，易于实现建筑物内的配线集成管理。综合布线系统具有灵活的配线方式，布线系统上连接的设备在物理位置上的调整以及语音或数据的传输方式的改变，都不需要重新安装附加的配线或线缆来进行重新定位。

1. 综合布线的特点

综合布线同传统的布线相比较，有着许多优越性。其特点主要表现在它具有兼容性、开放性、灵活性、可靠性、先进性和经济性，而且在设计、施工和维护方面也给人们带来了许多方便。

1) 兼容性

综合布线的首要特点是它的兼容性。所谓兼容性是指它自身是完全独立的，与应用系统相对无关，可以适用于多种应用系统。

过去，为一幢大楼或一个建筑群内的语音或数据线路布线时，往往是采用不同厂家生产的电缆线、配线插座以及接头等。而综合布线是将语音、数据与监控设备的信号经过统一的规划和设计，采用相同的传输媒体、信息插座、交连设备、适配器等，把这些不同信号综合到一套标准的布线中。由此可见，综合布线比传统布线大为简化，可节约大量的物资、时间和空间。

在使用时，用户可不用定义某个工作区的信息插座的具体应用，只把某种终端设备(如个人计算机、电话、视频设备等)插入这个信息插座，然后在管理间和设备间的交接设备上做相应的接线操作，这个终端设备就被接入到各自的系统中了。

2) 开放性

对于传统的布线方式，只要用户选定了某种设备，也就选定了与之相适应的布线方式和传输媒体。如果更换另一设备，那么原来的布线就要全部更换。对于一个已经完工的建筑物，这种变化是十分困难的，要增加很多投资。

综合布线由于采用开放式体系结构，符合多种国际上现行的标准，因此它几乎对所有著名厂商的产品都是开放的，如计算机设备、交换机设备等；并对所有通信协议也是支持的，如 RS-422、TOKENRING、ISO/IEC 8802-3、ISO/IEC 8802-5 等。

3) 灵活性

传统的布线方式是封闭的，其体系结构是固定的，若要迁移设备或增加设备，是相当困难而麻烦的，甚至是不可能的。

综合布线采用标准的传输线缆和相关连接硬件，模块化设计，因此所有通道是通用的。每条通道可支持终端、以太网工作站及令牌环网工作站。所有设备的开通及更改均不需要改变布线，只需增减相应的应用设备以及在配线架上进行必要的跳线管理即可。另外，组网也可灵活多样，甚至在同一房间可有多用户终端、以太网工作站、令牌环网工作站并存，为用户组织信息流提供了必要条件。

4) 可靠性

传统的布线方式由于各个应用系统互不兼容，因而在一个建筑物中往往要有多种布线方案，这样建筑系统的可靠性要由所选用的布线可靠性来保证，当各应用系统布线不当时，还会造成交叉干扰。

综合布线采用高品质的材料和组合压接的方式构成一套高标准的信息传输通道。所有线槽和相关连接件均通过 UL、CSA 和 ISO 认证，每条通道都要采用专用仪器测试链路阻抗及衰减率，以保证其电气性能。应用系统布线全部采用物理星型拓扑结构，点到点端接，任何一条链路故障均不影响其他链路的运行，这就为链路的运行维护及故障检修提供了方便，从而保障了应用系统的可靠运行。各应用系统往往采用相同的传输媒体，因而可互为备用，提高了备用冗余。

5) 先进性

综合布线通常采用光纤与双绞线混合布线方式，极为合理地构成一套完整的布线。

所有布线均采用世界上最新的通信标准，信息通道均按布线标准进行设计，链路均按8 芯双绞线配置。5 类双绞线标准带宽为 100 MHz，6 类双绞线标准带宽为 250 MHz。对于特殊用户的需求可把光纤引到桌面。语音干线部分用铜缆，数据部分用光缆，为同时传输多路实时多媒体信息提供足够的带宽容量。

6) 经济性

综合布线比传统布线具有经济性优点，主要是综合布线可适应相当长时间的需求，而且具有一定的技术储备，在今后的若干年内，在不增加新的投资的情况下，仍能保持布线系统的先进性。而传统布线的改造很费时间，耽误工作造成的损失更是无法用金钱计算的。

通过上面的介绍可知，综合布线较好地解决了传统布线方法存在的许多问题。随着科学技术的迅猛发展，人们对信息资源共享的要求越来越迫切，尤其以电话业务为主的通信网络逐渐向综合业务数字网络过渡，使人们越来越重视能够同时提供语音、数据和视频传输的集成通信网络。因此，综合布线取代单一、昂贵、复杂的传统布线，是信息时代的要求，是历史发展的必然趋势。

2. 网络综合布线系统的适用范围

综合布线系统采用模块化设计和分层星型拓扑结构，能够适应任何建筑物的布线，可以支持语音、数据和视频等各种应用。我国颁布的通信行业标准《大楼通信综合布线系统》(YD/T 926)指出综合布线的适用范围是跨越距离不得超过 3000 m、建筑总面积不超过 100万平方米的布线区域，区域内的人员为 50～50 000 人。当布线区域超出上述范围时，该标准只可参考使用。标准中的大楼指各种商务、办公和综合性大楼等，不包括普通住宅楼。

综合布线系统按应用场合分，应包括建筑与建筑群综合布线系统(PDS)、建筑物自动化系统(BAS)、工业自动化系统(IAS)三种综合布线系统。它们的原理和设计方法基本相同，只是侧重点各不相同而已，如建筑与建筑群综合布线系统(PDS)以商务环境和办公自动化环境为主，建筑物自动化系统(BAS)以大楼环境控制和管理为主，工业自动化系统(IAS)以传输各类特殊信息和适应快速变化的工业通信为主。

3.6 类网络综合布线系统简介

2002 年 6 月 7 日，前后讨论长达五年的 6 类布线系统标准终于尘埃落定，综合布线 6类双绞线传输标准正式获得了通过。6 类双绞线布线正式标准 ANSI/TIA/EIA-568B.2-1 的推出，对综合布线的应用和布线厂商、系统集成商、测试服务提供商等都有非常大的意义，因为这意味着结构化布线迈出了历史性的一步。TIA 568B 从此真正成为了一个能够全面满足目前的网络发展状况、解决网络建设的基础标准集。在千兆网络即将成为网络建设的普遍需求时，作为网络安全的骨架，6 类布线标准的推出成为千兆网络的及时雨，它为建设基于千兆以太网的新一代网络在物理层面打下了坚实的基础。

同时，TIA 宣布 2002 年 6 月 24 日正式出版 6 类布线标准，作为商业建筑布线系统系列标准 TIA/EIA 568-B 中的一个附录，这是 TIA 发布的最成功的标准之一。新的 6 类标准对平衡双绞电缆、连接硬件、跳线、通道和永久链路作了详细的要求，提供了 1～250 MHz频率范围内实验室和现场测试程序的实际性能检验。6 类标准还包括提高电磁兼容性时对线路和连接硬件平衡的要求，为用户选择更高性能的产品提供了依据，同时，它也应当满足网络应用标准组织的要求。

6 类标准规定了铜缆布线系统应用所能提供的最高性能，规定允许使用的线缆及连接类型为 UTP 或 STP。整个系统包括应用和接口类型都要向下兼容，即新的 6 类布线系统上可以运行以前在 3 类或 5 类系统上运行的应用，用户接口应采用 8 位模块化插座。同 5 类标准一样，6 类布线标准也采用星型拓扑结构，要求的布线距离为：基本链路的长度不能超过 90 m，信道长度不能超过 100 m。

6 类产品及系统的频率范围应当在 1～250 MHz 之间，最高可达到 350 MHz，对系统中的线缆、连接硬件、永久链路及信道所有频率点都需测试衰减、回损、延迟/失真、功率累加近端串扰、功率累加等效远端串扰、等效远端串扰、平衡等技术参数。

6 类/E 级标准是目前不采用单独线对屏蔽形式而提供最高传输性能的技术，对绝大多数的商业应用，6 类/E 级的 250 MHz 带宽在整个布线系统生命周期内对于用户来说是足够的，因此，6 类/E 级是商业大楼布线的最佳选择。

内容二 物联网工程综合布线系统的基本概念

物联网工程综合布线系统是指用数据和通信电缆、光缆、各种软电缆及有关连接硬件构成的通用布线系统，它能支持语音、数据、影像和其他信息技术的标准应用系统。

综合布线系统是建筑物或建筑群内的传输网络系统，它能使语音和数据通信设备、交换设备和其他信息管理系统彼此相连接，包括建筑物到外部网络的连接点与工作区的语音或数据终端之间的所有电缆及相关联的布线部件。

综合布线系统与智能大厦的发展紧密相关，是智能大厦的实现基础。智能大厦具有舒适性、安全性、方便性、经济性和先进性等特点。智能大厦一般包括中央计算机控制系统、楼宇控制系统、办公自动化系统、通信自动化系统、消防自动化系统、安保自动化系统等。

另一方面，综合布线系统是生活小区智能化的基础。信息化社会唤起了人们对住宅智能化的要求，业主们开始考虑在舒适的家中了解各种信息，并且非常关注在家办公、在家炒股、互动电视、住宅自控等。

GB/T 50311—2007《综合布线系统工程设计规范》国家标准规定在智能建筑与智能建筑园区的工程设计中宜将综合布线系统分为基本型、增强型、综合型三种常用形式。它们都能支持话音和数据等系统，能随工程的需要转向更高功能的布线系统；它们的主要区别在于支持话音和数据服务所采用的方式不同，这是为了能在移动和重新布局时实施线路管理的灵活性。

基本型综合布线系统大多数能支持话音和数据，它是一种富有价格竞争力的综合布线方案，能支持所有话音和数据的应用，并能应用于语音、话音和数据或高速数据，便于技术人员管理，能支持多种计算机系统数据的传输。

增强型综合布线系统不仅具有增强功能，而且还可提供发展余地。它支持话音和数据应用，并可按需要利用端子板进行管理，特点是每个工作区有两个信息插座，不仅机动灵活，而且功能齐全，任何一个信息插座都可提供话音和高速数据应用，可统一色标，是一个能为多个数据应用部门提供服务的经济有效的综合布线方案。

综合型综合布线系统的主要特点是引入光缆，可适用于规模较大的智能大楼，其余特点与基本型或增强型相同。

内容三 物联网工程综合布线子系统简介

综合布线系统应是开放式分层星型拓扑结构，该结构下的每个分支子系统都是相对独立的单元，对任何一个分支子系统的改动都不会影响其他子系统。综合布线系统应能支持电话、数据、图文、图像等多媒体业务需要。

综合布线系统可划分成七个部分，包括：工作区、配线(水平)子系统、干线(垂直)子系统、设备间子系统、管理间子系统、进线间子系统、建筑群子系统。

1. 工作区

工作区也称工作区子系统，是连接最终用户的部分，一个独立的需要设置终端设备的区域宜划分为一个工作区。工作区应由配线(水平)布线系统的信息插座延伸到工作站终端设备处的连接电缆及适配器组成，如图1-4所示。

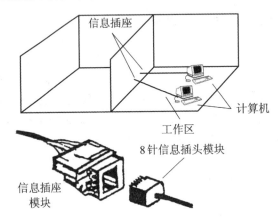

图1-4 工作区

一个工作区的服务面积可按 5～10 m² 估算，或按不同的应用场合调整面积的大小。每个工作区应至少设置一个信息插座来连接电话机或计算机终端设备，或按用户要求设置。

工作区的每一个信息插座均应支持电话机、数据、计算机、电视机及监视器等终端的设置和安装。

2. 水平子系统

水平子系统也称配线子系统，用来提供楼层配线间至用户工作区的通信干线和端接设备，应由工作区的信息插座、信息插座至楼层配线设备(FD)的配线电缆或光缆、楼层配线设备和跳线等组成。水平线缆可以使用双绞线或光缆，对于利用双绞线构成的水平子系统，通常最远延伸距离不能超过 90 m。水平子系统示意图如图1-5所示。

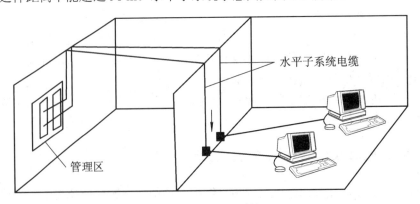

图1-5 水平子系统

3. 垂直子系统

垂直子系统也称干线子系统，它由设备间的建筑物配线设备(BD)和跳线以及设备间至各楼层配线间的干线电缆组成。其示意图如图 1-6 所示。

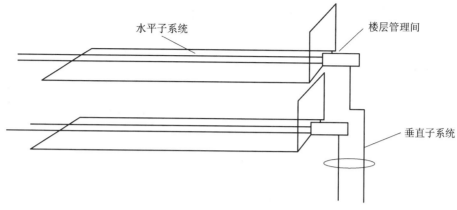

图 1-6　垂直子系统

4. 设备间子系统

设备间子系统也称设备间，是在每一幢大楼的适当地点设置电信设备、计算机网络设备以及建筑物配线设备，并进行网络管理的场所。对于综合布线工程设计，设备间主要安装建筑物配线设备(BD)。电话、计算机等各种主机设备及引入设备可合装在一起。设备间子系统示意图如图 1-7 所示。

设备间的位置通常选定在每一幢大楼的 1～3 层。设备间的所有总配线设备应用色标区别各类用途的配线区。设备间位置及大小应根据设备的数量、规模、最佳网络中心等因素，综合考虑确定。

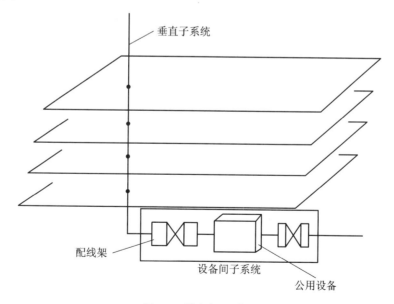

图 1-7　设备间子系统

5. 管理间子系统

管理间子系统也称管理，是垂直子系统和水平子系统的连接管理系统。它应对设备间、交接间和工作区的配线设备、缆线、信息插座等设施，按一定的模式进行标示和记录。它通常设置在专门为楼层服务的设备配线间内，如图 1-8 所示。

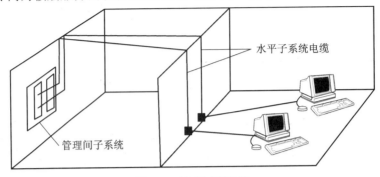

图 1-8　管理间子系统

6. 进线间子系统

进线间是建筑物外部通信和信息管线的入口部位，并可作为入口设施和建筑群配线设备的安装场地。进线间是 GB/T 50311—2007 国家标准在系统设计内容中专门增加的，要求在建筑物前期系统设计中要有进线间，并且要满足多家运营商业务需要，避免一家运营商自建进线间后独占该建筑物的宽带接入业务。进线间一般通过地埋管线进入建筑物内部，宜在土建阶段实施。

建筑群主干电缆和光缆、公用网和专用网电缆、光缆及天线馈线等室外缆线进入建筑物时，应在进线间转换成室内电缆、光缆，并在缆线的终端处可由多家电信业务经营者设置入口设施。入口设施中的配线设备应按引入的电、光缆容量配置。

电信业务经营者在进线间设置安装的入口配线设备应与 BD 或 CD 之间敷设相应的连接电缆、光缆，实现路由互通。缆线类型与容量应与配线设备相一致。

在进线间缆线入口处的管孔数量应满足建筑物之间、外部接入业务及多家电信业务经营者缆线接入的需求，并应留有 2～4 孔的余量。

7. 建筑群子系统

建筑群子系统应由连接各建筑物之间的综合布线缆线、建筑群配线设备(CD)和跳线等组成，如图 1-9 所示。

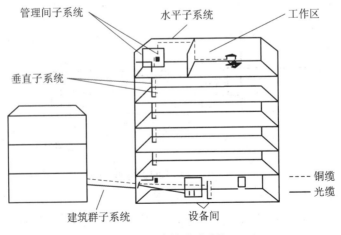

图 1-9　建筑群子系统

　　建筑群子系统宜采用地下管道或电缆沟的敷设方式。管道内敷设的铜缆或光缆应遵循电话管道和入孔的各项设计规定。此外安装时至少应预留 1～2 个备用管孔，以供扩充之用。

　　建筑群子系统采用直埋沟内敷设时，如果在同一沟内埋入了其他的图像、监控电缆，应设立明显的共用标志。

　　电话局来的电缆应先进入一个阻燃接头箱，再接至保护装置。综合布线各子系统之间的关系如图 1-10 所示。

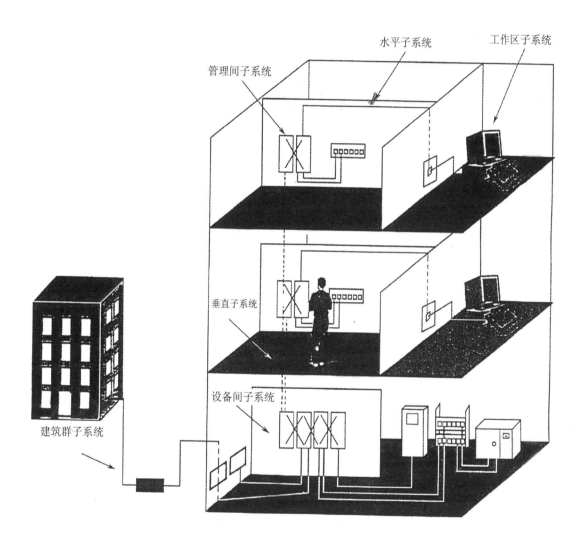

图 1-10　综合布线各子系统之间的关系

　　综合布线系统应能满足所支持的数据系统的传输速率要求，并应选用相应等级的缆线和连接硬件设备；综合布线系统应能满足所支持的电话、数据和电视系统的传输标准要求。

　　综合布线系统的分级和传输距离限值应符合表 1-1 所列规定。

表 1-1 系统分级和传输距离限值表

系统分级	最高传输频率	双绞线电缆传输距离/m				光缆传输距离/m		应用举例
		100Ω 3类	100Ω 4类	100Ω 5类	150Ω 4～100 MHz	多模	单模	
A	100 kHz	2000	3000	3000	3000	—	—	PBX X.21/V.11
B	1 MHz	200	260	260	400	—	—	N-ISDN CSMA/CD 1BASE5
C	16 MHz	100 注①	150 注③	160 注③	250 注③	—	—	CSMA/CD 10BASE-T TokenRing
D	100 MHz	—	—	100 注①	150 注③	—	—	Token Ring B-ISDN(ATM) TP-PMD
光缆	100 MHz	—	—	—	—	2000	3000 注②	CSMA/CD/FOIRL CSMA/CD 10BASE-F Token Ring FDDI HIPPI ATM FC

注：① 100 m 距离包括连接软线/跳线、工作区和设备区接线在内的 10 m 允许总长度，链路的技术条件按 90 m 水平电缆、7.5 m 的连接电缆及同类的 3 个连接器来考虑。如果采用综合性的工作区和设备区电缆附加总长度不大于 7.5 m，则此类用途是有效的。② 3000 m 是国际标准范围规定的极限，不是传输媒体极限。③ 当距离大于水平电缆子系统中的长度 100 m 时，应协商可行的应用标准。

EIA/TIA568 B 已正式出台，表内未列出。但是由于超 5 类、D 级及 E 级在市场大量应用，我们将在后面的表格中列出有关指标供参考。

综合布线系统工程设计选用的电缆、光缆、各种连接电缆、跳线，以及配线设备等所有硬件设施，均应符合 ISO/IEC 11801(修改版将在不久后正式出台)。

综合布线系统应设置计算机信息管理系统。人工登录与综合布线系统相关的硬件设施的工作状态信息包括设备和缆线的用途和使用部门、组成局域网的拓扑结构、传输信息速率、终端设备配置状况、占用硬件编号和色标、链路的功能和各项主要特征参数、链路的完好状况和故障记录等内容，还应包括登录设备位置和缆线走向内容以及建筑物名称、位置、区号、楼层号和房间号等内容。

在系统设计时，全系统所选的缆线、连接硬件、跳线、连线等必须与选定的类别相一致。如果采用屏蔽措施，则全系统必须都按屏蔽设计。

任务二 中国物联网工程布线发展

内容一 中国物联网工程布线发展现状

中国综合布线的发展现状，可以从三个阶段来叙述。

第一个阶段是 1987—1996 年，推行综合布线的实验产品经 AT&T 公司进入中国市场，以 5 类标准的 UTP 缆线及光缆的产品构成综合布线系统在中国得到了应用与发展。当时 AT—T 在中国市场的占有产量很高，达到 80%~90%，从综合布线的标准也可以看到综合布线的应用情况。中国是以参照北美 EIA/TIA568 编制的《建筑与建筑群综合布线工程设计规范》CECS72：95 为代表的。

第二个阶段是 1997—2000 年，不但是朗讯公司推行 UTP 非屏蔽双绞线及光缆的综合布线产品，而且 STP/SFTP 等产品进入了中国市场，并且 IBM、阿尔卡特、德特威勒、科龙纷纷进入了中国市场，出现了非屏蔽铜缆产品与屏蔽铜缆产品之争。为了满足北美及亚太市场需要，以及欧洲市场需要，这些供应商主要采用 UTP、FTP 铜缆双绞线及光缆来构成综合布线系统。这时朗讯公司产品已占市场份额的 40%~50%，其余份额为安普、阿尔卡特等厂商瓜分。产品则大部分为国外产品。标准规范则以《建筑与建筑群综合布线系统工程设计规范修订本》CECS72：97 为代表。

第三个阶段很多国家及供应商看好中国市场，南韩及台湾等产品也进入中国，中国国内的制造商、接插件及缆线厂家纷纷推出国内产品，有人说综合布线的国内厂商已有 100 多家。国内产品以普天为代表在市场上出现，国内产品占领市场份额不高，但已走向市场。

我们可以从综合布线的国内标准的编制情况看到中国综合布线的发展情况。标准的制订国内是这样进行的：基本建设口的标准例如由国家质量技术监督局、中华人民共和国建设部联合发布的中华人民共和国国家标准《建筑与建筑群综合布线系统工程设计规范》GB/T 50311—2007。《建筑与建筑群综合布线系统工程验收规范》GB/T 50312—2007 这两本规范是根据建设部《关于印发一九九九年工程建设国家标准制订、修订计划的通知》(建标[1999]308 号)的要求，由信息产业部会同有关部门共同制订的推荐性国家标准。说到推荐性标准，国家计委的精神，除了涉及人身设备安全及基础性标准由国家指令性进行编制以外，为了向国际接轨，国内较多的标准采用推荐性标准形式，并且主要由中国工程建设标准化协会进行编制。现在还有效的 1997 年 4 月颁发的 CECS92：97 中国工程建设标准化协会标准《建筑与建筑群综合布线系统工程施工及验收规范》就是由中国工程建设标准化协会通信工程委员会会同邮电部北京设计院、冶金部北京钢铁设计研究总院、中国通信建设总公司、北京市电信管理局共同编制而成，最后经中国工程建设标准化协会通信工程委员审查定稿。这两本规范供全国范围使用，属于中国工程建设标准化协会推荐性标准。

由国内行业归部门组织编写，在全国范围内使用的行业标准有中华人民共和国通信行业标准 YD/T 926.1—1997，这份标准非等效采用国际标准化组织/国际电工委员会标准

ISO/IEC 11801：1995《信息技术—用户房屋综合布线》。该标准对 ISO/IEC 11801 中收录的品种进行了优选，ISO/IEC 11801 中包括的个别品种系列未被采纳，同时参考了美国 ANSI/EIA/TIA568A：1995《商务建筑电信布线标准》。YD/T 926.—1997 在《大楼通信综合布线系统》的总标题中，包括以下部分：第 1 部分(即 YD/T926.1)为总规范，第 2 部分(即 YD/T 926.2)为综合布线用电缆、光缆技术要求，第 3 部分(即 YD/T 926.3)为综合布线采用的连接硬件通用技术要求。2001 年 10 月 19 日，由我国信息产业部发布了中华人民共和国通信行业标准 YD/T 926—2001《大楼通信综合布线系统》第二版，并于 2001 年 11 月 1 日起正式实施。该标准包括以下 3 部分：第 1 部分(即 YD/T 926.1—2001)为总规范，本部分对应于国际标准化组织/国际电工委员会标准 ISO/IEC 11801：1999《信息技术—用户房屋综合布线》除第 8 章、第 9 章外的部分，对称电缆 D 级永久链路及信道的指标较 ISO/IEC 11801：1999 提高，与 ANSI/EIA/TIA-568-A-5：2000 的指标一致；第 2 部分(即 YD/T926.2—2001)为综合布线用电缆、光缆技术要求；第 3 部分(即 YD/T 926.3—2001)为综合布线用连接硬件技术要求。该标准是通信行业标准，对接入公用网的通信综合布线系统提出了基本要求。这是目前我国唯一的关于 Cat.5e 布线系统的标准。该标准的制定参考了美国 ANSI/EIA/TIA 568A：1995《商务建筑电信布线标准》、ANSI/EIA/TIA-568-A-5：2000《4 对 100Ω5e 类布线传输特性规范》和 ISO/IEC 11801：1999《信息技术—用户房屋综合布线》。

还有中华人民共和国通信行业标准 YD/T 1013—1999《综合布线系统电气特性通用测试方法》，这份标准由邮电部数据通信技术研究所参考了美国 ANSI/EIA/TIA TSB-67 非屏蔽双绞线布线系统传输性能现场测试规范及修订后的 EIA/TIA-568A/ISO11801 标准编制而成。关于"综合布线标准"，还有一份是由信息产业部华北计算技术研究所负责主办的，根据国家技术监督局标发(1998)23 号文《关于发送"1998 年制、修订国家标准项目计划"的通知》，计划代号为 GB/Tidt/ISO/IEC 11801—1995，即中华人民共和国国家标准《信息技术—用户建筑群的通用布缆》标准。这份标准全盘采用了 ISO/IEC 11801—1995 标准。

还有中华人民共和国国家标准 GB/T 50314—2000《智能建筑设计标准》，这份标准是根据建设部建标(1998)244 号文件《一九九八年工程建设标准制订、修订计划(第二批)》的通知成立编制组进行编制的，内容述及建筑智能化各专业，内容有总则、术语和符号、通信网络系统、办公自动化系统、建筑设备监控系统、火灾自动报警系统、安全防范系统、综合布线系统、智能化系统集成，电源与接地，环境、住宅智能化等。

内容二　预测未来的物联网工程布线世界

随着计算机网络需求的增长，综合布线在智能建筑及智能小区中日益发展，其未来是否持续发展，发展方向如何，这是本节要说明的内容。

1. 综合布线发展

综合布线在综合了电话、数据业务以后，适应电话、计算机数据、图像、信息技术 IT 的需求得到了发展，在智能建筑、智能小区建设工程中增长很快。

众所周知，局域网以太网的发展经历了以太网 10M，令牌网 4M、16M 阶段，快速以太网 100M 阶段，以及现时千兆位以太网阶段。

千兆位以太网使用与快速以太网相同的 CSMA/CD 规程、帧格式、帧长，并且具有与原来以太网相同的兼容性和互操作性。5 类(特别是超 5 类)、6 类铜缆双绞线都能够支持千兆位以太网的工作。

1996 年初成立的 IEEE 千兆位以太网工作组 802.3.2 提出的 1000BASE-T 使用 PAMS 编码解码方式，按照 1000BASE-T 收发器工作。100 Ω 铜缆双绞线能够支持 1000BASE-T 工作达到 100 M。综合布线为高速数据的传输打开了绿灯。局域网数据速率递增示意图如图 1-11 所示。

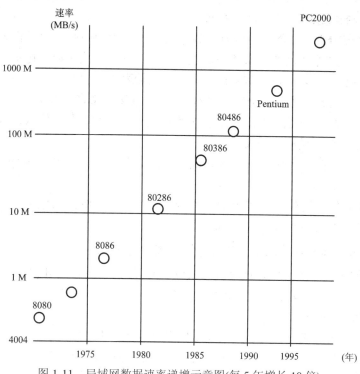

图 1-11　局域网数据速率递增示意图(每 5 年增长 10 倍)

2. 综合布线依然是持续发展行业

未来的十几年，建筑业及 IT 行业将成为国民经济飞跃发展的重要增长点。WTO 入世后，世界上不少国家看好中国市场。奥运会申办成功，体育场馆的建设牵动着各行各业的发展，由此引发的对于综合布线产品的需求必然使网络的基础工程综合布线成为可持续发展行业。回想历史，综合布线的产生，是由于贝尔实验室适应了时代对高速传输线路的需求，首先是办公楼、综合楼、写字楼的需求，从综合布线的规程规范也可以看出，综合布线是从这些商业建筑开始的。综合布线不仅能够适应这种要求，而且能克服传统电话布线频率的缺陷，并能克服传统计算机数据网络几种同轴电缆、连接 PC 机太多使运行维护及管理困难的缺点。综合布线物理连接可采用星型连接，而其拓扑结构仍可采用计算机网络的星型、环型、总线型及树型结构，这使它以其无比的优越性得到了广泛采用与发展。在智能建筑中，综合布线成为了构成计算机数据网络、电话网络和图像楼宇自控 DDC 网络的物理层基础。

另一方面，智能住宅的兴起使智能住宅所依赖的网络基础设施——综合布线系统也变得越来越关键。智能住宅综合布线是整个住宅智能系统的基础部分，是伴随住宅小区土建工程同时建设的。由于它是最底层的物理基础，其他智能系统都建立在这一系统之上，所以综合布线系统的质量将会直接影响住宅中智能系统的运行。

智能住宅综合布线系统作为各种功能应用和传输的基础媒体，同时也是将各功能子系统进行综合维护、统一管理的媒介及中心，它包括以下几个方面：

(1) 传输介质：智能住宅综合布线包括双绞线、3类铜缆主干和光纤主干三种传输介质。其中双绞线用于传输数据、电话等信号，3类大对数铜缆用于语音主干电缆，光纤则用作楼宇间的数据网络主干。智能住宅综合布线系统包括家庭户内布线系统、垂直主干布线系统、楼宇间综合布线系统和主配线间系统四个部分。

(2) 配线管理中心：智能住宅综合布线系统有一个管理中心，它是楼内网络控制及维护中心。其不仅是整个小区的公共管理监控中心、计算机网络中心、电信部分和有线电视台的线路汇入中心，而且还是安防监控中心、三表抄表管理中心。

(3) 小区垂直主干：采用从 MDF 布放水平线缆直接到家庭的方法，可支持语音、数据及可视电话、防盗/火灾报警系统、三表抄表系统的信号传输。从主配线间向各住户单元的家庭配线中心应做星型结构的铺设。

(4) 室内布线：家庭室内综合布线系统包括信息面板和信息模块插座，由房地产商或最终住户自己进行装修。

(5) 通信和数据处理的各种需求确定了所需的各个小系统。从理论上讲，我们需要用铜缆和光缆把全部的小系统集成在一起。

3. 未来几年6类双绞线将成为综合布线铜缆的主导产品

综合布线的铜缆双绞线伴随计算机网络以太网 10 M、令牌网 4 M、16 M 阶段，快速以太网 100 M 阶段，以及现时千兆位以太网阶段，经历了由 3 类、4 类、5 类、5e 类、6 类、6e 类的演变过程。

5 类双绞线是为了满足快速以太网 100 M 的需求而产生的。

6 类双绞线则是为了满足千兆位以太网 1000 M 的需求而产生的。

1996 年初成立了 IEEE 千兆位以太网工作组(802.3.2)，它提出了千兆位以太网标准草案。

IEEE 802.3.2 是千兆位工作组为千兆位以太网开放的一套标准，图 1-12 所示为 802.3 标准的结构。

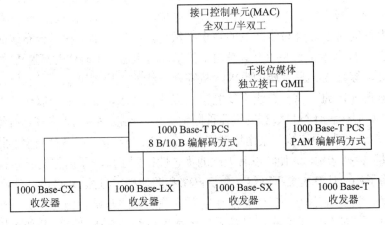

图 1-12　千兆位以太网 802.3 标准结构图

　　原来的 5 类双绞线对满足千兆位以太网的要求是不够的。超 5 类双绞线根据 ISO/IEC 11801 标准修改本将替代原来的 5 类双绞线。根据 ANSI/TIA/EIA 568 B1 商业建筑电信布线标准规定要像 6 类线一样测试衰减、线对-线对 NEXT 损耗、PSNEXT 损耗、线对-线对 PSFEXT 和 FEXT 损耗、PSECFEXT 损耗、电缆回损、传播延迟、延时偏移等项目就是为了能够满足千兆位以太网的要求。但是超 5 类线作千兆位以太网使用时，4 对线的每一对线都要作发或收双向应用，不如 6 类线作千兆位以太网使用时，4 对线可 2 对作发 2 对作收应用；然而综合布线双绞线的投资有限，而网络设备网卡的投资更高。目前 6 类线的造价为超 5 类的 1.3～1.4 倍，从计算机网络设备减少来看，投资者不见得吃亏，况且 6 类线与超 5 类双绞线属于同一物理结构，大量生产 6 类双绞线会进一步减少差价，并且带宽由超 5 类的 100M 增加到 200～250 M。因此可预计未来几年 6 类双绞线将成为综合布线铜缆的主导产品。

4. 光纤是未来布线的首选

　　光纤在局域网桌面的应用越来越多是因为它有以下优点：

(1) 有很宽的带宽，基本上能够满足现在和将来数据传输、视频对带宽的需求；

(2) 传输距离可以比较远；

(3) 传输过程中，信息的稳定性、可靠性比较高；

(4) 抗干扰能力强，对各种电磁干扰的屏蔽效果好，基本上不受外界电磁干扰的影响。

光纤主要应用于综合布线中的三种区段：

(1) 垂直布线，在大楼内部用于层向连接的垂直主干；

(2) 水平布线是连接客户工作站到同一层上的交换机的水平到桌面的布线；

(3) 建筑群局域网布线，用于较远距离楼间连接。

由此分析，光纤会成为未来布线的首选。

5. 加入 WTO 后的挑战

　　综合布线从 AT&T 开始打入中国以来，刚开始 AT&T 能占中国 80%～90%的份额。AT&T 一分为三后，朗讯公司的综合布线占领中国市场约为 40%～50%，其余则为阿尔卡特、西蒙、AMP、科龙所分割。发展到现在，从 2001 年开始将被大多数外国综合布线厂商所占有，而国内品牌市场占有率很低，有的国内产品打着国外品牌进行销售，通过需要将综合布线进行国产化。上面已经讲到国内市场那么大，可以作为可持续发展的、还会迅速发展的行业，所以长期被国外产品占有是不合适的。据国家信息产业部测试中心反映，已有 20～30 家综合布线产品厂家提供产品进行送检，有的是国外产品厂商与国内合资建厂，有的引进国外生产设备组织生产，有的自行研制，这些都是很好的事情。加入 WTO 以后，关税的降低更有利于外国产品的营销，因此我们更要加强国产化步伐，迎接新的挑战，将综合布线产品引至正确轨道上来。

任 务 总 结

　　本节介绍了物联网工程综合布线的发展历史，描述了物联网工程综合布线的基本概念及其子系统，要求学习者了解物联网工程中综合布线的构成，并预测了以后物联网工程布线系统的发展方向。

思考与练习

(1) 简述物联网工程综合布线系统的发展过程。

(2) 简述物联网工程综合布线系统的概念。

(3) 物联网工程综合布线系统的七个子系统包括哪些？

项目二　物联网工程布线标准

自 20 世纪 90 年代以来，5 类缆的标准问世已经有相当长的一段时间了。随着电信技术的发展，许多新的布线产品、系统和解决方案不断出现。国际标准化委员会 ISO/IEC、欧洲标准化委员会 CENELEC 和北美的工业技术标准化委员会 TIA/EIA 都在努力制定更新的标准以满足技术和市场的需求。但是，布线标准仍然没有统一，三大组织针对同一类型布线系统制定的标准相互存在着差异，造成即使在业内，人们对 Cat.5，Cat.5e，Cat.6 及 Cat.7 的要领概念和测试方面也存在着一定程度的混乱现象。而国内目前更是缺少权威的组织机构来澄清人们对这些标准的认识，及时跟进标准的变化趋势。本项目将全面介绍现行的布线国际标准，并以此推进国内布线市场的发展和规范。

任务一　认识物联网工程布线标准

电缆系统的标准为电缆和连接硬件提供了最基本的元件标准，使得不同厂家生产的产品具有相同的规格和性能。这一方面有利于行业的发展，另一方面使消费者有更多的选择余地，以提供更高的质量保证。如果没有这些标准，电缆系统和网络通信系统将会无序地、混乱地发展。无规矩不成方圆，这就是标准的作用，而标准只是对我们所要做的，提出了一个最基本、最低的要求。所有标准一般都会分为强制性标准和建议性标准两类。所谓强制性标准是指所有要求必须完全遵守，而建议性标准则意味着也许、可能或希望达到的。强制性标准通常适于保护、生产、管理和兼容，它强调了绝对的最小限度可接受的要求；建议性标准通常针对最终产品，用来在产品的制造中提高生产率，为未来的设计努力达到特殊的兼容性或实施的先进性。无论是强制性的要求还是建议性的要求，它们都是同一标准的技术规范。

在参考布线的标准时，我们主要从以下三个标准体系来入手：元件标准、应用标准和测试标准。其中，元件标准目前主要有美洲标准、欧洲标准和国际标准。在对布线系统进行设计和测试时，如果不了解相关的标准，就会出现差异，比如：布线的现场测试和布线的设计、硬件、安装等标准要一致，这些都是布线工程相关人员应该了解和关心的问题。自 1995 年以来，国内在对于国际标准相关的技术推广方面，从每年上万人次的培训讲座反馈中，我们深感有必要对这些标准进行一般性的普及和介绍，对国内的标准建设和发展也应予以介绍，所以我们在参考了大量的相关技术文献后，编写了本项目，有关标准的更详细资料可以直接参考标准原件。

内容一　美洲标准

成立有八十年历史的美国国家标准局 ANSI(American National Standards Institute) 是 ISO(the International Organization for Standardization) 与 IEC (the International Elcetrotechnical Commission)主要成员,它在国际标准化方面扮演很重要的角色。ANSI 自己不制订美国国家标准(ANS),而是通过组织有资质的工作组来推动标准的建立。布线的美洲标准主要由 TIA/EIA 制订。TIA 是美国电信工业协会(Telecommunications Industry Association),而 EIA 是美国电器工业协会(Electrotechnical Industry Association),这两个组织受 ANSI 的委托对布线系统的标准进行制订。在标准的整个文件中,这些组织称为 ANSI/TIA/EIA。ANSI/TIA/EIA 每隔五年审查大部分标准,并根据提交的修改意见对标准进行重新确认、修改或删除。

1. ANS/TIA/EIA 568-A 到 A5:Commercial Building Telecommunications Cabling Standard (商业建筑通信布线标准),1995/10/25

该标准与 ISO/IEC 11801 都是 1995 年制定的,它是由 TIA (Telecommunications Industry Association)TR41.8.1 工作组发布的。它定义了语音与数据通信布线系统,适用于多个厂家和多种产品的应用环境。这个标准为商业布线系统提供了设备和布线产品设计的指导,制订了不同类型电缆与连接硬件的性能和技术条款,这些条款可以用于布线系统的设计和安装。在这个标准后,有 5 个增编。

(1) 增编 1(A1):Propagation Delay and Delay Skew Specifications for 100 ohm 4-pair Cable (100 欧姆 4 对电缆的传输延迟和延迟偏移规范),1997/9/25。

在最初的 568-A 标准中,传输延迟和延迟偏离没有定义,这是因为在当时的系统应用中,这两个指标并不重要。但 100 VGAnyLAN 网络应用出现后,由于它是在 3 类双绞线的布线中使用所有的 4 个线对实现 100 Mb/s 的传输,所以就对传输延迟和延迟偏离这两个参数提出了要求。此时,TIA 同意定义一个 50 ns 的延迟偏离作为最小要求,而当时现场测试仪器(如:Fluke DSP4000 系列数字式电缆测试仪)是可以实现此项测试的,所以该标准就自然被引入了。

(2) 增编 2(A2):Corrections and Additions to TIA/EIA-568-A(TIA/EIA-568-A 标准修正与增编),1998/8/14。

该增编对 568-A 进行了修正。其中有在水平采用 62.5/125 μm 光纤的集中光纤布线的定义,增加了 TSB-67 作为现场测试方法等项目。

(3) 增编 3(A3):Corrections and Additions to TIA/EIA-568-A(TIA/EIA-568-A 标准修正与增编),1998/12/28。

为满足开放式办公室结构的布线要求,本增编修订了混合电缆的性能规范,这个新增的混合与捆绑电缆的规范要求在所有非光纤类电缆间的综合近端串扰 Power Sum NEXT 要比每条电缆内的线对间的 NEXT 好 3 dB。

(4) 增编 4(A4):Production Modular Cord NEXT Loss Test Method and Requirements for Unshielded Twisted-Pair Cabling (非屏蔽双绞线布线模块化线缆的 NEXT 损耗测试方法)。

该增编所定义的测试方法不是由现场测试仪来完成的,并且只覆盖了 5 类线缆的

NEXT。

(5) 增编 5(A5)：Transmission Performance Specifications for 4-Pair 100 Ohm Category 5e Cabling(100 欧姆 4 对增强 5 类布线传输性能规范)，2000/2/1。

1998 年起在网络应用上开发成功了在 4 个非屏蔽双绞线线对间同时双向传输的编码系统和算法，这就是 IEEE 千兆以太网中的 1000Base-T。为此，IEEE 请求 TIA 对现有的 5 类指标加入一些参数以保证布线系统对这种双向传输的质量。TIA 接受了这个请求，并于 1999 年 11 月完成了这个项目。

与 TSB-95 不同的是这个文件的所有测试参数都是强制性的，而不是像 TSB-95 那样推荐性的。要注意的是：这里的新的性能指标要比过去的 5 类系统严格得多。这个标准中也包括了对现场测试仪的精度要求，即 IIe 级精度的现场测试仪。

还要注意的是：由于在测试中经常会出现回波损耗失败的情况，所以在这个标准中引入了 3 dB 的原则。

(6) TIA/EIA TSB95：additional Transmission Performance Guidelines for 100 ohm 4-Pair Category 5 Cabling.(100 欧姆 4 对 5 类布线附加传输性能指南)。

TSB-95 提出了关于回波损耗和等效远端串扰(ELFEXT)的新的信道参数要求。这是为了保证已经广泛安装的传统 5 类布线系统能支持千兆以太网传输而设立的参数。由于这个标准是作为指导性的 TSB(Technical Systems Bulletin 技术公告)投票的，所以它不是强制的标准。

一定要注意的是：这个指导性的规范不要用来对新安装的 5 类布线系统进行测试，我们注意过，过去安装的 5 类布线系统即使能通过 TSB-95 的测试，但很多都通不过 TIA 568-A-5-2000 的这个增强 5 类即 Cat.5e 标准的检测。这是因为 Cat.5e 标准中的一些指标要比 TSB-95 严格得多。

(7) TIA/EIA/IS-729：Technical Specifications for 100 ohm Screened Twisted-Pair Cabling(100 欧姆外屏蔽双绞线布线的技术规范)。

这是一个 TIA-568-A 和 ISO/IEC11801 外屏蔽(ScTP)双绞线布线规范的临时性标准。它定义了 SctP 链路和元器件的插座接口、屏蔽效能和安装方法等参数。

2. TIA/EIA-568-B(包括 TIA-568-B.1、TIA/EIA-568-B.2 和 TIA/EIA-568-B.3 标准)

TR42.1 委员会分会是负责建筑布线标准的委员会，它负责开发维护相关的标准。这些标准涉及了布线系统拓扑、结构、设计、安装、测试以及性能要求。自 TIA/EIA-568-A 发布以来，更高性能的产品和市场应用需求的改变，对这个标准也提出了更高的要求。委员会相继公布了很多的标准增编、临时标准以及技术公告(TSB)。为了简化下一代的 568-A 标准，TR42.1 委员会决定将新标准"一化三"，每一个部分与现在的 568-A 章节有相同的着重点。

2001 年 4 月，新的标准 TIA/EIA-568-B 正式发布并取代了原有标准 TIA/EIA-568A。568-B 和以前的 568-A 相比，加入了 568-A 以后的各个增补部分(A1~A5)和各个技术公告(TSB)，并在以下方面做了较大的变动：布线系统的测试模型(原来的 Basic Link 由 Permanent Link 取代)、重新定义了最低类别要求(去掉了的 4 类和 5 类，代替 5e 和 6 类)、引入新的光纤规格和接口(50/125 μm 多模光纤，小规格光纤接口 SFF)等。这些改变，再加上新颁布的

6 类综合布线系统标准，使得厂商、安装商和用户在生产、安装和测试认证时更方便、更高效、更准确，也为即将到来的高速应用提供了强有力的保障。它分为以下三个部分：

(1) ANSI/TIA/EIA 568-B.1: Commercial Building Telecommunications Cabling Standard (商业建筑通信布线系统标准)，第一部分：一般要求这个标准着重于水平和主干线布线拓扑、距离、介质选择、工作区连接、开放办公布线、电信与设备间、安装方法，以及现场测试等内容。它集合了 TIA/EIA TSB67、TIA/EIA TSB72、TIA/EIA TSB75、TIA/EIA TSB95、ANSI/TIA/EIA-568-A-2、A-3、A-5 和 TIA/EIA/IS-729 等标准中的内容。

注意：由于这个标准以永久链路(Permanent link)定义取代了基本链路的定义(basic link)，所以在指标的数值上与 ANSI/TIA/EIA 568-A5 是不同的。

(2) ANSI/TIA/EIA 568-B.2: Commercial Building Telecommunications Cabling Standard (商业建筑通信布线系统标准)，第二部分：平衡双绞线布线系统这个标准着重于平衡双绞线电缆、跳线、连接硬件(包括 SctP 和 150 欧姆的 STP-A 器件)的电气和机械性能规范，部件可靠性测试规范，现场测试仪性能规范，实验室与现场测试仪比对方法等内容。它集合了 ANSI/TIA/EIA-568-A-1、部分 ANSI/TIA/EIA-568-A-2、ANSI/TIA/EIA-568-A-3、ANSI/TIA/ EIA-568-A-4、ANSI/TIA/EIA-568-A-5、IS729 和 TSB95 中的内容。

(3) ANSI/TIA/EIA-568-B.2.1：ANSI/TIA/EIA 568-B.2 的增编：经历了三年多、十几次草案的修订，2002 年 6 月 5 日 ANSI/TIA/EIA TR-42.8 委员会正式通过了 6 类双绞线标准 ANSI/TIA/EIA 568-B.2.1，该标准成为 TIA/EIA-568 B.2 标准的补充附录。

(4) ANSI/TIA/EIA 568-B.3：Commercial Building Telecommunications Cabling Standard(商业建筑通信布线系统标准)，第三部分：光纤布线部件标准，这个标准定义了光纤布线系统的部件和传输性能指标，包括光缆、光跳线和连接硬件的电气与机械性能要求，器件可靠性测试规范和现场测试性能规范。该标准将取代 ANSI/TIA/EIA-568-A 中的相应内容。

近日，我们从 TIA 委员会了解到，TIA-TR42.8 委员会最近通过了一项旨在阐明光纤布线测试的新方案——TSB140，用以说明测试以及解释正确的测试步骤。TIA-TR42.8 委员会在 TIA/EIA 组织中专门负责光纤布线标准的制定，这个部分领导制定了 TIA/EIA 568-B.3 标准。针对目前光纤局域网越来越快的传输速率、越来越短的传输距离和越来越低的损耗预算，TIA-TR42.8 委会认为早期标准 TIA/EIA-568A 中按照 TIA 526-14A 和 TIA 526-7 所推荐的方法只进行损耗的测试，已经远远不能满足当前光纤局域网的需求。

该方案建议了两个级别的测试，供项目设计者从中做出选择。等级一：使用光缆损耗测试设备(OLTS)来测试光缆的损耗和长度，并依靠 OLTS 或者可视故障定位仪(VFL)验证极性；等级二：测试包括等级一的测试参数，还包括对已安装的光缆设备的 OTDR 追踪。

总的来说，ANSI/TIA/EIA 568-B 是自 1991 年以来公布 ANSI/EIT/TIA-568 标准后的第三个版本。

3. TIA/EIA-569-A "Commercial Building Telecommunications Pathways and Spaces." (商业建筑电信通道及空间标准)

该标准涵盖了建筑物内及建筑物间的电信设备，如：电缆和硬件。TIA/EIA-568 与 TIA/EIA-569-A 的比较如表 2-1 所示。

表 2-1　TIA/EIA-568 与 TIA/EIA-569-A 的比较

TIA/EIA-568(配线)	TIA/EIA-569-A(通道及空间)
4. 水平布线	4. 水平通道
5. 干线布线	5. 干线通道
6. 工作区	6. 工作站
7. 电信专用间	7. 电信专用间
8. 设备间	8. 设备间
9. 引入线设施	9. 引入线设施

4. TIA-570-A "Residential Telecommunications Cabling Standard"(住宅电信布线标准)

TIA/EIA 570-A 所草议的要求主要是订出新一代的家居电讯布线标准，以适应现今及将来的电讯服务。该标准主要提出了有关布线的新等级，并建立一个布线介质的基本规范及标准，主要应用于支持话音、数据、影像、视频、多媒体、家居自动系统、环境管理、保安、音频、电视、探头、警报及对讲机等服务。该标准主要涉及规划新建筑，更新增加设备，单一住宅及建筑群等。

——该标准不涉及商业大楼；

——基本规范将跟从 TIA 手册中所更新的内容及标准；

——该标准不涉及家居布线中的外线数量；

——订出家居布线的等级；

——认可介质包括光缆、同轴电缆、3 类及 5 类非屏蔽双绞电缆(UTP)；

——链路长度由插座到配线箱不可超出 90 米(295 英尺)，信道长度不可超出 100 米(328 英尺)；

——主干布线将包括在内；

——固定装置布线(如对讲机、火警感应器)将包括在内；

——通讯插座或插头座只适合于 T568-A 接线方法及使用四对 UTP 电缆端接八位模块或插头。

5. TIA/EIA-606 "Administration Standard for the Telecommunications Infrastructure."（商业建筑物电信基础结构管理标准）1993.2

TIA/EIA-606 标准的起源是 TIA/EIA-568、TIA-EIA-569 标准，在编写这些标准的过程中，试图提出电信管理目标。但委员会很快发现管理本身的命题应予以标准化，这样 TR41.8.3 管理标准开始制定了。这个标准用于对布线和硬件进行标识，目的是提供与应用无关的统一管理方案。

对于布线系统来说，标记管理是日渐突出的问题，这个问题会影响到布线系统能否有效地管理和运用，有效的布线管理对于布线系统和网络的有效运作与维护具有重要意义。TIA/EIA-606 标准的目的是为了提供一套独立于系统应用之外的统一管理方案。与布线系统一样，布线管理系统必须独立于应用之外，这是因为在建筑的使用寿命内，应用系统大多会有多次的变化。布线系统的标签与管理可以使系统移动、增添设备以及更改更加容易、快捷。

对于布线的标记系统来说，标签的材质是关键，标签除了要满足 TIA/EIA-606 标准要求的标识中的分类规定外，还要通过标准中要求的 UL969 认证，这样的标签可以保证长期不会脱落，而且防水、防撕、防腐、耐低温，可适用于不同环境及特殊恶劣户外环境的应用。

TIA/EIA-606 涉及布线文档的 4 个类别：

Class 1——用于单一电信间；

Class 2——用于建筑物内的多个电信间；

Class 3——用于园区内多个建筑物；

Class 4——用于多个地理位置。

6. TIA/EIA-607 商业建筑物接地和接线规范

制定这个标准的目的是在了解要安装电信系统时，对建筑物内的电信接地系统进行规划、设计和安装。它支持多厂商、多产品环境及可能安装在住宅的工作系统接地。

内容二　欧洲标准

一般而言，EN50173 标准与 ISO/IEC11801 标准是一致的，但是 EN50173 比 ISO/IEC11801 严格。

1. EN50173: Information technology-Generic cabling systems(信息技术—综合布线系统)

该标准至今经历了三个版本：EN50173：1995、EN50173A1：2000、EN50173：2001。

EN50173 的第一版是 1995 年发布的，如今它已经在很多方面没有什么实际意义了。它没有定义 ELFEXT 和 PSELFEXT，因此它也不能用于支持千兆以太网。因此这个标准就必须修改，标准的增编 1，即 EN50173A1：2000 支持千兆以太网和 ATM155，也制订了测试布线系统的规范。但它没有涉及新的 Class E 和 Class F 电缆及其布线系统。有一点要注意的是：Class D：2000A1 的定义没有 Class D：2001 指标严格，所以 Class D：2000A1 是不能等同于 TIA 的 Cat 5e 的。

2. EN50174-Part 1, Information Technology-Cabling Installation Specification and Quality Assurance

该标准由三部分组成。它包括了 it 布线中的平衡双绞线和光纤布线的定义、实现和实施等规范。第一部分是作为布线商与用户签署合同的参考。EN50174 不包括某些布线部件的性能、链路设计和安装性能的定义，所以在应用时需要参考 EN50173。

3. EN50174-Part2, Information technology-Cabling Installation Part 2: Installation Planning and Practices Inside Buildings

4. EN50174-Part3, Information Technology-Cabling Installation Part 3: Installation Planning and Practices for Outside Buildings

5. Project 50xxx: Information technology-Cabling installation Testing of installed cabling

该标准定义了布线系统(包括光缆布线)的测试要求，包括测试过程和选用的参数，以保证测试结果的可重复性和可靠性。

对于欧洲标准来说，它是由一系列的标准相互结合构成的，其中，在设计上使用 EN50173；在参考标准和实现与实施上采用 EN50174-1，EN50174-2，EN50174-3。

内容三　国际标准

1. IEC 61935：Generic cabling systems specification for the testing of balanced communication cabling in accordance with ISO/IEC11801

IEC 61935 定义了实验室和现场测试的比对方法,这一点上与美洲的 TSB-67 标准相同。它还定义了布线系统的现场测试方法,以及跳线和工作区电缆的测试方法。该标准还定义了布线参数参考测试过程以及用于测量 ISO/IEC 11801 中定义的布线参数所使用的测试仪器的精度要求。

2. ISO/IEC 11801 Information Technology-Generic Cabling for Customer Premises. (信息技术—用户房屋的综合布线)

ISO(国际标准化组织)和 IEC(国际电工技术委员会)组成了一个世界范围内的标准化专业机构。在信息技术领域,ISO/IEC 设立了一个联合技术委员会,即 ISO/IEC JTC1。由联合技术委员会正式通过国际标准草案分发给各国家团体进行投票表决,作为国家标准正式出版需要至少 75% 的国家团体投票通过才有效。国际标准 ISO/IEC 11801 是由联合技术委员会 ISO/IEC JTC1 的 SC 25WG3 工作组在 1995 年制定发布的。这个标准把有关元器件和测试方法归入了国际标准。目前该标准有三个版本:ISO/IEC 11801:1995、ISO/ISO 11801:2000、ISO/IEC 11801:2000+。

ISO/IEC11801 的修订稿子 ISO/IEC 11801:2000 对链路的定义进行了修正。ISO/IEC 认为以往的链路定义应被永久链路和通道的定义所取代。此外,该标准将对永久链路和通道的等效远端串扰 ELFEXT、综合近端串扰、传输延迟进行规定。而且,修订稿也将提高近端串扰等传统参数的指标。应当注意的是:修订稿的颁布,可能会使一些全部由符合现行 5 类标准的线缆和元件组成的系统达不到 Class D 类系统的永久链路和通道的参数要求。

另外,ISO/IEC 在 2001 年推出第二版的 ISO/IEC11801 规范 ISO/IEC11801:2000+ 将定义 6 类、7 类线缆的标准(截至目前只有瑞士和德国有相应标准问世),这给布线技术带来了革命性的影响。第二版的 ISO/IEC11801 规范把 Cat.5/ClassD 的系统按照 Cat.5+ 重新定义,以确保所有的 Cat.5/ClassD 系统均可运行千兆位以太网。更为重要的是,Cat.6/ClassE 和 Cat.7/ClassF 类链路将在这一版的规范中定义。布线系统的电磁兼容性(EMC)问题也将在新版的 ISO/IEC11801 中考虑。

3. ISO/IEC11801：Ddraft Amendment 2 to ISO/IEC11801 CLASS D(1995FDAM 2)

这个标准是国际标准化组织对应于 TIA/EIA-568-A-1 和 TIA/EIA-568-A-5 两增编内容的规范,这个标准将成为下一个新的 Class D 布线的标准内容。

4. PROPOSED ISO/IEC 11801-A (即将公布的 ISO/IEC 11801-A)

这是即将公布的下一个 11801 规范,它集合了以前版本的修正并加入了对 Class E 和 class F 布线电缆和连接硬件的规范。它也将增加关于宽带多模光纤(50/125 μm)的标准化问题,这类系统将在 300 m 距离内支持 10 GB/s 数据传输。

内容四　网络应用标准

多数网络应用都定义了物理层的规范,其中就有布线性能的要求。有时我们也需要参考应用中的需求来决定布线的性能是否够用。

重要的是网络应用对布线提出了更高的要求。自 Cat.5 以来，应用在推着布线走。由于网络应用的标准化组织(如 IEEE 或 ATM 论坛)从网络应用角度促进了布线系统的发展，这些网络应用的标准化组织为更高速的网络应用制定了标准。新技术的出现使得新的网络应用可以在 ACR 值小于零，即噪声大于信号的布线系统上运行。所以，在过去的几年中，像 IEEE 这样的网络应用标准化组织与 TIA 标准化组织积极合作并在相当程度上影响着布线系统新规范的制定。

千兆以太网(Gigabit Ethernet)是对布线系统产生深远影响的网络应用。最初，千兆以太网在北美开发时，它是在 5 类非屏蔽双绞线(Cat.5UTP)上运行的应用。因此，千兆以太网几乎将 5 类非屏蔽双绞线理论上的传输带宽用到了极限。在实际操作中人们认识到，并非所有的 5 类线缆均可以运行千兆以太网。由于千兆以太网的 4 对全双工传输出，远端串扰(FEXT)成为了一个突出的问题；而且回波损耗、综合近端串扰、综合 ACR 和传输延迟也成为了必须要考虑的参数。配合最新推出的 6 类标准，又提出了 1000BASE-TX 网络的概念，与 1000BASE-T 不同的是它使用 4 对双绞线半双工运行。各标准化委员会正在制定用于新的网络应用的布线规范。注意这些新规范的动态，对业界人士和广大用户是非常重要的。

很多人在参考布线相关的国际标准时，对 ANSI/TIA/EIA-568-A 和 ISO/IEC 11801 的关系和比较非常迷惑，现将这两个标准的主要内容进行比较，如表 2-2 所示。

表 2-2   ANSI/TIA/EIA-568-A 与 ISO/IEC 11801 标准比较

ANSI/TIA/EIA-568-A Commercial Building Telecommunications Cabling Standard(商业建筑通信布线标准)	ISO/IEC 11801 Information Technology Generic Cabling for Customer Premises.(信息技术—用户房屋的综合布线
Terminology 术语	
Cross-connect(a facility enabling the Termination of cable elements and their connection by patch cord or jumper)	Distributor(a facility enabling the termination of cable elements and their connection by patch cord or jumper)
MC (Main Cross-connect)	CD (Campus Distributor)
IC (Intermediate Cross-connect)	BD (Building Distributor)
HC (Horizontal Cross-connect)	FD (Floor Distributor)
TO (Telecommunications Outlet/connector)	To (Telecommunications Outlet)
TP (Transition Point) A location in the horizontal cabling where flat undercarpet cable connects to round cable.	TP(Transition Point) A location in the horizontal cabling where flat undercarpet cable connects to round cable or where horizontal cables are consolidated near the outlets.
CP(Consolidation Point) An interconnection scheme that connects horizontal cables that extend from building pathways to horizontal cables that extend into work area pathways	参见 TP (Transition Point)

Interbuilding Backbone	Campus Backbone
Intrabuioding Backbone	Building Backbone
Horizontal Mediz Choices 水平介质的选择	
4-对 100 Ω 非屏蔽双绞线	4-对(或 2-对)*100 Ω(或 120 Ω)平衡电缆
双光纤，62.5/125 µm 光纤	*62.5/125 µm(或 50/125 µm)光纤
2-对，15 Ω 屏蔽双绞线	2-对，150 Ω 屏蔽双绞线
50 Ω 同轴电缆(下一版本将取消)	
	*表示首选的介质
Backbone Media Choices 主干介质选择	
100 Ω 非屏蔽双绞线	100 Ω (或 120 Ω)平衡电缆
62.5/125 µm 光纤(将增加 50/125 µm 光纤)	62.5/125 µm 或 50/125 µm 光纤
单模光纤	单模光纤
150 Ω 屏蔽双绞线	150 Ω 屏蔽双绞线
50 Ω 同轴电缆(下一版本将取消)	
Bend Radius 弯曲半径	
水平≥4 倍电缆直径	水平≥4 倍电缆直径
主干≥10 倍电缆直径	主干≥6 倍电缆直径
Engineering Approach 工程方法	
不适用，只用现场测试来验证	要与链路性能一致
Design Approach 设计方法	
设计约束，器件规范，安装方法一致	设计约束，器件规范，安装方法一致
Connector Termination 连接器端接	
所有线对要在信息座处端接	允许 100 Ω 或 120 Ω 信息插座部分端接
Cat.5 线对非双绞长度 < 13 mm	Cat.5 线对非双绞长度 < 13 mm，Cat.4 < 25 mm
Catgeories of Cabling Performance 布线性能级别	
Cat.3 定义到 16 MHz.	Class C 定义到 16 MHz.
Cat.4 定义到 20 MHz.*	未定义
Cat.5/5e 定义到 100 MHz.	Class D 定义到 100 MHz.
Cat.6 定义到 250 MHz.	Class E 定义到 250 MHz.
未定义	Class F 定义到 600 MHz.

续表二

注意：在 TIA 标准中，术语"category"（类）是用于定义器件和链路性能的。而在 ISO/IEC 和 CENELEC 标准中，术语"category"是描述器件性能的（如：电缆和连接硬件）；术语"class"（级）是用于描述链路的（如：link 和 channel 性能）
*Cat.4 将在 568-B 标准中取消

Performance Specification 性能指标	
标准电缆衰减 = 20% 必须参数的余量	标准电缆衰减 = 50% 必须参数的余量
允许特性阻抗性能的曲线匹配评估	不允许特性阻抗性能的曲线匹配评估
非光纤的混合环境要求（PowerSum 余量 = 3dB + 线对间极限）	混合环境要求是基于相邻非光纤单元的

内容五　国内的标准及发展

1. 国家标准

2000 年 3 月，针对国内布线市场发展，由信息产业部会同有关部门共同制定的《建筑与建筑群综合布线系统工程设计规范》和《建筑与建筑群综合布线系统工程施工及验收规范》经有关部门会审，批准为推荐性国家标准正式颁布施行，编号分别为 GB/T 50311—2000 和 GB/T 50312—2000。这两个标准的出台规范了国内的布线施工和布线测试，为网络的迅速发展和普及起到了积极的作用。但由于上述两个标准只制定到支持 100 Mb/s 传输速率的 5 类布线系统，没有涉及 Cat.5e 以上的布线系统，因此相对于近一两年国际布线产品和测试技术的发展未免稍显滞后。目前，GB/T 50311—2000 和 GB/T 50312—2000 标准的修订版 GB/T 50311—2007 综合布线工程设计规范和 GB/T 50312—2007 综合布线工程验收规范已经于 2007 年 10 月 1 日正式实施，这将进一步满足现代化城市建设和信息通信网向数字化、综合化、智能化方向发展的要求。

2. 行业标准

1997 年 9 月 9 日，我国通信行业标准 YD/T926《大楼通信综合布线系统》正式发布，并于 1998 年 1 月 1 日起正式实施。该标准包括以下 3 部分：

(1) YD/T　926.1—1997 大楼通信综合布线系统的第 1 部分为总规范。

(2) YD/T　926.2—1997 大楼通信综合布线系统的第 2 部分为综合布线用电缆、光缆技术要求。

(3) YD/T　926.3—1998 大楼通信综合布线系统的第 3 部分为综合布线用连接硬件技术要求。

2001 年 10 月 19 日，由我国信息产业部发布了中华人民共和国通信行业标准 YD/T926—2001《大楼通信综合布线系统》第二版，并于 2001 年 11 月 1 日起正式实施。该标准包括以下 3 部分：

(1) YD/T　926.1—2001 大楼通信综合布线系统的第 1 部分为总规范。

本部分对应于国际标准化组织/国际电工委员会标准 ISO/IEC 11801《信息技术－用户房屋综合布线》除第 8 章、第 9 章以外的部分。

本部分与 ISO/IEC 11801 的一致性程度为非等效，主要差异如下：

● 对称电缆布线中，不推荐采用 ISO/IEC 11801 中允许的 120Ω 阻抗电缆品种及星绞电缆品种。链路的试验项目与验收条款比 ISO/IEC 11801 更加具体。

● 对综合布线系统与公用网的接口提出了要求。

● 对称电缆 D 级永久链路及信道的指标较 ISO/IEC 11801：1999 有提高，与 ANSI/EIA/TIA-568-A-5：2000 的指标一致。

(2) YD/T 926.2—2001 大楼通信综合布线系统的第 2 部分为综合布线用电缆、光缆技术要求。

(3) YD/T 926.3—2001 大楼通信综合布线系统的第 3 部分为综合布线用连接硬件技术要求。

本标准是通信行业标准，对接入公用网的通信综合布线系统提出了基本要求。这是目前我国唯一的关于 Cat.5e 布线系统的标准。该标准的制定参考了美国 ANSI/EIA/TIA 568A：1995《商务建筑电信布线标准》及 ANSI/EIA/TIA-568-A-5：2000《4 对 100Ω5e 类布线传输特性规范》、ISO/IEC 11801：1999《信息技术—用户房屋综合布线》。我国通信行业标准 YD/T 926《大楼通信综合布线系统》是通信综合布线系统的基本技术标准。符合 YD/T 926 标准的综合布线系统也符合国际标准化组织/国际电工委员会标准 ISO/IEC 11801：1999。

目前，综合布线新标准的制定工作已经完成，适应我国综合布线系统工程要求的标准已经出台，它们能进一步满足现代化城市建设和信息通信网向数字化、综合化、智能化方向发展的要求。

任务二　物联网工程布线标准简介

随着计算机技术的飞跃发展，人们对网络速率的要求也日益提高，作为网络的通信平台，综合布线系统的带宽也在不断地增加。综合布线系统由 5 类发展为超 5 类，目前 6 类、7 类也逐渐为用户所接受。2001 年相继编创经过 10 个版本的修改，2002 年 6 月有 ANSI/TIA/EIA-568-B 铜缆双绞线 6 类标准正式出台。国际标准 ISO/IEC JTC 1/SC25N655 于 2002 年 10 月正式出台。

内容一　ANSI/TIA/EIA568-B 标准

ANSI/TIA/EIA-568-B 由 ANSI/TIA/EIA 568-A 演变而来，经过 10 个版本的修改，于 2002 年 6 月正式出台。新的 568-B 标准从结构上分为三部分：

(1) 568-B1 综合布线系统总体要求。新标准的这一部分包含了与电信布线系统设计原理、安装准则和现场测试相关的内容。

(2) 568-B2 平衡双绞线布线组件。新标准的这一部分包含了与组件规范、传输性能、系统模型以及用于验证电信布线系统的测量程序相关的内容。

(3) 568-B3 光纤布线组件。新标准的这一部分包含了与光纤电信布线系统的组件规范和传输要求相关的内容。

1. 568-B 标准增加的关键项目

1) 新术语

(1) 衰减改为插入损耗，用于表示链路与信道上的信号损失量。

(2) 电信间(TC)改为电信宅(TR)。

(3) 基本链路改为永久链路

2) 介质类型

(1) 水平电缆。

4 对 100 Ω 3 类 UTP 或 SCTP；

4 对 100 Ω 5e 类 UTP 或 SCTP；

4 对 100 Ω 6 类 UTP 或 SCTP；

2 条或多条 62.5/125 μm 或 50/125 μm 多模光纤。

(2) 主干电缆。

100 Ω 双绞线，3 类或更高；

62.5/125 μm 或 50/125 μm 多模光纤；

单模光纤。

(3) 568B 标准不认可 4 对 4 类和 5 类电缆。

(4) 150 Ω 屏蔽双绞线是认可的介质类型，然而不建议在安装新设备时使用。

(5) 混合与多股电缆允许用于水平布线，但每条电缆都必须符合相应等级要求，并符合混合与多股电缆的特殊要求。

3) 接插线、设备线与跳线

(1) 对于 2 个 AWG(0.51 mm)多股导线组成的 UTP 跳接线与设备线的额定衰减率为 20%。采用 26AWG(0.4 mm)导线的 SCTP 缆线的衰减率为 50%。

(2) 多股线缆由于有更大的柔韧性，建议用于跳接线装置。

4) 距离变化

(1) 现在，对于 UTP 跳接线与设备线，水平永久链络的两端最长可为 5 m(16 英尺)，以达到 100 m(328 英尺)的总信道距离。

(2) 对于二级干线，中间跳接到水平跳接(IC 到 HC)的距离减为 300 m(984 英尺)。从主跳接到水平跳接(MC 到 HC)的干线总距离仍遵循 568-A 标准的规定。

(3) 中间跳接中与其他干线类型相连的设备线和跳接线不应超过 20 m(66 英尺)改为不得超过 20 m(66 英尺)。

5) 安装规则

(1) 4 对 SCTP 电缆在非重压条件下的弯曲半径规定为电缆直径的 8 倍。

(2) 2 芯或 4 芯光纤的弯曲半径在非重压条件下是 25 mm(1 英寸)，在拉伸过程中为 50 mm(2 英寸)。

(3) 电缆生产商应确定光纤主干线的弯曲半径要求。如果无法从生产商获得弯曲半径信息，则建筑物内部电缆在非重压条件下的弯曲半径是电缆直径的 10 倍，在重压条件下是 15 倍。

(4) 2 芯或 4 芯光纤的牵拉力是 222 N(501 bf)。

(5) 超 5 类双绞线开绞距离距端接点应保持在 13 mm(0.5 英寸)以内，3 类双绞线应保持在 75 mm(3 英寸)以内。

2. 水平布线永久链路测试连接方式和测试指标要求

永久链路方式供安装人员和数据电信用户认证永久安装电缆的性能，今后将替代基本链路方式。永久链路信道由 90 m 水平电缆和 1 个接头，必要时再加 1 个可选转接/汇接头组成。永久链路配置不包括现场测试仪的插接软线和插头，如图 2-1 所示。

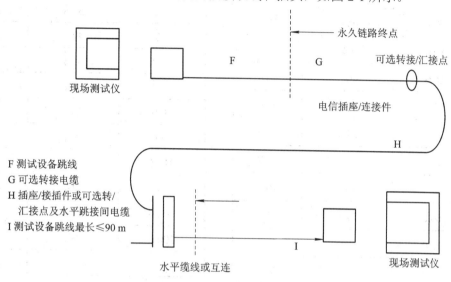

图 2-1　永久链路方式

(1) 超 5 类及 6 类双绞线除了测试接线图、线缆链路长度、特性阻抗、直流环路电阻和衰减近端串扰损耗外，还要测试表 2-3～2-21 中的各项参数。

表 2-3　5e 类 6 类通道链路 PS ELFEXT

频率/MHz	类别 5e/dB	6 类/dB
1.0	54.4	60.3
4.0	42.4	48.2
8.0	36.3	42.2
10.0	34.4	40.3
16.0	30.3	36.2
20.0	28.4	34.2
25.0	26.4	32.3
31.25	24.5	30.4
62.5	18.5	24.3
100.0	14.4	20.3
200.0	—	14.2
250.0	—	12.3

表 2-4　5e 类基本链路 6 类永久链路 PS ELFEXT

频率/MHz	类别 5e/dB	6 类/dB
1.0	57	61.2
4.0	45	49.1
8.0	38.9	43.1
10.0	37	41.2
16.0	32.9	37.1
20.0	31.0	35.2
25.0	29.0	33.2
31.25	27.1	31.3
62.5	21.1	25.3
100.0	17.0	21.2
200.0	—	15.2
250.0	—	13.2

表 2-5　5e 类 6 类通道链路 PS ELFEXT 损耗

频率/MHz	类别 5e/dB	6 类/dB
1.0	25.7	62
4.0	50.6	60.5
8.0	45.6	55.6
10.0	44	54.0
16.0	40.6	50.6
20.0	39.0	49.0
25.0	37.4	47.3
31.25	35.7	45.7
62.5	30.6	40.6
100.0	27.1	37.1
200.0	—	31.9
250.0	—	30.2

表 2-6　5e 类基本链路 6 类永久链路 NEXT 损耗

频率/MHz	类别 5e/dB	6 类/dB
1.0	757	62
4.0	51.8	61.8
8.0	47.0	57
10.0	45.5	55.5
16.0	42.2	52.5
20.0	40.7	50.7
25.0	39.1	49.1
31.25	37.6	47.5
62.5	32.7	42.7
100.0	29.3	39.3
200.0	—	34.3
250.0	—	32.7

表 2-7　5e 类通道链路线对一线对 ELFEXT

频率/MHz	类别 5e/dB
1.0	57.4
4.0	45.3
8.0	39.3
10.0	37.4
16.0	33.3
20.0	31.4
25.0	29.4
31.25	27.5
62.5	21.5
100.0	17.4

表 2-8　6 类电缆功率和近端串扰

频率/MHz	类别 5e/dB
1.0	72.3
4.0	63.3
8.0	58.8
10.0	57.3
16.0	54.2
20.0	52.8
25.0	51.3
31.25	49.9
62.5	45.4
100.0	42.3
200.0	37.8
250.0	36.3

表2-9 6类电缆插入损耗

频率/MHz	插入损耗 5e/dB
0.150	1.2
0.772	1.8
1.0	2.0
4.6	3.8
8.0	5.3
10.0	6.0
16.0	7.6
20.0	8.5
25.0	9.5
31.25	10.7
62.5	15.4
100.0	19.8
200.0	29.0
250.0	32.8

表2-10 6类连接硬件插入损耗

频率/MHz	插入损耗 5e/dB
1.0	0.10
4.0	0.10
8.0	0.10
10.0	0.10
16.0	0.10
20.0	0.10
25.0	0.10
31.25	0.11
62.5	0.16
100.0	0.20
200.0	0.28
250.0	0.32

表2-11 6类布线信道链路插入损耗

频率/MHz	插入损耗 5e/dB
1.0	2.1
4.0	4.0
8.0	5.7
10.0	6.3
16.0	8.0
20.0	9.0
25.0	10.1
31.25	11.4
62.5	16.5
100.0	21.3
200.0	31.5
250.0	36.0

表2-12 6类布线基本链路插入损耗

频率/MHz	插入损耗 5e/dB
1.0	1.9
4.0	3.5
8.0	5.0
10.0	5.6
16.0	7.1
20.0	7.9
25.0	8.9
31.25	10.0
62.5	14.4
100.0	18.8
200.0	27.1
250.0	30.7

表 2-13 6 类电缆近端串扰

频率/MHz	NEXT/dB
0.150	86.7
0.772	76
1.0	74.3
4.0	65.3
8.0	60.8
10.0	59.3
16.0	56.2
20.0	54.8
25.0	53.3
31.25	51.9
62.5	47.4
100.0	44.3
200.0	39.8
250.0	38.3

表 2-14 6 类连接硬件近端串扰

频率/MHz	NEXT/dB
1.0	75
4.0	75
8.0	75
10.0	74
16.0	69.9
20.0	68
25.0	66.0
31.25	64.1
62.5	58.1
100.0	54.0
200.0	48.0
250.0	46.0

表 2-15 6 类信道链路近端串扰

频率/MHz	NEXT/dB
1.0	65.0
4.0	63.0
8.0	58.2
10.0	56.6
16.0	53.2
20.0	51.6
25.0	50.0
31.25	48.4
62.5	43.4
100.0	39.9
200.0	34.8
250.0	33.1

表 2-16 6 类永久链路近端串扰

频率/MHz	NEXT/dB
1.0	65.0
4.0	64.1
8.0	59.4
10.0	57.8
16.0	54.6
20.0	53.1
25.0	51.5
31.25	50.0
62.5	45.1
100.0	41.8
200.0	36.9
250.0	35.3

表 2-17 6类电缆等电平远端串扰

频率/MHz	NEXT/dB
1.0	67.8
4.0	55.8
8.0	49.7
10.0	47.8
16.0	43.7
20.0	41.8
25.0	39.8
31.25	37.9
62.5	31.9
100.0	27.8
200.0	21.8
250.0	19.8

表 2-18 6类接插件远端串扰

频率/MHz	NEXT/dB
1.0	75.0
4.0	71.1
8.0	65.0
10.0	63.1
16.0	59.0
20.0	57.1
25.0	55.1
31.25	53.2
62.5	47.2
100.0	43.1
200.0	37.1
250.0	35.1

表 2-19 6类信道链路等电平远端串扰

频率/MHz	NEXT/dB
1.0	63.3
4.0	51.2
8.0	45.2
10.0	43.3
16.0	39.2
20.0	37.2
25.0	35.3
31.25	33.4
62.5	27.3
100.0	23.3
200.0	17.2
250.0	15.3

表 2-20 6类永久链路等电平远端串扰

频率/MHz	NEXT/dB
1.0	64.2
4.0	52.1
8.0	46.1
10.0	44.2
16.0	40.1
20.0	38.2
25.0	36.2
31.25	34.3
62.5	28.3
100.0	24.2
200.0	18.2
250.0	16.2

表 2-21　6 类电缆功率和等电平远端串扰

频率/MHz	PS ELFEXT/dB
1.0	64.8
4.0	52.8
8.0	46.7
10.0	44.8
16.0	40.7
20.0	38.8
25.0	36.8
31.25	34.9
62.5	28.9
100.0	24.8
200.0	18.8
250.0	16.8

(2) 5e 和 6 类通道链路回损如表 2-22 所示；5e 类基本链路和 6 类永久链路回损如表 2-23 所示。

表 2-22　5e 类和 6 类通道链路回损

5e 类通道链路回损		6 类通道链路回损	
频率/MHz	回损/dB	频率/MHz	回损/dB
$1{\leqslant}f{\leqslant}20$	17	$1{\leqslant}f{\leqslant}20$	19
$20{\leqslant}f{\leqslant}100$	$17 - 10\log(f/20)$	$20{\leqslant}f{\leqslant}250$	$19 - 10\log(f/20)$

表 2-23　5e 类基本链路和 6 类永久链路回损

5e 类基本链路回损		6 类永久链路回损	
频率/MHz	回损/dB	频率/MHz	回损/dB
$1{\leqslant}f{\leqslant}20$	17	$1{\leqslant}f{\leqslant}20$	19
$20{\leqslant}f{\leqslant}100$	$17 - 10\log(f/20)$	$20{\leqslant}f{\leqslant}200$	$19 - 7\log(f/20)$

(3) 传播时延。传播时延是传播信号所需的时间。在确定通道和基本链路传播时延时，连接硬件的传播时延在 1～250 MHz 的范围内不超过 2.5 ns。

所有各类通道配置的最大传播时延不超过 10 MHz 下测得的 555 ns。所有各类基本链路配置的最大传播时延不超过 100 MHz 下的 518 ns，250 MHz 下应小于 498 ns。

(4) 时延偏移。时延偏移是最快线对与最慢线对发送信号时延差的尺度。对于安装每米的配备接线来说，时延偏移假定不超过 1.25 ns。

对于所有各类通路配置的最大时延偏移应不小于 50 ns。所有各类链路配置最大时延偏移应不超过 49 ns。

内容二 中国标准

我们国家的综合布线已经得到了广泛的应用，而且综合布线标准已与国际标准接口，述及的内容较全面，有总体产品、工程设计、工程验收、测试方法及智能建筑综合布线的多个方面，对于规范市场行为，把握产品供应、工程设计、工程验收、测试方法积压几个环节都能起到有益的作用。这无疑对保证国家及投资方的资金、保证工程质量、更好地发挥效益，都是很有好处的。

1. 国内综合布线其他相关标准

工程设计：

GB/T 50311—2007《建筑与建筑群综合布线系统工程设计规范》；

CECS72：97《建筑与建筑群综合布线系统工程设计规范修订本》。

工程验收：

GB/T 50312—2007《建筑与建筑群综合布线系统工程验收规范》；

CECS89：97《建筑与建筑群综合布线系统工程施工及验收规范》。

总体及产品：

YDT 926.1—2001《总规范》；

YDT 926.2—2001《综合布线用电缆、光缆技术要求》；

YDT 926.3—2001《综合布线用连接硬件通用技术要求》；

GB/T 18233—2000《信息技术—用户建筑群的通用布缆》指信息产业部 15 所所编英翻中综合布线标准。

测试方法：

YD/T 1013—1999《综合布线系统电气特性通用测试方法》。

智能建筑综合布线：

GB/T 50314《智能建筑设计标准》。

关于综合布线的国外标准，我们汇编于《智能建筑综合布线国外最新标准大全》之中，有下列一些内容：

(1) ISO/IEC 11801 1995《信息技术用户房屋的综合布线》；

(2) CISPR-22《信息技术设备的无线电干扰特性极限设计和测量方法》；

(3) CISPR-24《信息技术设备 ITE 的免疫性》；

(4) EN50173 欧洲标准《信息技术综合布线系统》；

(5) EN50167 欧洲标准《水平布线电缆》；

(6) EN50168 欧洲标准《工作区布线电缆》；

(7) EN50169 欧洲《主干电缆》；

(8) DIN44312-5 德国标准《信息技术综合布线系统第×部分 E 级链路》；

(9) EIA/TIA 568A 北美标准《商业建筑电信布线标准》；

(10) EIA/TIA 569 北美标准《商业建筑的电信通道和空间标准》；

(11) TIA/EIA-570-A (住宅电信布线标准)；

(12) PN3287 此美标准《现场测试非屏蔽绞合线对布线系统传输性能技术规范》；

(13) 光纤电缆布线计划安装指导工作草案;

(14) EIA/TIA-606《商业建筑物电信基础结构管理标准》;

(15) EIA/TIA-607《商业建筑物电信接地和接线要求》。

我们国家的综合布线国家或部委的指令性标准与其他协会编制的推荐性标准有一样的编制原则,即成熟一条编写一条。因此我们主要依据 ISO/IEC 11801—1995 年《信息技术—用户房屋综合布线》标准。这份标准于 1995 年出版,开始编写在 20 世纪 90 年代初,国此我们国家出台的标准与目前的技术进展情况、产品实际应用情况有一段很大的时差,已不能适应市场需要。由于国际上综合布线标准铜缆双绞线超 5 类及 6 类标准 EIA/TIA568 B 标准已经正式出台,而其传输要求已经明确,因此目前可能会出现使用 6 类布线的高潮。

综合布线起源于北美贝尔实验室,北美标准比较齐全,因此直接将 EIA/TIA 标准翻译过来,能够大大地缩短我国标准基本只写到双绞线的 5 类与目前市场状态脱节的时差。直接将 EIA/TIA 标准为我所用,与国际标准接轨是个好办法。ISO/IEC 标准也落后于 EIA/TIA 标准,当然直接参与 ISO/IEC 标准的活动,与 ISO/IEC 标准同步也是可以的。我们翻译的 EIA/TIA 最新标准有下列内容:

(1) TIA/EIA 568 B 1(SP4425-A)《商业建筑通信电缆标准之一》一般要求;

(2) TIA/EIA 568 B 2(PN-3727)《100 Ω 4 对双绞线电缆标准》;

(3) TIA/EIA 568B 3《光缆标准》;

(4) TIA/EIA-569 A《关于电信通道和电信空间的商业建筑标准》;

(5) 楼宇管理系统-27,关于线路传输部分;

(6) ISO/IEC JTC/SC25 N507《信息技术设备标准》。

而 TIA/EIA 568 B 已于 2002 年 6 月正式出台。

2. 综合布线系统国家标准 GB/T 50311

在综合布线标准和相关书籍中,会用到许多的术语,《综合布线系统工程设计规范》的第 2 条中规范和介绍了一些常用的术语和符号。

1) 术语

(1) 布线(cabling): 能够支持信息电子设备相连的各种缆线、跳线、接插软线和连接器件组成的系统。

(2) 建筑群子系统(campus subsystem): 由配线设备、建筑物之间的干线电缆或光缆、设备缆线、跳线等组成的系统。

(3) 电信间(telecommunications room): 放置电信设备、电缆和光缆终端配线设备并进行缆线交接的专用空间。

(4) 工作区(work area): 需要设置终端设备的独立区域。

(5) 信道(channel): 连接两个应用设备的端到端的传输通道。信道包括设备电缆、设备光缆和工作区电缆、工作区光缆。

(6) 链路(link): 一个 CP 链路或是一个永久链路。

(7) 永久链路(permanent link): 信息点与楼层配线设备之间的传输线路。它不包括工作区缆线和连接楼层配线设备的设备缆线、跳线,但可以包括一个 CP 链路。

(8) 集合点(consolidation point, CP): 楼层配线设备与工作区信息点之间水平缆线路由中的连接点。

(9) CP 链路(CP link)：楼层配线设备与集合点之间，包括各端的连接器件在内的永久性链路。

(10) 建筑群配线设备(campus distributor)：终接建筑群主干缆线的配线设备。

(11) 建筑物配线设备(building distributor)：建筑物主干缆线或建筑群主干缆线终接的配线设备。

(12) 楼层配线设备(floor distributor)：终接水平电缆及水平光缆和其他布线子系统缆线的配线设备。

(13) 建筑物入口设施(building entrance facility)：提供符合相关规范机械与电气特性的连接器件，使得外部网络电缆和光缆引入建筑物内。

(14) 连接器件(connecting hardware)：用于连接电缆线对和光纤的一个器件或一组器件。

(15) 光纤适配器(optical fibre connector)：将两对或一对光纤连接器件进行连接的器件。

(16) 建筑群主干电缆、建筑群主干光缆(campus backbone cable)：用于在建筑群内连接建筑群配线架与建筑物配线架的电缆、光缆。

(17) 建筑物主干缆线(building backbone cable)：连接建筑物配线设备至楼层配线设备及建筑物内楼层配线设备之间的缆线。建筑物主干缆线可分为主干电缆和主干光缆。

(18) 水平缆线(horizontal cable)：楼层配线设备到信息点之间的连接缆线。

(19) 永久水平缆线(fixed herizontal cable)：楼层配线设备到 CP 的连接缆线，如果链路中不存在 CP 点，则为直接连至信息点的连接缆线。

(20) CP 缆线(CP cable)：连接集合点至工作区信息点的缆线。

(21) 信息点(telecommunications outlet，TO)：各类电缆或光缆终接的信息插座模块。

(22) 设备电缆、设备光缆(equipment cable)：通信设备连接到配线设备的电缆、光缆。

(23) 跳线(jumper)：不带连接器件或带连接器件的电缆线对与带连接器件的光纤，用于配线设备之间进行连接。

(24) 缆线(包括电缆、光缆)(cable)：在一个总的护套里，由一个或多个同一类型的缆线线对组成，并可包括一个总的屏蔽物。

(25) 光缆(optical cable)：由单芯或多芯光纤构成的缆线。

(26) 电缆、光缆单元(cable unit)：型号和类别相同的电缆线对或光纤的组合，电缆线对可有屏蔽物。

(27) 交接(交叉连接)(cross-connect)：配线设备和信息通信设备之间采用接插软线或跳线连接器件的一种连接方式。

(28) 互连(interconnect)：不用接插软线或跳线，使用连接器件把一端的电缆、光缆与另一端的电缆、光缆直接相连的一种连接方式。

2) 符号和缩略词

在综合布线系统工程的图纸设计、施工、验收和维护等日常工作中，工程技术人员应用了许多符号和缩略词，因此掌握表 2-24 所示的这些符号和缩略词对于识图和读懂技术文档非常重要。

表 2-24　符号和缩略词

英文缩写	英 文 名 称	中文名称或解释
ACR	Attenuation to Crosstalk Ratio	衰减串音比
BD	Building Distributor	建筑物配线设备
CD	Campus Distributor	建筑群配线设备
CP	Consolidation Point	集合点
dB	dB	电信传输单元：分贝
d.c.	Direct Current	直流
EIA	Electronic Industries Association	美国电子工业协会
ELFEXT	Equal level far end crosstalk attenuation(10ss)	等电平远端串音衰减
FD	Floor distributor	楼层配线设备
FEXT	Far end crosstalk attenuation(10ss)	远端串音衰减(损耗)
IEC	International Electrotechnical Commission	国际电工技术委员会
IEEE	The Institute of Electrical and Electronics Engineers	美国电气及电子工程师学会
IL	Insertion 10SS	插入损耗
IP	Internet Protocol	因特网协议
ISDN	Integrated Services Digital Network	综合业务数字网
IS0	International Organization for Standardization	国际标准化组织
LCL	Longitudinal to Differential Conversion Loss	纵向对差分转换损耗
OF	Optical Fibre	光纤
PSNEXT	Power Sum NEXT attenuation(10ss)	近端串音功率和
PSACR	Power Sum ACR	ACR 功率和
PS ELFEXT	Power Sum ELFEXT attenuation(10ss)	ELFEXT 衰减功率和
RL	Return Loss	回波损耗
SC	Subscriber Connector(Optical Fibre Connector)	用户连接器(光纤连接器)
SFF	Small Form Factor Connector	小型连接器
TCL	Transverse Conversion Loss	横向转换损耗
TE	Terminal Equipment	终端设备
TIA	Telecommunications Industry Association	美国电信工业协会
UL	Underwriters Laboratories	美国保险商实验所安全标准
Vr.m.s	Vroot.mean.square	电压有效值

3) 系统设计

(1) 系统构成。

综合布线系统应为开放式网络拓扑结构，应能支持语音、数据、图像、多媒体业务等信息的传递。综合布线系统工程宜按下列 7 个部分进行设计：

① 工作区：一个独立的需要设置终端设备(TE)的区域宜划分为一个工作区。工作区应由配线子系统的信息插座模块(TO)延伸到终端设备处的连接缆线及适配器组成。

② 配线子系统：配线子系统应由工作区的信息插座模块、信息插座模块至电信间配线设备(FD)的配线电缆和光缆、电信间的配线设备及设备缆线和跳线等组成。

③ 干线子系统：干线子系统应由设备间至电信间的干线电缆和光缆、安装在设备间的建筑物配线设备(BD)及设备缆线和跳线组成。

④ 建筑群子系统：建筑群子系统应由连接多个建筑物之间的主干电缆和光缆、建筑群配线设备(CD)及设备缆线和跳线组成。

⑤ 设备间：设备间是在每幢建筑物的适当地点进行网络管理和信息交换的场地。对于综合布线系统工程设计，设备间主要用来安装建筑物配线设备。电话交换机、计算机主机设备及入口设施也可与配线设备安装在一起。

⑥ 进线间：进线间是建筑物外部通信和信息管线的入口部位，并可作为入口设施和建筑群配线设备的安装场地。

⑦ 管理：管理应对工作区、电信间、设备间、进线间的配线设备、缆线、信息插座模块等设施按一定的模式进行标识和记录。

综合布线系统基本构成应符合图 2-2 所示的要求。

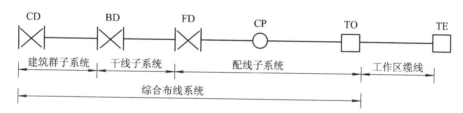

图 2-2 综合布线系统基本构成

(2) 系统分级与组成。

① 综合布线系统应能满足所支持数据系统的传输速率要求，并应选用相应等级的传输设备。综合布线铜缆系统的分级与类别划分应符合表 2-25 所示的要求。

表 2-25 铜缆布线系统的分级与类别

系统分级	支持带宽/Hz	支持应用器件	
		电缆	连接硬件
A	100 k	—	—
B	1 M	—	—
C	16 M	3 类	3 类
D	100 M	5/5e 类	5/5e 类
E	250 M	6 类	6 类
F	600 M	7 类	7 类

注：3 类、5/5e 类(超 5 类)、6 类、7 类布线系统应能支持向下兼容的应用。

② 光纤信道分为 OF-300、OF-500 和 OF-2000 三个等级，各等级光纤信道支持的应用

长度不应小于 300 m、500 m 及 2000 m。其连接方式如图 2-3 所示。

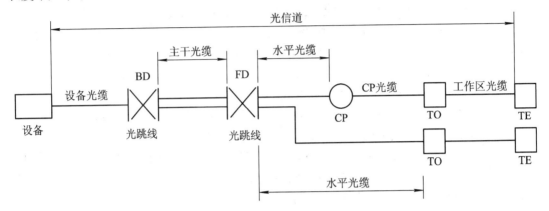

图 2-3　光纤信道构成(光缆经电信间 FD 光跳线连接)

③ 综合布线系统信道应由最长 90 m 的水平缆线、最长 10 m 的跳线和设备缆线及最多 4 个连接器件组成，永久链路则由 90 m 水平缆线及 3 个连接器件组成。

④ 当工作区用户终端设备或某区域网络设备需直接与公用数据网进行互通时，应将光缆从工作区直接布放至电信入口设施的光配线设备。

(3) 缆线长度划分。

① 综合布线系统水平缆线与建筑物主干缆线及建筑群主干缆线之和所构成信道的总长度不应大于 2000 m。

② 建筑物或建筑群配线设备之间(FD 与 BD、FD 与 CD、BD 与 BD、BD 与 CD 之间)组成的信道出现 4 个连接器件时，主干缆线的长度不应小于 15 m。

③ 配线子系统各缆线长度应符合图 2-4 所示的划分并应符合下列要求：

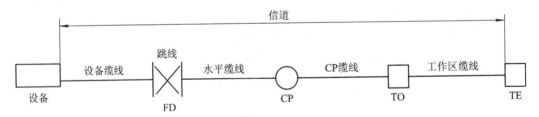

图 2-4　配线子系统缆线划分

(a) 配线子系统信道的最大长度不应大于 100 m。

(b) 工作区设备缆线、电信间配线设备的跳线和设备缆线之和不应大于 10 m，当大于 10 m 时，水平缆线长度(90 m)应适当减少。

(c) 楼层配线设备(FD)跳线、设备缆线及工作区设备缆线各自的长度不应大于 5 m。

(4) 系统应用。

① 同一布线信道及链路的缆线和连接器件应保持系统等级与阻抗的一致性。

② 综合布线系统工程的产品类别及链路、信道等级确定应综合考虑建筑物的功能、应用网络、业务终端类型、业务的需求及发展、性能价格、现场安装条件等因素，应符合表 2-26 所示的要求。

表 2-26 布线系统等级与类别的选用

业务种类	配线子系统		干线子系统		建筑群子系统	
	等级	类别	等级	类别	等级	类别
语音	D/E	5e/6	C	3 (大对数)	C	3 (室外大对数)
数据	D/E/F	5e/6/7	D/E/F	5e/6/7 (4 对)		
	光纤(多模或单模)	62.5 μm 多模/50 μm 多模/ <10 μm 单模	光纤	62.5 μm 多模/50 μm 多模/ <10 μm 单模	光纤	62.5 μm 多模/50 μm 多模/ <1 μm 单模
其他应用	可采用 5e/6 类 4 对对绞电缆和 62.5 μm 多模/50 μm 多模/ <10 μm 多模、单模光缆					

注：其他应用指数字监控摄像头、楼宇自控现场控制器(DDC)、门禁系统等采用网络端口传送数字信息的应用。

③ 综合布线系统光纤信道应采用标称波长为 850 nm 和 1300 nm 的多模光纤及标称波长为 1310 nm 和 1550 nm 的单模光纤。

④ 单模和多模光缆的选用应符合网络的构成方式、业务的互通互连方式及光纤在网络中的应用传输距离。楼内宜采用多模光缆，建筑物之间宜采用多模或单模光缆，需直接与电信业务经营者相连时宜采用单模光缆。

⑤ 为保证传输质量，配线设备连接的跳线宜选用产业化制造的各类跳线，在电话应用时宜选用双芯对绞电缆。

⑥ 工作区信息点为电端口时，应采用 8 位模块通用插座(RJ45)，光端口宜采用 SFF 小型光纤连接器件及适配器。

⑦ FD、BD、CD 配线设备应采用 8 位模块通用插座或卡接式配线模块(多对、25 对及回线型卡接模块)和光纤连接器件及光纤适配器(单工或双工的 ST、SC 或 SFF 光纤连接器件及适配器)。

⑧ CP 集合点安装的连接器件应选用卡接式配线模块或 8 位模块通用插座或各类光纤连接器件和适配器。

(5) 屏蔽布线系统。

① 当综合布线区域内存在的电磁干扰场强高于 3 V/m 时，宜采用屏蔽布线系统进行防护。

② 当用户对电磁兼容性有较高的要求(电磁干扰和防信息泄漏)或网络安全需要保密时，宜采用屏蔽布线系统。

③ 当采用非屏蔽布线系统无法满足安装现场条件对缆线的间距要求时，宜采用屏蔽布线系统。

④ 屏蔽布线系统采用的电缆、连接器件、跳线、设备电缆都应是屏蔽的，并应保持屏蔽层的连续性。

(6) 开放型办公室布线系统。

① 对于办公楼、综合楼等商用建筑物或公共区域大开间场地，由于其使用对象数量的不确定性和流动性等因素，宜按开放办公室综合布线系统要求进行设计，并应符合下列规定：

采用多用户信息插座时，每一个多用户插座包括适当的备用量在内，宜能支持 12 个工作区所需的 8 位模块通用插座；各段缆线长度可按表 2-27 所示选用，也可按下式计算：

$$C = \frac{102 - H}{1.2}$$

$$W = C - 5$$

式中，$C = W + D$ 为工作区电缆、电信间跳线和设备电缆的长度之和；D 为电信间跳线和设备电缆的总长度；W 为工作区电缆的最大长度，且 $W \leqslant 22$ m；H 为水平电缆的长度。

表 2-27　各段缆线长度限值

电缆总长度/m	水平布线电缆 H/m	工作区电缆 W/m	电信间跳线和设备电缆 D/m
100	90	5	5
99	85	9	5
98	80	13	5
97	25	17	5
97	70	22	5

采用集合点时，集合点配线设备与 FD 之间水平线缆的长度应大于 15 m。集合点配线设备容量宜以满足 12 个工作区信息点需求设置。同一个水平电缆路由不允许超过一个集合点(CP)。

从集合点引出的 CP 线缆应终接于工作区的信息插座或多用户信息插座上。

② 多用户信息插座和集合点的配线设备应安装于墙体或柱子等建筑物固定的位置。

(7) 工业级布线系统。

① 工业级布线系统应能支持语音、数据、图像、视频、控制等信息的传递，并能应用于高温、潮湿、电磁干扰、撞击、振动、腐蚀气体、灰尘等恶劣环境中。

② 工业布线应用于工业环境中具有良好环境条件的办公区、控制室和生产区之间的交界场所、生产区的信息点，工业级连接器件也可应用于室外环境。

③ 在工业设备较为集中的区域应设置现场配线设备。

④ 工业级布线系统宜采用星型网络拓扑结构。

⑤ 工业级配线设备应根据环境条件确定 IP 的防护等级。

4) 系统指标

(1) 综合布线系统产品技术指标在工程的安装设计中应考虑机械性能指标(如缆线结构、直径、材料、承受拉力、弯曲半径等)。

(2) 相应等级的布线系统信道及永久链路、CP 链路的具体指标项目如下：

① 3 类、5 类布线系统应考虑指标项目为衰减、近端串音(NEXT)。

② 5e 类、6 类、7 类布线系统应考虑指标项目为插入损耗(IL)、近端串音、衰减串音比(ACR)、等电平远端串音(ELFEXT)、近端串音功率和(PS NEXT)、衰减串音比功率和(PS ACR)、等电平远端串音功率和(PS ELEFXT)、回波损耗(RL)、时延、时延偏差等。

③ 屏蔽的布线系统还应考虑非平衡衰减、传输阻抗、耦合衰减及屏蔽衰减。

(3) 综合布线系统工程设计中，系统信道的指标包括以下几项：

① 回波损耗(RL)只在布线系统中的 C、D、E、F 级采用，布线的两端均应符合回波损耗值的要求。

② 插入损耗(IL)值。

③ 近端串音(NEXT)。

④ 近端串音功率。

⑤ 衰减串音比(ACR)。

⑥ ACR 功率。

⑦ 等电平远端串音(ELFEXT)。

⑧ 信道直流环路电阻(d.c.)。

⑨ 传播时延。

⑩ 传播时延偏差。

(4) 对于信道的电缆导体指标要求，应符合以下规定：

① 在信道每一线对中两个导体之间的不平衡直流电阻对各等级布线系统不应超过 3%。

② 在各种温度条件下，布线系统 D、E、F 级信道线对每一导体最小的传送直流电流应为 0.175 A。

③ 在各种温度条件下，布线系统 D、E、F 级信道的任何导体之间应支持 72 V 直流工作电压，每一线对的输入功率应为 10 W。

(5) 综合布线系统工程设计中，永久链路的各项指标参数值应符合表 2-28 和表 2-29 所示的规定。

表 2-28　永久链路最小回波损耗值

频率/MHz	最小回波损耗/dB			
	C 级	D 级	E 级	F 级
1	15.0	19.0	21.0	21.0
16	15.0	19.0	20.0	20.0
100	—	12.0	14.0	14.0
250	—	—	10.0	10.0
600	—	—	—	10.0

表 2-29　永久链路最大插入损耗值

频率/MHz	最大插入损耗/dB					
	A 级	B 级	C 级	D 级	E 级	F 级
0.1	16.0	5.5	—	—	—	—
1	—	5.8	4.0	4.0	4.0	4.0
16	—	—	12.2	7.7	7.1	6.9
100	—	—	—	20.4	18.5	17.7
250	—	—	—	—	30.7	28.8
600	—	—	—	—	—	46.6

任务三　从智能小区电信工程标准规范

看智能小区综合布线的应用

继全国性的商住楼、综合楼、写字楼进入建筑智能化的热潮之后，全国性的住宅智能化系统小区建设热潮又兴起了。特别在 2008 年奥运会申办成功以及 WTO 入世以来，建筑业、信息产业、信息网络化、网络经济的发展必然引起全社会的关注。如何抓住机遇，加快经济、社会、科技、国防、教育、文化、法律各方面积极地运作，特别是智能化小区信息网络化的运作，对推动智能岛、智能港、智能城市的发展起着十分重要的作用。如何正确地引导，也就是如何用智能小区工程标准规范来导向，是本节所要叙述的内容。

内容一　国家康居示范工程智能化系统示范小区建设要点与技术守则

国家建设部住宅产业化办公室在 1999 年 12 月 10 日发布了全国住宅小区智能化系统示范工程建设要点与技术守则(试行稿)。最近建设部住宅产业化促进中心又颁布了国家康居示范工程智能化系统示范小区建设要点与技术守则(修改稿)用以适应 21 世纪信息社会的生活方式，促进住宅建设科技进步，提高住宅功能质量，推动住宅产业现代化进程。其总体目标是：通过采用现代信息传输技术、网络技术和信息集成技术，进行精密设计、优化集成、精心建设和工程示范，提高住宅高新技术的含量和居住环境水平，以满足居民现代居住生活的需求。

为了使不同类型、不同居住对象、不同建设标准的居住小区合理配置智能化系统，示范小区按不同的功能设定、技术含量、经济投入等划分为：一星级(普及型)、二星级(提高型)和三星级(超前型)三种类型。

1. 一星级

一星级的基本配置，具体如下：

(1) 安全防范子系统(住宅报警装置、访客对讲装置、周边防越报警装置、闭路电视监控装置、电子巡更装置)；

(2) 管理与设备监控子系统(自动抄表装置、车辆出入与停车管理装置、紧急广播与背景音乐、物业管理、计算机系统、设备监控装置)，这两个子系统在文章中不再深加论述；

(3) 信息网络子系统。为了实现上述功能，科学合理地布线，每户应不少于两对电话线、两个电视插座和一个高速数据插座。

守则规定：二星级其功能和技术水平较一星级应有较大提升；三星级在采用先进技术与为物业管理和住户提供服务方面应有突出的技术优势。

智能小区的信息网络子系统是由居住小区的宽带接入网、控制网、有线电视网和电话网等组成的，我们提倡采用多网融合技术：

① 居住小区采用宽带接入网、控制网、有线电视网和电话网等各自成系统，可以采用

多种布线方式，但要求科学合理、经济适用。

② 居住小区宽带接入网的网络类型可采用以下所列类型之一或其组合：FTTX(X 可为 B 或 F，即光纤到楼栋，光纤到楼房)、HFC(光纤同轴网)和 XDSL(X 可为 A、V 等，即高速数字用户环路)或其他类型的数据网络。

③ 居住小区宽带接入网就是提供管理系统，支持用户开户、用户销户、用户暂停、用户流量时间统计、用户访问记录、用户流量控制等管理功能，使用户生活在一个安全方便的信息平台之上。

④ 居住小区宽带接入网应提供安全的网络保障。

⑤ 居住小区宽带接入网应提供本地计费或远端拨号用户认证(RADIUS)的计费功能。

⑥ 每户不少于两对电话线、两个电视插座和一个高速数据接口。

2. 二星级

二星级信息网络子系统控制网中的有关信息，通过小区宽带接入网传输到居住小区物业管理中心计算机系统中，用于统一管理。

3. 三星级

三星级应在以下方面之一有突出的技术优势：

(1) 智能化系统的先进技术应用方面：如采用多网融合技术、智能家庭控制器和 IP 协议智能终端等。

(2) 智能化系统为物业管理和住户提供服务，建立小区 Internet 网站和小区数据中心，提供物业管理、电子商务、VOD、网上信息查询与服务、远程医疗与远程教育等增值服务项目。

内容二 中华人民共和国国家标准 GB/T 50314—2000《智能建筑设计标准》

(1) 内含住宅智能化一章，其内容为一般规定，适用于住宅智能化系统设计。住宅智能化系统设计应体现"以人为本"的原则，做到安全、舒适、方便。

(2) 设计要素：住宅智能化系统设计和设备的选用，应考虑技术的先进性、设备的标准化、网络的开放性、系统的可扩充性及可靠性。

(3) 基本要素：住户应在卧室、客厅等房间设置有线电视插座；应在卧室、书房、客厅等房间设置信息插座；应设置语音对讲和大楼出入口门锁控制装置；应在厨房内设置燃气报警装置；应设置紧急呼叫求救按钮；应设置水表、电表、燃气表、暖气(有采暖地区)的自动计量远传装置。

(4) 住宅小区要求：

① 根据住宅小区的规模、档次及管理要求，可选设下列安全防范系统，如小区周边防范报警系统、小区访客对讲系统、110 报警装置、电视监控系统、门禁及小区巡更系统。

② 根据小区管理要求，可选设下列物业管理系统，如水表、电表、燃气表、暖气(有采暖地区)的远程自动计量系统，停车场管理系统，小区的背景音乐系统，电梯运行状态监视系统，小区公共照明、给排水等设备的自动控制系统，住户管理、设备维护管理等物业管理系统。

③ 根据小区服务要求可选设下列信息服务系统，如有线电视系统、卫星接收系统、语音和数据传输网络和网上电子信息服务系统。

内容三 中国工程建设标准化协会 CECS119

2000 年中国工程建设标准化协会颁布了《城市住宅建筑综合布线系统工程设计规范》，该规范是为了适应城镇住宅商品化、社会化以及住宅产业现代化的需要，配合城市建设和信息通信网向数字化、综合化、智能化方向发展，搞好城市住宅小区与住宅楼中电话、数据、图像等多媒体综合网络建设而制定的。规范适用于新建、扩建和改建城市住宅小区和住宅楼的综合布线系统工程设计。对于分散的住宅建筑和现有住宅楼，应充分利用市内电话线开通各种话音、数据和多媒体业务。规范参考了北美家居布线标准(TIA/EIA570-A)，标准根据建筑物的功能要求确定其等级和数量应符合下列规定：

(1) 基本配置：适应基本信息服务的需要，提供电话、数据和有线电视等服务。

每户可引入 1 条 5 类 4 对对绞电缆；同步敷设 1 条 75 Ω 同轴电缆及相应的插座；每户应设置壁龛式配线装置，每一卧室、书房、起居室、餐厅等均应设置 1 个信息插座和 1 个有线电视插座，主卫生间还应设置用户电话的信息插座；每个信息插座或有线电视插座至壁龛式配线装置，各敷设 1 条 5 类 4 对对绞电缆或 1 条 75 Ω 同轴电缆；壁龛式配线装置 DD 的箱体应一次到位，满足远期的需要。

(2) 综合配置适应较高水平信息服务的需要，提供当前和发展如电话、数据、多媒体和有线电视等服务。

每户可引入 2 条 5 类 4 对对绞电缆，必要时也可设置 2 条光纤；同步数设 1~2 条 75 Ω 同轴电缆及相应的插座；每户应设置壁龛式配线装置，每一卧室、书房、起居室、餐厅等均应设置不少于 1 个信息插座或光缆插座，以及 1 个有线电视插座，也可按用户需求设置；主卫生间还应设置用户电话的信息插座，每个信息插座、光缆插座或有线电视插座至壁龛式配线装置，各敷设 1 条 5 类 4 对对绞电缆、2 条光纤或 1 条 75 Ω 同轴电缆；壁龛式配线装置(DD)的箱体应一次到位，满足远期的需求。

任 务 总 结

本节介绍了物联网工程综合布线系统所应遵循的标准，对美洲标准、欧洲标准、国际标准、网络应用标准、我国国家标准进行了介绍，并着重介绍了我国物联网工程布线标准，以及物联网工程布线系统的应用。要求学习者了解各种布线标准，并能在不同的设计环境中根据客户设计需求选择相应的布线标准。

思 考 与 练 习

(1) 简述物联网工程综合布线各个系统的有关标准和规定。

(2) 简述物联网工程综合布线系统在中国的发展阶段。

(3) 物联网工程综合布线系统工程设计中，系统信道的指标值包括哪些？

(4) 永久链路的指标参数值包括哪些？

项目三 物联网工程布线常用器材和工具

综合布线系统的拓扑结构是由各种单元组成的，并按照技术性能要求和经济合理原则进行组合和配置。组合配置包含组合逻辑和配置形式。组合逻辑描述网络功能的体系结构；配置形式描述网络单元的邻接关系，即说明交换中心(或节点)和传输链路的连接情况。具体来说，综合布线系统的网络拓扑结构是一个网络布局的实际逻辑表示，这个网络是由各种布线部件、导线、电缆、光缆(光纤)和连接硬件等组成的。逻辑拓扑一般不考虑网络的物理性能(如缆线的路由和设备的位置等)，只用拓扑来描述常用的几何图形状态。在综合布线系统中，常用的网络拓扑结构有星型、环型、总线型、树型和网状型，其中以星型网络拓扑结构使用最多。综合布线系统采用哪种网络拓扑结构应根据工程范围、建设规模、用户需要、对外配合和设备配置等各种因素综合研究确定。具体内容将在总体方案设计中介绍。

任务一 网络传输介质

综合布线系统中采用的主要布线部件并不多，按其外形、作用和特点可粗略分为两大类，即传输介质和连接硬件(包括接续设备)。在综合布线系统工程中，选用的主要布线部件必须按我国通信行业标准《大楼通信综合布线系统》(YD/T 926)中的要求执行。在上述标准中，对主要布线部件推荐采用的产品型号和规定如下所述。

综合布线系统常用的传输介质有对绞线(又称双绞线)、大对数电缆(简称对称电缆)和光缆。

内容一 对绞线和对绞对称电缆

对绞线也称双绞线，是两根铜芯导线，其直径一般为 0.4~0.65 mm，常用的是 0.5 mm。它们各自包在彩色绝缘层内，按照规定的绞距互相扭绞成一对对绞线。扭绞的目的是使对外的电磁辐射和遭受外部的电磁干扰减少到最小。对绞线按其电气特性的不同进行分级或分类。按照美国线缆标准(American Wire Gauge，AWG)，双绞线的绝缘铜导线线芯大小有22、24 和 26 等规格，常用的是 24AWG，直径为 0.51 mm，规格数字越大，导线越细。

双绞线可分为屏蔽双绞线(Shielded Twisted Pair，STP)和非屏蔽双绞线(Unshielded Twisted Pair，UTP)，其结构如图 3-1 和图 3-2 所示。而屏蔽双绞线电缆有 STP 和 ScTP(FTP)两类，其中 STP 又分为 STP 电缆和 STP-A 电缆两种。

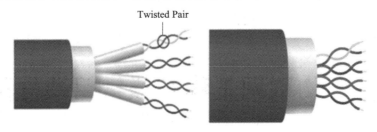

(a) 屏蔽双绞线STP   (b) 屏蔽双绞线ScTP

图 3-1 屏蔽双绞线的结构

图 3-2 非屏蔽双绞线的结构(UTP)

根据国外电气工业协会/电信工业协会(EIA/TIA)的规定,各类或各级的对绞线和对绞对称电缆的应用范围见表 3-1 所示。

表 3-1 对绞线、对绞电缆的分类和应用范围

序号	分类或型号	描述性名称	说　明	应 用 范 围
1	EIA/TIA 第一类	—	在局域网中不使用,主要用于模拟话音或报警系统	模拟话音、数字话音
2	EIA/TIA 第二类	—	在局域网中很少使用,可用于 ISDN(数据)、数字话音、IBM 3270 等	ISDN(数据): 1.44 Mbit/s IT: 1.544 Mbit/s 数字话音 IBM 3270、IBM 3X、 IBM AS/400
3	EIA/TIA 第三类 NEMA-100-24-LL UL Level Ⅲ	100 Ω UTP	它是一种 24 AWG 的 4 对非屏蔽对绞线,符合 EIA/TIA 568 标准中确定的 100 Ω 水平布线电缆要求,可用于 10 Mbit/s 和 IEEE 802.3 10Base-T 话音和数据	10 Base-T 4 Mbit/s 令牌环 IBM 3270、IBM 3X、 IBM AS/400 ISDN 话音
4	EIA/TIA 第四类 NEMA-100-24-LL UL Level Ⅳ	100 Ω 低损耗	在性能上比第三类线有一定改进,适用于包括 16 Mbit/s 令牌环局域网在内的数据传输速率,它可以是 UTP,也可以是 STP	10Base-T 16 Mbit/s 令牌环

续表

序号	分类或型号	描述性名称	说　明	应用范围
5	EIA/TIA　第五类 NEMA-100-24-XF UL Level V	100 Ω	它是一种 24 AWG 的 4 对对绞线，比 100 Ω 低损耗对绞线具有更好的传输特性，适用于 16 Mbit/s 以上的速率，最高可达到 100Mbit/s	10Base-T 16 Mbit/s 令牌环 100 Mbit/s 局域网
6	EIA/TIA150 Ω STP NEMA-150-22-LL NEMA-150-24-LL	150 Ω STP	它是具有高性能屏弊式的对绞线，有 22AWG 或 24AWG 两种。它的数据传输速率可达 100 Mbit/s 或更高，并支持 600 MHz 频带上的全息图像	16 Mbit/s 令牌环 100 Mbit/s 局域网 全息图像

注：① 10Base-T 网络于 20 世纪 90 年代开始使用，10 代表传输速率为 10 Mbit/s，Base 代表基带，T 代表对绞线。② 目前可供使用的对绞线多为 8 芯(4 对)，在采用 10Base-T 的情况下，只用 2 对(1、2 芯为接收对，3、6 芯为发送对)，另外 2 对(4、5 芯，7、8 芯)不用。③ 10Base-T 网络的物理结构是星型，所有工作站(TC)都与中心的集线器(Hub)相连，使用对绞线 2 对，1 对用于发送数据，另外 1 对用于接收数据。集线器与工作站之间的对绞线相连时，所用的连接器称为 RJ45，它由 RJ45 插座(又称 MAU、MDI 连接器、媒体连接单元或媒体相关接口连接器)和 RJ45 插头(又称对绞线链路段连接器)组成。规定插头连接器端接在对绞线上，插座连接器安装在网卡上或集线器中。④ 10Base-T 的对绞线应选用直径为 0.4～0.65 mm 的非屏蔽导线，在网卡和集线器间使用两对线，其最大长度为 100 m。⑤ IEEE 为电气及电子工程师学会。

根据我国通信行业标准《数字通信用对绞/星绞对称电缆》和《大楼通信综合布线系统》的规定，国内只生产特性阻抗为 100 Ω 和 150 Ω 的两种规格，不生产 120 Ω 的产品。目前已建和在建的综合布线系统工程，如果采用国外厂商生产的 120 Ω 对绞线电缆，则可参考相关的标准。在新建的综合布线系统工程中，不允许再采用 120 Ω 的产品。

UTP 双绞电缆是非屏蔽缆线，由于它具有重量轻、体积小、弹性好和价格适宜等特点，所以使用较多，甚至在传输较高速数据的链路上也有采用。但其抗外界电磁干扰的性能较差，安装时因受牵拉和弯曲，易使其均衡绞距受到破坏，因此，不能满足电磁兼容(EMC)性规定的要求。同时这种电缆在传输信息时易向外泄漏辐射，相对安全性较差，在一些重要部门的工程中尽可能不用。STP(每对芯线和电缆绕包铝箔、加铜编织网)、FTP(纵包铝箔)和 SFTP(纵包铝箔、加铜编织网)对绞电缆都是有屏蔽层的屏蔽缆线，具有防止外来电磁干扰和防止向外辐射的特性，但它们都存在重量重、体积大、价格贵和不易施工等问题。在施工安装中均要求完全屏蔽和正确接地，才能保证其特性效果。因此，在决定是否采用屏蔽缆线时，应从智能化建筑的使用性质、所处的环境和今后发展等因素综合考虑。

内容二　光缆

当综合布线系统需要在一个建筑群之间敷设较长距离的线路，或者在建筑物内信息系统要求组成高速率网络，或者与外界其他网络特别与电力电缆网络一起敷设有抗电磁干扰要求时，宜采用光缆作为传输媒体。光缆传输系统应能满足建筑与建筑群环境对电话、数据、计算机、电视等综合传输的要求，当用于计算机局域网络时，宜采用多模光缆；作为远距离电信网的一部分时，应采用单模光缆。光缆由一捆光导纤维组成，外表覆盖一层较厚的防水、绝缘表皮，从而增强光纤的防护能力，使光缆可以应用在各种复杂的综合布线环境中。单模光纤与多模光纤见图 3-3。

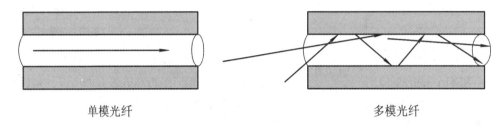

单模光纤　　　　　　　　　　　　　　　多模光纤

图 3-3　光纤

当综合布线系统的交接硬件采用光缆部件时，设备间可作为光缆主交接场的设置地点。干线光缆从这个集中的端接和进出口点出发延伸到其他楼层，在各楼层经过光缆级连接装置沿水平方向分布光缆。

光缆传输系统应使用标准单元光缆连接器，连接器可端接于光缆交接单元。陶瓷头的连接器应保证每个连接点的衰减不大于 0.4 dB，塑料头的连接器每个连接点的衰减不大于 0.5 dB。

综合布线系统宜采用光纤直径 62.5 μm、光纤包层直径 125 μm 的缓变增强型多模光缆，标称波长为 850 nm 或 1300 nm；也可采用标称波长为 1310 nm 或 1550 nm 的单模光缆。

光缆数字传输系统的数字系列比特率、数字接口特性，应符合如下系列规定：

(1) PDH 数字系列比特率等级应符合国家标准 GB 4110—83《脉冲编码调制通信系统系列》的规定，如表 3-2 所示。

表 3-2　系 列 比 特 率

数字系列等级	基群	二次群	三次群	四次群
标称比特率/(kb/s)	2048	8448	34 368	139 264

(2) 数字接口的比特率偏差、脉冲波形特性、码型、输入口与输出口规范等，应符合国家标准 GB 7611—87《脉冲编码调制通信系统网络数字接口参数》的规定。

光缆传输系统宜采用松套式或骨架式光纤束合光缆，也可采用带状光纤光缆。

光缆传输系统中标准光缆连接装置硬件交接设备，除应支持连接器外，还应直接支持束合光缆和跨接线光缆。

各种光缆的接续应采用通用光缆盒，为束合光缆、带状光缆或跨接线光缆的接合处提供可靠的连接和保护外壳。通用光缆盒提供的光缆入口应能同时容纳多根建筑物光缆。

根据我国通信行业标准规定，在综合布线系统中，以工作波长作为考虑，采用的光纤是 0.85 μm(0.8～0.9 μm)和 1.30 μm(1.25～1.35 μm)两种。以多模光纤(MMF)纤芯直径作为考虑，推荐采用 50 μm/125 μm(光纤为 GB/T 12357 规定的 A1a 类)或 62.5 μm/125 μm(光纤为 GB/T 12357 规定的 A1b 类)两种类型的光纤。在要求较高的场合，也可采用 8.3 μm/125 μm 突变型单模光纤(SMF)(光纤为 GB/T 9771 规定的 BI.I 类)，其中以 62.5 μm/125 μm 渐变型增强多模光纤使用较多,这是因为它具有光耦合效率较高、纤芯直径较大,在施工安装时光纤对准要求不高,配备设备较少等优点,而且光缆在微小弯曲或较大弯曲时,其传输特性不会有太大的改变。

任务二 连 接 硬 件

连接硬件是综合布线系统中各种接续设备(如配线架等)的统称。连接硬件包括主件的连接器(又称适配器)、成对连接器和接插软线,不包括某些应用系统对综合布线系统用的连接硬件,也不包括有源或无源电子线路的中间转接器或其他器件(如阻抗匹配变量器、终端匹配电阻、局域网设备、滤波器和保护器件)等。连接硬件是综合布线系统中的重要组成部分。

由于综合布线系统中连接硬件的功能、用途、装设位置以及设备结构有所不同,其分类方法也有区别,一般有以下几种:

(1) 按连接硬件在综合布线系统中的线路段落来划分。

① 终端连接硬件:如总配线架(箱、柜),终端安装的分线设备(如电缆分线盒、光纤分线盒等)和各种信息插座(即通信引出端)等。

② 中间连接硬件:如中间配线架(盘)和中间分线设备等。

(2) 按连接硬件在综合布线系统中的使用功能来划分。

① 配线设备:如配线架(箱、柜)等;

② 交接设备:如配线盘(交接间的交接设备)和屋外设置的交接箱等;

③ 分线设备:有电缆分线盒、光纤分线盒和各种信息插座等。

(3) 按连接硬件的设备结构和安装方式来划分。

① 设备结构:有架式和柜式(箱式、盒式);

② 安装方式:有壁挂式和落地式,信息插座有明装和暗装方式,且有墙上、地板和桌面安装方式。

(4) 按连接硬件装设位置来划分。

以装设配线架(柜)的位置来划分,有建筑群配线架(CD)、建筑物配线架(BD)和楼层配线架(FD)等。

此外,连接硬件尚有按外壳材料或组装结构以及特殊要求来划分的,因分类繁多且不常用,所以不作细述。目前,国内外产品的连接硬件主要有 100 Ω 的电缆布线用、150 Ω 的电缆布线用、光纤或光缆用(它们都包括通信引出端的连接硬件)三大类型。具体内容可参见产品说明。

任务三 物联网工程布线主要参数指标

信道(Channel)是通信系统中必不可少的组成部分,它是从发送输出端到接收输入端之间传送信息的通道。以狭义来定义,它是指信号的传输通道,即传输介质,不包括两端的设备。综合布线系统的信道是有线信道,从图 3-4 中可看出其信道不包括两端设备。

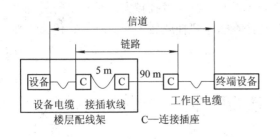

(a) 对称电缆水平布线模型

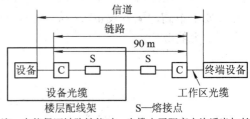

(b) 光缆水平布线模型

图 3-4   对称电缆与光缆的水平布线模型

链路与信道有所不同，它在综合布线系统中是指两个接口间具有规定性能的传输通道，其范围比信道小。链路既不包括两端的终端设备，也不包括设备电缆(光缆)和工作区电缆(光缆)。在图 3-4 中可以看出链路和信道的不同范围。

在综合布线系统工程设计中，我们必须根据智能化建筑的客观需要和具体要求来考虑链路的选用。它涉及到链路的应用级别和相关的链路级别，且与所采用的缆线有着密切关系。目前，链路有 5 种应用级别，不同的应用级别有不同的服务范围及技术要求。布线链路按照不同的传输介质分为不同级别，并支持相应的应用级别。具体分类情况见表 3-3 所示。

表 3-3   综合布线系统链路的应用级别和链路级别

序号	应用级别	布线链路传输介质	应用场合	支持应用的链路级别	频率
1	A 级	A 级对称电缆布线链路	话音带宽和低频信号	最低速率的级别，支持 A 级	100 kHz 以下
2	B 级	B 级对称电缆布线链路	中速(中比特率)数字信号	支持 B 级和 A 级的应用	1 MHz 以下
3	C 级	C 级对称电缆布线链路	高速(高比特率)数字信号	支持 C 级、B 级和 A 级的应用	16 MHz 以下
4	D 级	D 级对称电缆布线链路	超高速(甚高比特率)数字信号	支持 D 级、C 级、B 级和 A 级的应用	100 MHz 以下
5	光缆级	光缆布线链路	高速和超高速率的数字信号	支持光缆级的应用，支持传输频率 10 MHz 及其以上的各种应用	10 MHz 及其以上

特性阻抗为 100 Ω 的双绞电缆及连接硬件的性能分为 3 类、4 类、5 类和 6 类，它们分别适用于以下相应的情况：

3 类 100 Ω 的双绞电缆及其连接硬件，其传输性能支持 16 M 以下速率的应用。

4 类 100 Ω 的双绞电缆及其连接硬件，其传输性能支持 20 M 以下速率的应用。

5 类 100 Ω 的双绞电缆及其连接硬件，其传输性能支持 100 M 以下速率的应用。

6 类 100 Ω 的双绞电缆及其连接硬件，其传输性能支持 1000 M 以下速率的应用。

特性阻抗为 150 Ω 的数字通信用对称电缆(简称 150 Ω 对称电缆)及其连接硬件，只有 5

类一种，其传输性能支持 100 M 以下速率的应用。

在我国通信行业标准中，推荐采用 3 类、4 类和 5 类 100 Ω 的对称电缆；允许采用 5 类 150 Ω 的对称电缆。目前我国综合布线 6 类国家标准正在制订中。

内容一　铜缆参数

1. 信道长度(传输距离)

双绞线信道长度是综合布线系统中极为重要的指标。它是分别根据传输介质的性能要求(如对称电缆的串扰或光缆的带宽)和不同应用系统的允许衰减等因素来制定的。为了便于在工程设计中使用，在表 3-4 中列出了链路级别和传输介质的相互关系，表中还列出了可以支持各种应用级别的信道长度。由于通信、计算机等领域的技术不断发展，在表中规定的综合布线系统所支持的各种应用的目录并不完整，未能列入目录的某些应用也可被综合布线系统所支持，具体应根据通信行业标准中链路要求规定的内容办理。

表 3-4　传输介质可达到的信道长度

指标名称	链路级别	最高带宽	传输介质						应用举例
			对称电缆				光缆		
			3 类 100 Ω	4 类 100 Ω	5 类 100 Ω	6 类 150 Ω	多模光纤	单模光纤	
信道长度 /m	A 级	100 kHz	2000	3000	3000	3000	—	—	PBX(用户电话交换机)，X.21/V.11
	B 级	1 MHz	200	260	260	400	—	—	SO-总线(扩展)，SO-点对点，S1/S2，CSMA/CD，1Base 5
	C 级	16 MHz	100	150	160	250	—	—	CSMA/CD，10Base-T，令牌环，4Mbit/s，令牌环，16 Mbit/s
	D 级	100 MHz	—	—	100	150	—	—	令牌环，16 Mbit/s，ATM(TP)，TP0PMD
	光缆		—	—	—	—	2000	3000	CSMA/CD，FOIRL，CSMA/CD 10Base-F，令牌环，FDDI，LCF FDDI SM FDDI，HIPPI，ATM，FC

此外，国内外厂商已完成 6 类线(传输带宽为 250 MHz)的正式标准和产品的生产，7 类线(传输带宽为 600 MHz)标准也在商讨制订中。所以在综合布线系统工程设计中，应充分注意相关技术的发展动态。

综合布线全系统网络结构中的各段缆线传输最大长度必须符合图 3-5 所示的要求，这是因为网络传输特性的限制，为保证通信质量所确定的。图 3-5 中的 A、B、C、D、E、F、G 表示相关段落缆线或跳线的长度。楼层配线架到建筑群配线架之间采用单模光纤光缆作为主干布线时，其最大长度可延长到 3000 m。当采用国外产品不能满足我国通信行业标准规定的最大长度要求时，应设法采取技术措施，进行切实有效的调整。

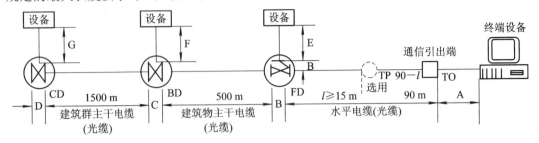

图 3-5 综合布线系统各段缆线的最大长度

图 3-5 中，CD 表示建筑群配线架；BD 表示建筑物配线架；FD 表示楼层配线架；TP 表示转接点；TO 表示信息插座。

2. 衰减

衰减(Attenuation，A)是指信号传输时在一定长度的电缆中的损耗，它是一个对信号损失的度量。衰减与电缆的长度有关，每 100 m 的传输距离会增加 1 dB 的线路噪音，衰减越低，信号传输的距离就越长。

综合布线系统链路传输的最大衰减限值，包括两端的连接件、跳线和工作区连接电缆在内，应符合表 3-5 所示的规定。

表 3-5 链路传输的最大衰减限值表

频率/MHz	最大衰减限值/dB					
	A 级	B 级	C 级	D 级	D 级 E	E 级
0.1	16	5.5	—	—	—	—
1.0	—	5.8	3.7	2.5	2.1	1.9
4.0	—	—	6.6	4.8	4.0	3.5
10.0	—	—	10.7	7.5	6.3	5.6
16.0	—	—	14.0	9.4	8.2	7.1
20.0	—	—	—	10.5	9.2	7.9
31.25	—	—	—	13.1	11.5	10
62.5	—	—	—	18.4	16.7	14.4
100.0	—	—	—	23.2	21.6	18.5
200.0	—	—	—	—	—	27.1
250.0	—	—	—	—	—	30.7

注：将点连成曲线后，测试的曲线全部应在标准曲线的限值范围之内。

3. 近端串扰

当信号在一个线对上传输时，会同时将一小部分信号感应到其他线对上，这将对其信号传输造成不良干扰，近端串扰(Near End Cross Talk，NEXT)就是指对同在近端的传送线对与接收线对所产生的影响。近端串扰与电缆类别、连接方式和频率有关。

综合布线系统任意两线对之间的近端串扰衰减限值，包括两端的连接硬件、跳线和工作区连接电缆在内(但不包括设备连接器)，应符合表 3-6 所示的规定。

表 3-6 线对间最小近端串扰衰减限值表

频率/MHz	最小近端串音衰减限值/dB					
	A 级	B 级	C 级	D 级	D 级 E	E 级
0.1	27	40	—	—	—	—
1.0	—	25	39	54	60	65.7
4.0	—	—	29	45	54.8	64.1
10.0	—	—	23	39	48.5	57.8
16.0	—	—	19	36	45.2	54.6
20.0	—	—	—	35	43.7	53.1
31.25	—	—	—	32	40.6	50
62.5	—	—	—	27	35.7	45.1
100.0	—	—	—	24	32.3	41.8
200.0	—	—	—	—	39.8	36.9
250.0	—	—	—	—	—	35.3

注：① 所有其他音源的噪声应比全部应用频率的串扰噪声低 10 dB。② 在大多数主干电缆中，最坏线对的近端串扰衰减值，应以功率累计数来衡量。③ 桥接分岔或多组合电缆，以及连接到多重信息插座的电缆，任一对称电缆组或单元之间的近端串扰衰减至少要比单一组合的 4 对电缆的近端串扰衰减好一个数值 Δ：$\Delta = 6\ \text{dB} + 10\lg(n+1)\text{dB}$，式中：$n$ 为电缆中相邻的对称电缆单元数。

4. 反射衰减

综合布线系统中任一电缆接口处的反射衰减限值，应符合表 3-7 所示的规定。

表 3-7 电缆接口处最小反射衰减限值表

频率/MHz	最小反射衰减限值	
	C 级	D 级
$1 \leqslant f \leqslant 10$	18	18
$10 < f \leqslant 16$	15	15
$16 < f \leqslant 20$	—	15
$20 < f \leqslant 100$	—	10

5. 衰减串扰比(ACR)

通信链路在信号传输时，衰减和串扰都会存在，串扰反映电缆系统内的噪声，衰减反映线对本身的传输质量，这两种参数的混合效应(信噪比)可以反映出电线链路的实际传输质量。

综合布线系统链路衰减与近端串扰衰减的比率(ACR)，应符合表 3-8 所示的规定。

$$\text{ACR(dB)} = a_n\ (\text{dB}) - a\ (\text{dB})$$

式中：a_n 为任意两线对间的近端串扰衰减值；a 为链路传输的衰减值。

表 3-8 最小 ACR 限值表

频率/MHz	最小 ACR 限值/dB
	D 级
0.1	—
1.0	—
4.0	40
10.0	35
16.0	30
20.0	28
31.25	23
62.5	13
100.0	4

表 3-8 所列的 ACR 值优于计算值,在衰减和串扰衰减之间允许有一定限度的权衡选择,其选择范围如表 3-9 所示。

表 3-9 衰减和近端串扰衰减的选择极限表

频率/MHz	最大衰减量/(dB/100 m)	最小近端串扰衰减量/(dB/100 m)
20	8	41
31.25	10.3	39
62.5	15	33
100	19	29

6. 直流电阻

系统分级和传输距离在规定情况下,综合布线系统线对的限值,应符合表 3-10 所示的规定。100 Ω 双绞电缆的直流环路电阻值应为 19.2 Ω/100 m;150 Ω 双绞电缆的直流环路电阻值应为 12 Ω/100 m。

表 3-10 直流环路电阻极限表

链路级别	A 级	B 级	C 级	D 级
最大环路电阻/Ω	560	170	40	40

7. 传播延迟

综合布线系统线对的传播延迟限值,应符合表 3-11 所示的规定。

表 3-11 最大传播延迟限值表

测量频率/MHz	级别	延迟/μs
0.01	A	20
1	B	5
10	C	1
30	D	1

注:配线(水平)子系统中的最大传播延迟不得超过 1 μs。

8. 纵向差分转换衰减

综合布线系统的纵向差分转换衰减(平衡)限值，应符合表 3-12 所示的规定。

表 3-12　纵向差分转换衰减限值表

频率/MHz	最小纵向差分转换衰减限值/dB			
	A 级	B 级	C 级	D 级
0.1	30	45	35	40
1.0	—	20	30	40
4.0	—	—	待定	待定
10.0	—	—	25	30
16.0	—	—	待定	待定
20.0	—	—	待定	待定
100	—	—	—	待定

注：纵向差分转换衰减的测试方法正在研究。

9. 综合近端串扰(Power Sum NEXT)

近端串扰是一对发送信号的线对对被测试线对在近端的串扰。而在 4 对电缆中，3 个发送信号的线对向另一相邻接收线对产生的总串扰就称为综合近端串扰。综合布线系统的相邻线对限值应符合表 3-13 所示的规定。

表 3-13　相邻线对综合近端串扰限定值一览表

频率/MHz	D 级(E)/dB		E 级/dB	
	通道链路	基本链路	通道链路	永久链路
1	57.0	57.0	62	62
10	44	455	54	55.5
100	27.1	29.3	37.1	39.3
200	—	—	31.9	34.3
250	—	—	30.2	32.7

相邻线对综合近端串扰其值为在 4 对双绞线的一侧，3 个发送信号的线对向另一相邻接收线对产生串扰的总和近端串扰值。

$N_4 = \sqrt{N_1^2 + N_2^2 + N_3^2}$，$N_1$、$N_2$、$N_3$、$N_4$ 分别为线对 1、线对 2、线对 3、线对 4 的近端串扰值。

10. 等效远端串扰(ELFEXT)

等效远端串扰是指某线对上远端串扰损耗与该线路传输信号衰减的差值。综合布线系统的等效远端串扰损耗限值应符合表 3-14 所示的规定。

等效远端串扰损耗(ECFEXT)系指远端串扰损耗与线路传输衰减的差。

从链路近端线缆的一个线对发送信号，该信号经过线路衰减，从链路远端干扰相邻接收线，该远端串扰值定义为 FEXT，FEXT 是随链路长度(传输衰减)变化的量。

$$ECFEXT = FEXT - A$$

式中：A 为受串扰接线对的传输衰减。

表 3-14 等效远端串扰损耗 ELFEXT 最小限值表

频率/MHz	D 级(E)/dB		E 级/dB	
	通道链路	基本链路	通道链路	永久链路
1	57.4	60	63.3	64.2
10	37.4	40	43.3	44.2
100	17.4	20	23.3	24.2
200	—	—	17.2	18.2
250	—	—	15.3	16.2

11. 远端等效串扰总和(PS EC FEXT)

综合布线远端等效串扰总和限值应符合表 3-15 所示的规定。

表 3-15 远端等效串扰总和 PS EC FEXT 限定值

频率/MHz	D 级(E)/dB		E 级/dB	
	通道链路	基本链路	通道链路	永久链路
1	57.4	60	63.3	64.2
10	37.4	40	43.3	44.2
100	17.4	20	23.3	24.2
200	—	—	17.2	18.2
250	—	—	15.3	16.2

12. 传播时延差

综合布线线对间传播时延差规定要以同一缆线中信号传播时延最小的线对时延值作为参考，其余线对与参考线对时延差值不得超过 45 ns。若线对间时延差超过该值，在链路高速传输数据的情况下，4 个线对同时并行传输数据信号将严重破坏数据结构。

13. 回波损耗

综合布线最小回波损耗值应符合表 3-16 所示的规定。

表 3-16 最小回波损耗值

频率/MHz	最小回波损耗标准值		
	D 级	D 级(E)/dB	E 级/dB
1～10	15	17	19
10～16	15	17	19
16～20	15	17	19
20～100	$15 - 10\lg10(f/20)$	$17 - 7\lg10(f/20)$	$19 - 10\lg10(f/20)$
250	$15 - 10\lg10(f/20)$	$17 - 7\lg10(f/20)$	$19 - 10\lg10(f/20)$

回波损耗由线缆持性阻抗和链路接插件偏离标准值导致功率反射引起。RC 为输入信号

幅度和由链路反射回来的信号幅度的差值。

14. 噪声

综合布线链路脉冲噪声是指大功率设备间断性启动对布线链路带来的电冲击干扰。综合布线链路在不连接有源器械和设备的情况下，高于 200 mV 的脉冲噪声个数在 2 分钟内不大于 10 个。

综合布线背景杂讯噪声是指一般用电器械带来的高频干扰和电磁干扰，布线链路在不连接电源器械及设备的情况下，杂讯噪声电平应≤−30 dB。

内容二　光缆参数

1. 波长

综合布线系统光缆波长窗口的各项参数，应符合表 3-17 所示的规定。

表 3-17　光缆窗口参数表

光纤模式，标称波长/nm	下限/nm	上限/nm	基准试验波长/nm	最大光谱宽带 FWHM/nm
多模 850	790	910	850	50
多模 1300	1285	1330	1300	150
多模 1310	1288	1339	1310	10
多模 1550	1525	1575	1550	10

注：① 多模光纤：芯线标称直径为 62.5 μm/125 μm 或 50 μm/125 μm；50 nm 波长时最大衰减为 3.5 dB/km；最小模式带宽为 200 MHz/km；1300 nm 波长时最大衰减为 1 dB/km；最小模式带宽为 500 MHz/km。
② 单模光纤：芯线应符合 IEC793-2、型号 BI 和 ITU-TG.625 标准；1310 nm 和 1550 nm 波长时最大衰减为 1 dB/km；截止波长应小于 1280 nm；1310 nm 时色散应≤6PS/km.nm；1550 nm 时色散应≤20 PS/km.nm。③ 光纤连接硬件：最大衰减为 0.5 dB；最小反射衰减：多模为 20 dB。

2. 传输距离

综合布线系统的光缆，在规定各项参数的条件下，光纤链路可允许的最大传输距离，应符合表 3-18 所示的规定。

表 3-18　光纤链路允许最大传输距离表

光缆应用类别	链路长度 /m	多模衰减值/dB		单模衰减值/dB	
		850/nm	1300/nm	1310/nm	1550/nm
配线(水平)子系统	100	2.5	2.2	2.2	2.2
干线(垂直)子系统	500	3.9	2.6	2.7	2.7
建筑群子系统	1500	7.4	3.6	3.6	3.6

注：① 表中规定的链路长度，是在采用符合表 3-4 规定的光缆和光纤连接硬件的条件下，允许的最大距离。② 对于短距离的应用场合，应插入光衰减器，以保证达到表 3-18 中规定的衰减值。

3. 模式带宽

综合布线系统多模光纤链路的光学模式带宽，应符合表 3-19 所示的规定。

表 3-19　多模光纤链路的光学模式带宽表

标称波长/nm	最小反射衰减限值/dB
850	100
1300	250

注：单模光纤链路的光学模式带宽，ISO/IEC11801：1995(E)尚未作出规定。

4. 反射衰减限值

综合布线系统光纤链路任一接口的光学反射衰减限值，应符合表 3-20 所示的规定。

表 3-20　光纤链路的光学反射衰减限值表

光纤模式，标称波长/nm	最波反射衰减限值/dB
多模 850	20
多模 1300	20
单模 1310	26
单模 1550	26

综合布线系统的缆线与设备之间的相互连接应注意阻抗匹配和平衡的转换适配。特性阻抗的分类应符合 100 Ω、150 Ω 两类标准，其允许偏差值为 ±15 Ω(适用于频率 > 1 MHz 的情况)。

任务四　线槽规格、品种和器材

布线系统中除了线缆外，槽管是一个重要的组成部分，可以说，金属槽、PVC 槽、金属管、PVC 管是综合布线系统的基础性材料。在综合布线系统中，主要使用的线槽有以下几种。

内容一　金属槽和塑料槽

1. 金属槽

金属槽由槽底和槽盖组成，每根槽一般长度为 2 m，槽与槽连接时使用相应尺寸的铁板和螺丝固定。槽的外形如图 3-6 所示。

(a) PVC 槽　　　　　　　　　(b) 金属槽

图 3-6　槽的外形

在综合布线系统中,一般使用的金属槽的规格有:50 mm × 100 mm、100 mm × 100 mm、100 mm × 200 mm、100 mm × 300 mm、200 mm × 400 mm 等。

2. 塑料槽

塑料槽的外形与图 3-6 所示类似,但它的品种规格更多,从型号上讲有:PVC-20 系列、PVC-25 系列、PVC-25F 系列、PVC-30 系列、PVC-40 系列、PVC-40Q 系列等。

从规格上讲有:20 mm × 12 mm、25 mm × 12.5 mm、25 mm × 25 mm、30 mm × 15 mm、40 mm × 20 mm 等。

与 PVC 槽配套的附件有:阳角、阴角、直转角、平三通、左三通、右三通、连接头、终端头、接线盒(暗盒、明盒)等。

内容二 金属管和塑料管

1. 金属管

金属管用于分支结构或暗埋线路,它的规格也有多种,外径以 mm 为单位。管的外表如图 3-7 所示。

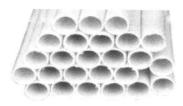

(a) PVC 管　　　　　　　　　　　　(b) 金属管

图 3-7 管的外形

工程施工中常用的金属管有:D16、D20、D25、D32、D40、D50、D63、D110 等规格。

在金属管内穿线比线槽布线难度更大一些,在选择金属管时要注意管径应选择大一点,一般管内填充物应占 30%～50% 左右,以便于穿线。

2. 塑料管

塑料管产品分为两大类,即 PE 阻燃导管和 PVC 阻燃导管。

PE 阻燃导管是一种塑制半硬导管,按外径有 D16、D20、D25、D32 这 4 种规格。外观为白色,具有强度高、耐腐蚀、挠性好、内壁光滑等优点,明、暗装穿线兼用。它以盘为单位,每盘重为 25 kg。

PVC 阻燃导管是以聚氯乙烯树脂为主要原料,加入适量的助剂,经加工设备挤压成型的刚性导管,小管径 PVC 阻燃导管可在常温下进行弯曲,便于用户使用。按外径有 D16、D20、D25、D32、D40、D45、D63、D110 等规格。

与 PVC 管安装配套的附件有:接头、弯头、弯管弹簧、一通接线盒、二能接线盒、三通接线盒、四通接线盒、开口管卡、专用截管器、PVC 粗合剂等。

内容三 桥架

桥架是布线行业的一个术语,是建筑物内布线不可缺少的一个部分。桥架分为普通型桥架、重型桥架和槽式桥架。在普通桥架中还可分为普通型桥架、直边普通型桥架。桥架的外形如图 3-8 所示。

(a) 梯级式桥架　　　　　　(b) 槽式桥架　　　　　　(c) 托盘式桥架

图 3-8　桥架外形

在普通桥架中，可供组合的主要配件有：梯架、弯通、三通、四通、多节二通、凸弯通、凹弯通、调高板、端向连接板、调宽板、垂直转角连接件、连接板、小平转角连接板、隔离板等。

在直通普通型桥架中，可供组合的主要配件有：梯架、弯通、三通、四通、多节二通、凸弯通、凹弯通、盖板、弯通盖板、三通盖板、四通盖板、凸弯通盖板、凹弯通盖板、花孔托盘、隔离板、调宽板、端头挡板等。

电子重型桥架和槽式桥架在网络布线中很少用。

内容四　信息插座

网络工程中使用的信息插座主要由三部分构成：信息模块、面板和底盒。

1. 信息模块

信息模块是网络工程中经常使用的一种器材，分为 6 类、超 5 类、3 类，且有屏蔽和非屏蔽之分。信息模块如图 3-9 所示。

图 3-9　信息模块

信息模块满足 T-568A 超 5 类传输标准，符合 T-568A 和 T-568B 线序，适用于设备间与工作区的通信插座连接。免工具型设计，便于准确快速地完成端接，扣锁式端接帽确保导线全部端接并防止滑动。芯针触点材料 50 μm 的镀金层，耐用性为 1500 次插拔。

打线柱外壳材料为聚碳酸酯，IDC 打线柱夹子为磷青铜。适用于 22、24 及 26AWG(0.64、0.5 及 0.4 mm)线缆，耐用性为 350 次插拔。

在 100 MHz 下测试其传输性能：近端串扰为 44.5 dB、衰减为 0.17 dB、回波损耗为 30.0 dB，平均性能为 46.3 dB。

2. 面板

常用面板分为单口面板和双口面板，面板外型尺寸符合国标 86 型、120 型。

86 型面板的宽度和长度都是 86 mm，通常采用高强度塑料材料制成，适合安装在墙面，具有防尘功能，如图 3-10 所示。

图 3-10　86 型面板

120 型面板的宽度和长度都是 120 mm，通常采用铜等金属材料制成，适合安装在地面，具有防尘、防水功能，如图 3-11 所示。

图 3-11　120 型面板

此面板应用于工作区的布线子系统，表面带嵌入式图表及标签位置，便于识别数据和语音端口，并配有防尘滑门，用以保护模块，遮蔽灰尘和污物。

3. 底盒

常用底盒分为明装底盒和暗装底盒，如图 3-12 所示。明装底盒通常采用高强度塑料材料制成，而暗装底盒有塑料制成的，也有金属材料的。

图 3-12　底盒

内容五　配线架

配线架是管理子系统中最重要的组件，是实现垂直干线和水平布线两个子系统交叉连接的枢纽，一般放置在管理区和设备间的机柜中。配线架通常安装在机柜内，通过安装附件，配线架可以全线满足 UTP、STP、同轴电缆、光纤、音视频的需要。

在网络工程中常用的配线架有双绞线配线架和光纤配线架。

双绞线配线架的作用是在管理子系统中将双绞线进行交叉连接，用在主配线间和各分配线间。双绞线配线架的型号很多，每个厂商都有自己的产品系列，并且对应 3 类、5 类、超 5 类、6 类和 7 类线缆分别有不同的规格和型号，在具体项目中，应参阅产品手册，根据实际情况进行配置。双绞线配线架如图 3-13 所示。

图 3-13　双绞线 CAT5e 非屏蔽配线架

用于端接传输数据线缆的配线架采用 19inRJ-45 口 110 配线架，此种配线架背面进线采用 110 端接方式，正面全部为 RJ-45 口，用于跳线配线，它主要分为 24 口、48 口等，全部为 19 in 机架/机柜式安装。110 跳线架及连接块如图 3-14 所示。

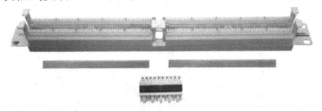

图 3-14　110 跳线架及连接块

光纤配线架的作用是在管理子系统中将光缆进行连接，通常在主配线间和各分配线间进行。

内容六　机柜

机柜是存放设备和线缆交接的地方。机柜以 U 为单元区分，其高度 1U = 44.45 mm。

标准的机柜宽度为 600 mm，一般情况下，服务器机柜的深≥800 mm，而网络机柜的深≤800 mm，具体规格见表 3-21 所示。

表 3-21　网络机柜规格表

产品名称	用户单元	规格型号/mm (宽×深×高)	产品名称	用户单元	规格型号/mm (宽×深×高)
普通墙柜系列	6U	530×400×300	普通网络机柜系列	18U	530×400×1000
	8U	530×400×400		22U	530×400×1200
	9U	530×400×450		27U	530×400×1400
	12U	530×400×600		31U	530×400×1600
普通服务器机柜系列(加深)	31U	530×400×1600		36U	530×400×1800
	36U	530×400×1800		40U	530×400×2000
	40U	530×400×2000		45U	530×400×2200

网络机柜可分为以下两种：

1. 常用服务器机柜

(1) 安装产柱尺寸为 480 mm(19 in)。内部安装设备的空间高度一般为 1850 mm(42U)，如图 3-15 所示。

图 3-15　立式机柜

(2) 采用优质冷轧钢板，独特表面静电喷塑工艺，耐酸碱、耐腐蚀，以保证可靠接地、防雷击。

(3) 走线简洁，前后及左右面板均可快速拆卸，方便各种设备的走线。

(4) 上部安装有 2 个散热风扇，下部安装有 4 个转动轱辘和 4 个固定地脚螺栓。

(5) 适用于 IBM、HP、DELL 等各种品牌导轨式上安装的机架式服务器，也可以安装普通服务器和交换机等标准 U 设备。一般安装在网络机房或者楼层设备间。

2. 壁挂式网络机柜

主要用于摆放轻巧的网络设备，外观轻巧美观，全柜采用全焊接式设计，牢固可靠。机柜背面有 4 个挂职墙的安装孔，可将机柜挂在墙上以节省空间，如图 3-16 所示。

图 3-16　壁挂机柜

小型挂墙式机柜体积小，节省机房空间，广泛用于计算机数据网络、布线、音响系统、银行、金融、证券、地铁、机场工程以及工程系统等。

内容七　布线工具

在网络布线系统中，进行缆线端接要借助于施工工具——布线工具。

1. 单对 110 型打线工具

该工具适用于线缆、110 型模块及配线架的连接作业，使用时只需要简单地在手柄上推一下，就能将导线卡接在模块中，完成端接过程。单对 110 打线钳如图 3-17 所示。

图 3-17　单对 110 打线钳

使用打线工具时，必须注意以下事项：

(1) 用手在压线口按照线序把线芯整理好，然后开始压接，压接时必须保证打线器方向正确，有刀口的一边必须在线端方向，正确压接后，刀口会将多余线芯剪断；否则，会剪断或者损伤要使用的网线铜芯。

(2) 打线器必须保证垂直，突然用力向下压，听到"咔嚓"声之后，配线架中的刀片会划破线芯的外包绝缘外套，与铜线芯接触。

(3) 如果压接时不突然用力，而是均匀用力，则不容易一次将线压接好，可能出现半接触状态。

(4) 如果打线器不垂直，则容易损坏压线口的塑料芽，而且不容易将线缆压接好。

2. 5 对 110 型打线工具

该工具是一种简便快捷的 110 型连接端子打线工具，是 110 配线架卡接连接块的最佳手段，一次最多可以接 5 对的连接块，操作简单，省时省力，适用于线缆、跳接块及跳线架的连接作业。5 对 110 打线钳如图 3-18 所示。

图 3-18　5 对 110 打线钳

3. 压接工具

压线钳是双绞线网线制作过程中最主要的制作工具，俗称网钳，具有双绞线切割、剥线、水晶头压接等多种功能，分为单用压线钳和 RJ-11 及 RJ-45 双用压线钳，如图 3-19 和图 3-20 所示。

图 3-19　双用压线钳　　　　　　　　图 3-20　单用压线钳

任 务 总 结

本节介绍了物联网工程综合布线中所使用的传输介质及布线工具，其中详细讲述了铜缆、光缆的特性及主要性能参数指标，介绍了布线工程中线槽、信息模块等材料及相应工具。要求学习者了解布线工程中传输介质的特性，能在不同的施工环境中正确选择布线材料，并熟练使用布线工具。

思考与练习

(1) 物联网工程综合布线系统常用的传输介质有哪些？

(2) 双绞线有哪几种？

(3) 大对数双绞线有哪些组成和种类？

(4) 光纤有哪几类？其概念是什么？

(5) 吹光纤系统具有哪些优越性？

(6) 在物联网工程布线系统中，主要使用的线槽有哪几种？

(7) 在物联网工程布线系统中，与 PVC 线槽配套使用的附件有哪些？

(8) 在物联网工程布线系统中，线缆槽的铺设有哪几种？

项目四　物联网工程布线系统方案设计

综合布线系统的工程设计是智能楼、商住楼、办公楼、综合楼及智能住宅小区建筑智能化的楼宇设备管理、办公自动化、通信网络等各系统中所要设计的一项独立内容，是为了适应经济建设高速的发展和改革开放的社会需求，加快信息通信网向数字化、综合化、智能化方向发展，搞好电话、数据、图文、图像等多媒体综合网络建设，解决接入网到用户终端的最后一段传输网络问题。

综合布线系统以一套单一的配线系统综合几个通信网络，协助解决了有关电话、数据、图文、图像及多媒体设备所面临的配线不便的问题，并为未来的综合业务数字网络打下了基础。目前，综合布线系统主要综合了电话、数据、图文、图像及多媒体设备的布线。

任 务 一　设 计 案 例

某大学新建的校园网包括了教学楼、办公楼、图书馆、教工宿舍、学生宿舍在内的 2000 多个信息点，主要用来解决整个学校的教师及学生的信息化管理和对教育网的访问，建成后的校园网将为 3000 多师生提供信息服务。

内容一　工程概况分析

从某大学实际情况出发，校园网工程分三个阶段完成。第一阶段实现校园网基本连接，第二阶段校园网将覆盖校园所有建筑，第三阶段完成校园网应用系统的开发。学院校园网建设的一期工程覆盖了教学、办公、学生宿舍区、教工宿舍区，接入信息点约为 2600 个，投资 400 万。为了实现网络高带宽传输，骨干网将采用千兆以太网为主干，百兆光纤到楼，学生宿舍 10M 带宽到桌面，教工宿舍 100M 带宽到桌面。设计依据如下：

1. 设计遵循的标准或规范

(1) DBJ08-59-95：智能建筑设计标准；

(2) ANSI/EIA/TIA-568A：民用建筑电信布线系统标准；

(3) ANSI/EIA/TIA-569：电信走道和空间的民用建筑标准；

(4) TSB-67：UTP 布线现场测试标准；

(5) ISO/IEC 11801：电信布线系统标准；

(6) GB/T 50312—2007：建筑与建筑群综合布线系统工程设计规范；

(7) JGJ/T 16—92：中国民用建筑电气设计规范。

2. 设计参照的网络标准

(1) IEEE 802.3：Ethernet(10BASE-T)；

(2) IEEE 802.3u：Fast Ethernet(100BASE-T)；

(3) ANSI FDDI/TPDDI：光纤分布式数据接口网络标准。

3. 工程设计依据的资料

(1) 某学校建筑平面示意图；

(2) 某学校网络拓扑结构图。

内容二　系统功能需求分析

该校的校园网现有电话网络系统已覆盖整个校园，因此本次综合布线工程不考虑语音电话系统，只考计算机信息点。校园网各建筑物信息点分布情况，如表 4-1 所示，总共有计算机信息点 2622 个。该信息点的分布设计已经考虑了今后的网络发展需要，信息点的数量已经预留了一定的数量。

表 4-1　校园网建筑信息点分布表

建筑物名称	楼层数	每层房间数	信息点数量	建筑物名称	楼层数	每层房间数	信息点数量
1#	1	5	5	21#	1	8	8
2#	1	5	5	26#	3	10	120
3#	1	5	5	32#	3	10	120
4#	1	5	5	33#	4	10	160
5#	1	5	5	34#	4	10	160
6#	1	5	5	35#	4	10	160
7#	1	5	5	36#	4	10	160
8#	1	5	5	37#	4	10	160
9#	1	5	5	38#	4	10	160
10#	1	5	5	39#	5	12	240
11#	3	6	18	40#	5	12	240
12#	3	6	18	41#	5	12	240
13#	3	6	18	42#	5	12	240
14#	3	6	18	办公楼	3	11	50
15#	3	6	18	电教楼	3	5	6
16#	3	6	18	图书馆	3	10	30
17#	3	6	18	实验大楼	5	12	50
新楼	5	6	30	计算中心	3	10	28
专家楼1	2	4	8	教学楼1#	3	20	30
专家楼2	2	4	8	教学楼2#	6	10	30
专家楼3	2	4	8				
总　计							

任务二　物联网工程布线系统设计

内容一　总体设计

当使用综合布线系统时，计算机系统、用户交换机系统以及局域网系统的配线使用一套由共用配件所组成的配线系统综合在一起同时工作。各个不同制造部门的电话、数据、图文、图像及多媒体设备的综合布线系统均可相容。其开放的结构可以作为各种不同工业标准的基准，不再需要为不同的设备准备不同的配线零件以及复杂的线路标志与管理线路图表。最重要的是，配线系统将具有更大的适用性、灵活性，而且可以用最低的成本在最小的干扰下进行工作地点上终端事务的重新安排或规划。

1. 设计原则

其设计原则初步归纳有下列内容。

(1) 综合布线系统的设施及管线的建设，应纳入建筑与建筑群相应的规划之中。在土建建筑、结构的工程设计中对综合布线信息插座的安装、水平子系统和垂直子系统的安装、交接间、设备间都要有所规划。

(2) 综合布线系统工程设计对建筑与建筑群的新建、扩建、正建项目要区别对待。例如有的改(扩)建项目，其电话通信刚投入运行不久，使用的是传统电话布线方式；而计算机网络由于使用了计算机 CAD 画图，甩掉图板采用计算机进行设计，众多的计算机采用同轴电缆网络已经不能适应需要，为此，我们必须对计算机网络进行改建。为了节省投资，我们一般只设计计算机网络的综合布线工程而没有对电话布线进行更换。其他办公楼改(扩)建工程中也有类似做法。

(3) 综合布线系统应与大楼办公自动化、通信自动化、楼宇自动化等系统统筹规划，按照各种信息的传输要求，做到合理使用，并应符合相关的标准。传统的楼宇管理系统建设过程是按照各项机械或电气规格分别安装的，这些系统包括火灾报警、安全和通行控制系统、闭路电视系统、供热系统、通风和空调系统、能量管理系统、安全和照明控制系统。这些楼宇管理系统是低速局域网络，典型的传输速率为水平方向小于 1 Mb/s，垂直方向可达 10 Mb/s，能监视和控制楼宇环境的各个方面。楼宇管理系统与火灾报警系统之间应能进行通信，以便在发生火警时进行监视信号的重复显示。

楼宇管理系统互相之间应能进行通信，以便共享信息和公用设备，例如房间使用传感器能合上照明电源并开启风门，以便对房间进行供热或制冷。而且为语音、数据、图像和楼宇管理系统提供一个公共的电缆分布系统，可以降低建设和维修费用。

(4) 工程设计时，应根据工程项目的性质、功能、环境条件和近、远期用户要求，进行综合布线系统设施和管线的设计。

工程设计必须保证综合布线系统的质量和安全，要考虑施工和维护的方便，做到技术先进、经济合理。

设计工作开始到投入运行需要一段时间，短则 1～2 年，长则 7～8 年。通信技术发展很快，按摩尔定律，每 18 个月，计算机的运行速度就会增加一倍，因此综合布线所用器材适度超前是需要的。

(5) 工程设计中必须选用符合国家或国际有关技术标准的定型产品。未经国家认可的产品质量监督检验机构鉴定合格的设备及主要材料，不得在工程中使用。

目前，综合布线采用的大部分产品为国外选材，它们也要经过国内机构的认定，要有进关手续及商检证明，说明是原产地生产。另外，我们要大力扶植及支持使用经国家认可的产品质量监督机构鉴定合格的国内产品。国内的综合布线规模及使用量很大，大力支持国内产品，对节省国家费用有很大帮助。

(6) 综合布线系统的工程设计，除应符合本规范外，还应符合国家现行的相关强制性或推荐性标准规范的规定。

综合布线起源于北美，贝尔实验室起了首创作用，北美与加拿大的综合布线标准系列是很全的，有 TIA/EIA 568A 商业建筑电信布线标准、TIA/EIA 569 商业建筑电信空间标准、PN3287 现场测试非屏蔽双绞线对布线系统传输性能技术规范、光纤电缆布线计划安装指导工作草案 TIA/EIA-606 商业建筑物基础结构管理标准、TIA/EIA-607 商业建筑电信接地和接线要求、TIA/EIA 570A 家居布线标准等。欧洲地区起步晚于北美，欧联体标准协会及欧洲地区国家也有综合布线的标准，如：EN 50173 信息技术综合布线标准、EN 50167 水平布线电缆、EN 50168 工作区布线电缆、EN 50169 主干电缆、DIA44312-5 德国标准信息技术综合布线系统第 X 部分 E 级链路。

上面讲到的是地区性标准，国际标准是对地区标准的综合，目前正式的文体为 ISO/IEC 11801 1999 年版本，是信息技术用户房屋的综合布线标准。

CISPR-22 是信息技术设备的无线电干扰特性极限值和测量方法标准。

CISPR-24 是信息技术设备 ITE 的免疫性标准。

中国的综合布线标准基本已与国际接轨。中国工程建设标准化协会标准 CECS72：95 是第一本建筑与建筑群综合布线系统工程设计规范，之后中国工程建设标准化协会，对建筑与建筑群综合布线系统工程设计规范 CECS72：95 进行修订，制成 CECS72：97 的修订本，同时还产生建筑与建筑群综合布线系统工程验收规范 CECS89：97。

邮电部组织编写了中华人民共和国通信行业标准 YD/T 926 大楼通信综合布线系统：第 1 部分为总规范，第 2 部分为综合布线用电缆、光缆技术要求，第 3 部分为综合布线用连接硬件适用技术要求。

中华人民共和国通信行业标准 YT/T 1013—1999 规定了综合布线系统电气特性通用测试方法。

中华人民共和国信息产业部批准了中华人民共和国通信行业标准《YD 5072—98 通信管道和电缆通道工程施工监理暂行规定》、《YD 5073—98 电信楼建筑安装工程施工监理暂行规定》。

国家质量技术监督局与中华人民共和国建设部联合发布了中华人民共和国国家标准《建筑与建筑群综合布线系统工程设计规范》GB/T 50311—2000、《建筑与建筑群综合布线系统工程验收规范》GB/T 50312—2000、《智能建筑设计标准》GB/T 50314—2000，内含综合布线一章。

中国工程建设标准化协会标准《城市住宅建筑综合布线系统工程设计规范》CESS119：

2000。中华人民共和国信息产业部编制了 2000 年 9 月的建筑与建筑群综合布线系统预算定额。中国的综合布线标准基本是建立在 ISO/IEC 11801 信息技术用户房屋综合布线标准上，而国际上又有新的进展，其内容如下：

ANSI/TIA/EIA-568 B1 商业建筑电信布线标准；

ANSI/TIA/EIA-568 B2 4 对 100 Ω 6 类布线传输特性规范；

ANSI/TIA/EIA 568 B3 光缆布线标准；

ANSI/TIA/EIA 569A 商业建筑电信空间标准；

ISO/IEC/TCI/SC25 N507 信息技术设备标准。

2. 总体设计

设计综合布线系统应采用星型拓扑结构，该结构下的每个分支子系统都是相对独立的单元，对每个分支单元系统改动都不影响其他子系统。只要改变结点连接就可使网络在星型、总线、环型等各种类型网络间进行转换。综合布系统应采用开放式的结构，并应能支持当前普遍采用的各种局部网络及计算机系统，主要有：星型网(Star)、局域/广域网(LAN/WAN)、王安网(Wang OIS/VS)、令牌网(Token Ring)、以太网(Ethernet)、光缆分布数据接口(FDDI)等。

综合布线根据系统功用分为七个布线子系统，它们分别是：① 工作区子系统；② 水平子系统；③ 垂直子系统；④ 设备间子系统；⑤ 管理间子系统；⑥ 进线间子系统；⑦ 建筑群子系统。

3. 设计等级

建筑与建筑群的工程设计，应根据实际需要，选择适当配置的综合布线系统。当网络使用要求尚未明确时，应按下列规定配置：

(1) 基本型综合布线系统：适用于综合布线系统中配置标准较低的场合，用铜芯对绞电缆组网。其最低配置如下：

① 每个工作区有一个信息插座；

② 每个信息插座的配线电缆为 1 条 4 对对绞电缆；

③ 采用夹接式交接硬件；

④ 干线电缆的配置，对计算机网络宜 24 个信息插座配 2 对双绞线，或每一个集线器(HUB)或集线器群(HUB 群)配 4 对双绞线；对于电话每个信息插座至少配 1 对对绞线。

(2) 增强型综合布线系统：适用于综合布线系统中配置标准中等的场合，用铜芯对绞电缆组网。其基本配置如下：

① 每个工作区有两个或两个以上信息插座；

② 每个信息插座的配线电缆为 1 条 4 对对绞电缆；

③ 采用夹接式或插接交接硬件；

④ 干线电缆的配置，对计算机网络宜 24 个信息插座配 2 对对绞线，或每一个 HUB 或 HUB 群配 4 对对绞线；对于电话每个信息插座至少配 1 对对绞线。

(3) 综合型综合布线系统：适用于综合布线系统中配置标准较高的场合，用光缆和铜芯对绞电缆混合组网。综合型综合布线系统配置应在基本型和增强型综合布线系统的基础上增设光缆系统。

① 以基本配置的信息插座量作为基础配置；

② 垂直干线配置：每 48 个信息插座宜配 2 芯光纤，适用于计算机网络；电话或部分计算机网络，选用对绞电缆，按信息插座所需线对的 25% 配置垂直干线电缆，或按用户要求进行配置，并考虑适当的备用量；

③ 当楼层信息插座较少时，在规定长度的范围内，可允许几层合用 HUB，计算光纤芯数时合并计算，每一楼层计算所得的光纤芯数还应按光缆的标称容量和实际需要进行选取；如有用户需要光纤到桌面(FTTD)，光缆可经或不经 FD 直接从 BD 引至桌面(其所用的光纤芯数不计入主干光纤芯数内)，上述光纤芯数不包括 FTTD 的应用。

楼层之间原则上不敷垂直干线电缆，但在每层的 FD 可适当预留一些接插件，需要时可临时布放合适的缆线。

4. 综合布线系统设计流程

综合布线系统的设计流程如图 4-1 所示。

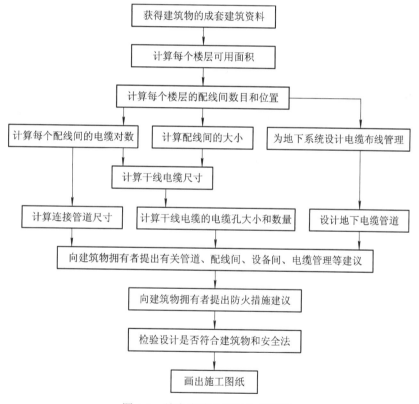

图 4-1 综合布线系统设计流程图

内容二 工作区的设计

1. 工作区范围

一个独立的需要设置终端设备的区域宜划分为一个工作区。工作区是包括办公室、写字间、作业间、技术室、机房等需用电话、计算机终端等设施和放置相应设备的区域的统称。

工作区的服务面积，一般办公室约为 5～10 m²；机房则比较复杂，对网管中心、总调度室等有人值守的场所，工作区服务面积与办公室类似，对于设备机房，按电信大楼的经验，工作区服务面积约为 20~30 m²。规范规定工作区的服务面积为 5~10 m²，设计时应根据不同的应用场合进行选定。工作区应由配线(水平)布线系统的信息插座延伸到工作站终端设备处的连接电缆及适配器组成，如图 4-2 所示。

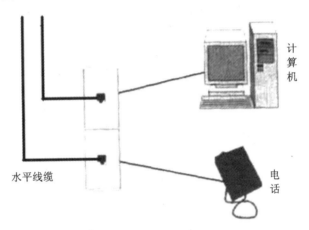

图 4-2　工作区子系统的构成

2. 工作区适配器的选用

(1) 设备的连接插座应与连接电缆匹配，不同的插座与插头应加装适配器，可以用专用电缆或适配器；

(2) 当开通电信接入业务时，应采用网络终端或终端适配器；

(3) 在连接使用不同信号的数模转换或数据速率转换等相应装置时，宜采用适配器；

(4) 对于不同网络规程的兼容性，可采用协议转换适配器；

(5) 各种不同的终端设备或适配器均应安装在信息插座之外的工作区的适当位置。根据工作区内不同的电信终端设备可配置相应的终端适配器；

(6) 当在配线(水平)子系统中选用的电缆类别(媒体)不同于设备所需的电缆类别(媒体)时，宜采用适配器。

3. 工作区信息插座的安装

(1) 安装在地面上的信息插座应采用防水和抗压的接线盒；

(2) 安装在墙面或柱子上的信息插座底部离地面的高度宜为 300 mm；

(3) 安装在墙面或柱子上的多用户信息插座模块，或集合点配线模块，底部离地面的高度宜为 300 mm。

4. 工作区的电源应符合的规定

(1) 每一个工作区至少应配置一个 220 V 交流电源插座；

(2) 工作区的电源插座应选用带保护接地的单相电源插座，以保护地线与零线严格分开。

5. 工作区子系统设计步骤

工作区子系统设计比较简单，一般来说可以分为三个步骤。

(1) 确定信息点数量。

工作区信息点数量主要根据用户的具体需求来确定。对于用户不能明确信息点数量的情况，应根据工作区设计规范来确定，即一个 5～10 m² 面积的工作区应配置一个语音信息点或一个计算机信息点，或者一个语音信息点和一个计算机信息点，具体还要参照综合布线系统的设计等级来定。如果按照基本型综合布线系统等级来设计，则应该只配置一个信息点。如果在用户对工程造价考虑不多的情况下，考虑系统未来的可扩展性应向用户推荐每个工作区配置两个信息点。

(2) 确定信息插座数量。

第(1)步确定了工作区应安装的信息点数量后，信息插座的数量就很容易确定了。如果工作区配置单孔信息插座，则信息插座数量应与信息点数量相当。如果工作区配置双孔信息插座，则信息插座数量应为信息点数量的一半。假设信息点数量为 M，信息插座数量为 N，信息插座插孔数为 A，则应配置信息插座的计算公式应为

$$N = \mathrm{INT}\left(\frac{M}{A}\right)$$

式中：INT()为向上取整函数。

考虑系统应为以后扩充留有余量，因此最终应配置信息插座的总量 P 应为

$$P = N + N \times 3\%$$

式中：N 为信息插座数量；$N \times 3\%$ 为富余量。

(3) 确定信息插座的安装方式。

工作区的信息插座分为暗埋式和明装式两种，暗埋方式的插座底盒嵌入墙面，明装方式的插座底盒直接在墙面上安装。用户可根据实际需要选用不同的安装方式以满足不同的需要。通常情况下，新建建筑物采用暗埋方式安装信息插座，已有的建筑物增设综合布线系统则采用明装方式安装信息插座。安装信息插座时应符合以下安装规范：

① 安装在地面上的信息插座应采用防水和抗压的接线盒；

② 安装在墙面或柱子上的信息插座底部离地面的高度应为 30 cm 以上；

③ 信息插座附近有电源插座的，信息插座应距离电源插座 30 cm 以上。

工作区安装的网络接口由信息模块和面板两部分组成，如图 4-3 和图 4-4 所示。

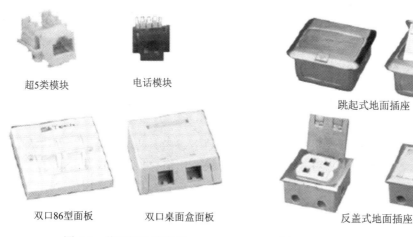

超5类模块　　　电话模块　　　　　　　　　跳起式地面插座

双口86型面板　双口桌面盒面板　　　　　　反盖式地面插座

图 4-3　信息模块和面板　　　　　　　图 4-4　跳起式地面插座和反盖式地面插座

6. 设计案例

已知某一办公楼有 6 层，每层 20 个房间。根据用户需求分析得知，每个房间需要安装 1 个电话语音点，1 个计算机网络信息点，1 个有线电视信息点。请确定出该办公楼综合布线工程应定购的信息点插座的种类和数量及信息模块的种类和数量。

解答：根据题目要求得知，每个房间需要接入电话语音、计算机网络、有线电视三类设备，因此必须配置相应三类信息接口。为了方便管理，电话语音和计算机网络信息接口模块可以安装在同一信息插座内，该插座应选用双口面板；有线电视插座单独安装。

(1) 办公楼的房间数共计为 120 个，因此必须配备 124 个双口信息插座(已包含 4 个富余量)，以安装电话语音和计算机网络接口模块；有线电视插座数量应为 124 个(已包含 4 个富余量)。

(2) 办公楼共计有 120 个电话语音点、120 个计算机网络接入点、120 个有线电视接入点，因此要订购 124 个电话模块、124 个 RJ45 模块(已包含了 4 个富余量)；有线电视接口模块已内置于有线电视插座内，不需要另行订购。

内容三 水平子系统

水平子系统应由工作区的信息插座、信息插座至楼层配线设备(FD)的配线电缆或光缆、楼层配线设备和跳线等组成。

1. 水平子系统设计概述

水平子系统的设计涉及到了水平子系统的传输介质和部件集成，需要注意的主要有以下六点：

(1) 确定线路走向；

(2) 确定线缆、槽、管的数量和类型；

(3) 确定电缆的类型和长度；

(4) 订购电缆和线槽；

(5) 如果打吊杆走线槽，则需要用多少根吊杆；

(6) 如果不用吊杆走线槽，则需要用多少根托架。

线路走向一般要由用户、设计人员、施工人员到现场根据建筑物的物理位置和施工难易度来确立。

信息插座的数量和类型、电缆的类型和长度一般在总体设计时便已确立，但考虑到产品质量和施工人员的误操作等因素，在订购时要留有余地。

订购电缆时，必须考虑三点：① 确定介质布线方法和电缆走向；② 确认到设备间的接线距离；③ 留有端接容差。

电缆的计算公式有三种，现将三种方法提供给读者参考。

(1)　　　　　　订货总量(总长度 m) = 所需总长 + 所需总长 × 10% + $n \times 6$

其中：所需总长指 n 条布线电缆所需的理论长度；所需总长 × 10% 为备用部分；$n \times 6$ 为端接容差。

(2)　　　　　　整幢楼的用线量 = NC

其中：N 为楼层数；C 为每层楼用线量，$C = [0.55 \times (L + S) + 6] \times n$，其中：$L$ 为本楼层离水平间最远的信息点距离；S 为本楼层离水平间最近的信息点距离；n 为本楼层的信息插座总数；0.55 为备用系数；6 为端接容差(可根据实际情况发生变化)。

(3)
$$总长度 = A + \frac{B}{2} \times n \times 3.3 \times 1.2$$

其中：A 为最短信息点长度；B 为最长信息点长度；n 为楼内需要安装的信息点数；3.3 为将米(m)换成英尺(ft)的系数；1.2 为余量参数(富余量)。

双绞线一般以箱为单位订购，每箱双绞线长度为 305 m，$用线箱数 = \dfrac{总长度}{305} + 1$。

设计人员可用这三种算法之一来确定所需线缆长度。

2. 水平子系统的设计原则

(1) 水平子系统的设计原则有：

① 工程提出的近期和远期的终端设备要求；

② 每层需要安装的信息插座的数量及其位置；

③ 终端将来可能产生移动、修改和重新安排的预测情况；

④ 一次性建设或分期建设的方案。

水平子系统应采用 4 对对绞电缆，在需要时也可采用光缆。水平子系统根据整个综合布线系统的要求，应在交接间或设备间的配线设备上进行连接，以构成电话、数据、电视系统并进行管理。水平子系统的配线电缆或光缆长度不应超过 90 m，在能保证链路性能条件下，水平光缆距离可适当加长。

(2) 水平子系统应根据下列要求进行设计：

① 综合布线系统的信息插座应按下列原则选用：

(a) 单个连接的 8 芯插座应用于基本型系统；

(b) 双个连接的 8 芯插座应用于增强型系统。

② 一个给定的综合布线系统设计可采用多种类型的信息插座。

③ 水平子系统电缆长度应在 90 m 以内。

④ 信息插座应在内部做固定线连接。

(3) 配线电缆可选用普通的综合布线铜芯对绞电缆，在必要时应选用阻燃、低烟、低毒等电缆。

(4) 信息插座应采用 8 芯模块式通用插座，或光缆插座。

(5) 配线设备交叉连接的跳线应选用综合布线专用的插接软跳线，在电话应用中也可选用双芯跳线。

(6) 1 条 4 对对绞电缆应全部固定终接在 1 个信息插座上。不允许将 1 条 4 对对绞电缆终接在 2 个或 2 个以上信息插座上。

3. 水平子系统布线拓扑结构

水平子系统在布设电缆时一般采用星型拓扑结构，如图 4-5 所示。在图中可以看到，水平子系统的线缆一端与工作区的信息插座相连，另一端与楼层配线间的配线架相连接。

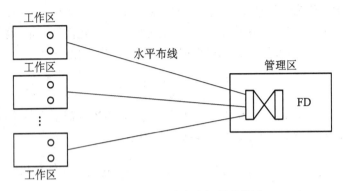

图 4-5　水平子系统布线拓扑结构图

4. 水平子系统管槽设计

水平子系统的电缆安装方法有穿管和沿金属电缆桥架敷设两种。当电缆在地板下布放时，应根据环境条件选用地板下线槽布线、网络地板布线、高架(活动)地板布线、地板下管道布线等安装方式。打吊杆走线槽时，一般是间距 1 m 左右一对吊杆。吊杆的总量应为水平干线的长度(m)×2(根)。

使用托架走线槽时，一般是 1～1.5 m 安装一个托架，托架的需求量应根据水平干线的实际长度去计算。设计水平子系统时必须折中考虑，优选最佳的水平布线方案。一般可采用以下三种类型：

1) 直接埋管方式

直接埋管布线使用一系列密封在混凝土中的金属布线管道，直接埋管布线方式如图 4-6 所示。这些金属管道从楼层管理间向信息插座的位置辐射。根据通信和电源布线要求、地板厚度和占用的地板空间等条件，直接埋管布线方式可以采用厚壁镀锌管或薄型电线管。老式建筑物由于布设的线缆较少，因此一般埋设的管道直径较小，最好只布放一条水平电缆，如果要考虑经济性，一条管道也可布放多条水平电缆。现代建筑物增加了计算机网络、有线电视等多种应用系统，需要布设的水平电缆会比较多，因此推荐使用 SC 镀锌钢管和阻燃高强度 PVC 管。考虑到方便以后的线路调整和维护，管道内布设的电缆应占管道截面积的 30%～50%。

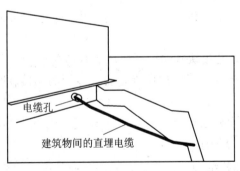

图 4-6　直接埋管布线方式

2) 先走线槽再走支管方式

先走吊顶内线槽再走支管方式是指由楼层管理间引出来的线缆先走吊顶内的线槽，到各房间后，经分支线槽从槽梁式电缆管道分叉后将电缆穿过一段支管引向墙壁，沿墙而下到房内信息插座的布线方式，其布线方式如图 4-7 所示。

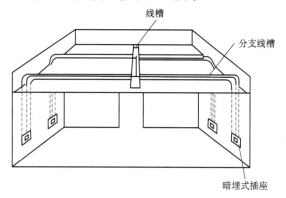

图 4-7　先走线槽再走支管布线方式

在设计、安装线槽时应多方考虑，尽量将线槽放在走廊的吊顶内，并且去各房间的支管应适当集中至检修孔附近，便于维护。如果是新楼宇，应在走廊吊顶前施工，这样不仅减少布线工时，还利于已穿线缆的保护，不影响房内装修。一般走廊处于中间位置的建筑，布线的平均距离最短，可节约线缆费用，并能提高综合布线系统的性能(线越短传输的质量越高)。因此，布线时应尽量避免线槽进入房间，否则不仅费钱，而且影响房间装修，不利于以后的维护。

先走吊顶内线槽再走支管的布线方式可以降低布线工程的造价，而且吊顶与别的通道管线交叉施工，减少了工程协调量，可以有效地提高布线的效率。因此在有吊顶的新型建筑物内，我们应推荐使用这种布线方式。

3) 地面线槽方式

地面线槽方式就是弱电井出来的线走地面线槽到地面出线盒或由分线盒出来的支管到墙上的信息出口，其布线方式如图 4-8 所示。由于地面出线盒或分线盒或柱体直接走地面垫层，因此这种方式适用于大开间或需要打隔断的场合。

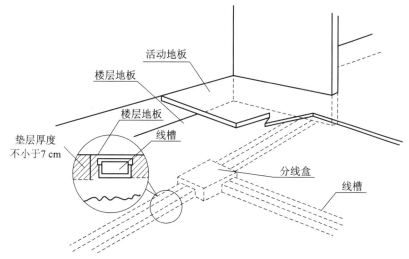

图 4-8　地面线槽布线方式

地面线槽方式就是将长方形的线槽打在地面垫层中，每隔 4～8 m 拉一个过线盒或出线盒(在支路上出线盒起分线盒的作用)，直到信息出口的出线盒。线槽有两种规格：70 型外型尺寸为 70 mm × 25 mm，有效截面 1470 mm^2，占空比取 30%，可穿 24 根水平线(3、5 类混用)；50 型外形尺寸为 50 mm × 25 mm，有效截面积为 960 mm^2，可穿插 15 根水平线。分线盒和过线盒均由两槽或三槽分线盒拼接。

地面线槽方式的缺点是明显的，主要体现在如下几个方面：

(1) 地面线槽做在地面垫层中，需要至少 6.5 cm 以上的垫层厚度，这对于尽量减少挡板及垫层厚度是不利的。

(2) 地面线槽由于做在地面垫层中，如果楼板较薄，有可能在装潢吊顶过程中，被吊杆打中，影响使用。

(3) 不适合楼层中信息点特别多的场合。如果一个楼层中有 500 个信息点，按 70 号线槽穿 25 根线算，需 20 根 70 号线槽，线槽之间有一定空隙，每根线槽大约占 100 mm 宽度，20 根线槽就要占 2.0 m 的宽度，除门可走 6～10 根线槽外，还需开 1.0～1.4 m 的洞，但弱电井的墙一般是承重墙，开这样大的洞是不允许的。另外地面线槽多了，被吊杆打中的机会相应增大。因此建议超过 300 个信息点，应同时用地面线槽与吊顶内线槽两种方式，以减轻地面线槽的压力。

(4) 不适合石质地面。地面出线盒宛如大理石地面长出了几只不合时宜的眼睛，地面线槽的路径应避免经过石质地面或不在其上放出线盒与分线盒。

(5) 造价昂贵。如地面出线盒为了美观，盒盖选用铜制的，这样一个出线槽盒的售价为 300～400 元。这是墙上出线盒所不能比拟的。总体而言，地面线槽方式的造价是吊顶内线槽方式的 3～5 倍。目前地面线槽方式大多数用在资金充裕的金融业楼宇中。

5. 设计案例

已知某学生宿舍楼有七层，每层有 12 个房间，要求每个房间安装 2 个计算机网络接口，以实现 100M 接入校园网络。为了方便计算机网络管理，每层楼中间的楼梯间设置一个配线间，各房间信息插座连接的水平线缆均连接至楼层管理间内。根据现场测量知道，每个楼层最远的信息点到配线间的距离为 70 m，每个楼层最近的信息点到配线间的距离为 10 m。请你确定该幢楼应选用的水平布线线缆的类型并估算出整幢楼所需的水平布线线缆用量。实施布线工程应订购多少箱电缆？

解答：由题目可知，每层楼的布线结构相同，因此只需计算出一层楼的水平布线线缆数量就可以计算出整栋楼的用线量。

(1) 要实现 100 M 传输率，楼内的布线应采用超 5 类 4 对非屏蔽双绞线。

(2) 楼层信息点数为

$$N = 12 \times 2 = 24(\text{个})$$

一个楼层用线量为

$$C = [0.55 \times (70 + 10) + 6] \times 24 = 1200 \ (\text{m})。$$

(3) 整栋楼的用线量

$$S = 7 \times 1200 = 8400 \ (\text{m})$$

(4) 订购电缆箱数为

$$M = \text{INT}\left(\frac{8400}{305}\right) = 28\,(\text{箱})$$

内容四 垂直子系统

1. 干线子系统设计概述

在确定垂直子系统所需要的电缆总对数之前，必须确定电缆话音和数据信号的共享原则。对于基本型，每个工作区可选定 1 对双绞线；对于增强型，每个工作区可选定 2 对双绞线；对于综合型，每个工作区可在基本型和增强型的基础上增设光缆系统。

如果设备间与计算机机房处于不同的地点，而且需要把话音电缆连至设备间，将数据电缆连至计算机房，则应在设计中选取不同的干线电缆或干线电缆的不同部分来分别满足不同路由话音和数据的需要。当需要时，也可采用光缆系统予以满足。

垂直子系统应由设备间的建筑物配线设备(BD)和跳线，以及设备间至各楼层交接间的干线电缆组成，如图 4-9 所示。

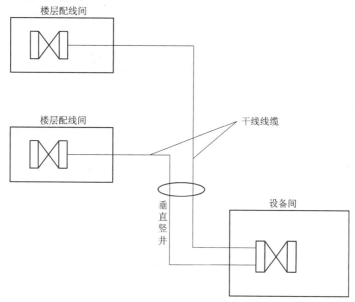

图 4-9 垂直子系统结构

2. 垂直子系统设计要求

垂直子系统包括：

(1) 供各条干线接线间之间的电缆走线用的竖向或横向通道；

(2) 主设备间与计算机中心间的电缆。

设计时要考虑以下几点：

(1) 确定每层楼的干线要求；

(2) 确定整座楼的干线要求；

(3) 确定从楼层到设备间的干线电缆路由；

(4) 确定干线接线间的接合方法；

(5) 选定干线电缆的长度；

(6) 确定敷设附加横向电缆时的支撑结构。

建筑物有两大类型的通道，封闭型和开放型。封闭型通道是指一连串上下对齐的交接间，每层楼都有一间，利用电缆竖井、电缆孔、管道电缆、电缆桥架等可穿过这些房间的地板层；开放型通道是指从建筑物的地下室到楼顶的一个开放空间，中间没有任何楼板隔开，例如：通风通道或电梯通道，该通道不能敷设垂直子系统电缆。

干线电缆应采用点对点端接，如图 4-10 所示，也可采用分支递减端接；应选择干线电缆较短、安全和经济的路由；应选择带门的封闭型综合布线专用的通道敷设干线电缆，也可与弱电竖井合用。

点对点端接是最简单、最直接的接合方法，这种接合方法可以使大楼与配线间的每根干线电缆直接延伸到指定的楼层和交接间。

分支递减端接有 1 根大对数干线电缆，足以支持若干个交接间或若干楼层的通信容量，经过电缆接头保护箱分出若干根小电缆，它们分别延伸到每个交接间或每个楼层，并端接于目的地的连接硬件。干线电缆分支接合方式如图 4-11 所示。

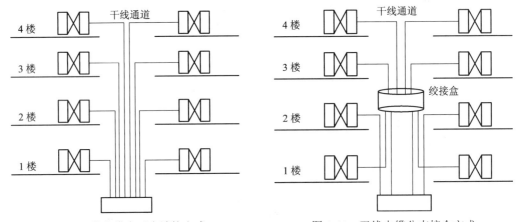

图 4-10　干线电缆点对点端接方式　　　　图 4-11　干线电缆分支接合方式

垂直子系统所需要的电缆总对数和光纤芯数，其容量可按标准 GB/T 50311—2007 的要求确定。对数据应用应采用光缆或 5 类对绞电缆，对绞电缆的长度不应超过 90 m；对电话应用可采用 3 类对绞电缆。

如果设备间与计算机机房和交换机房处于不同的地点，而且需要将话音电缆连至交换机房，数据电缆连到计算机房，则应在设计中选取不同的干线电缆或干线电缆的不同部分来分别满足话音和数据的需要。当需要时，也可采用光缆系统予以满足。

缆线不应布放在电梯、供水、供气、供暖、强电等竖井中。

设备间连线设备的跳线应选用综合布线专用的插接软跳线，在电话应用中也可选用双芯跳线。

3. 垂直子系统设计方法

1) 垂直子系统的线缆选择

根据建筑物的结构特点以及应用系统的类型，我们可以选择干线线缆的类型。垂直子系统的设计常用以下五种线缆：① 4 对双绞线电缆(UTP 或 STP)；② 100 Ω 大对数对绞电缆(UTF 或 STP)；③ 62.5/125 μm 多模光缆；④ 8.3/125 μm 单模光缆；⑤ 75 Ω 有线电视同轴电缆。

2) 干线线缆容量的计算

具体的计算原则如下：

(1) 语音干线可按一个电话信息插座至少配 1 个线对的原则进行计算。

(2) 计算机网络干线线对容量的计算原则是：电缆干线每 24 个信息插座配 2 对对绞线，每一个交换机或交换机群配 4 对对绞线；光缆干线每 48 个信息插座配 2 芯光纤。

(3) 当楼层信息插座较少时，在规定长度范围内，多个楼层可以共用交换机，并合并计算光纤芯数。

(4) 如有光纤到用户桌面的情况，光缆直接从设备间引至用户桌面，干线光缆芯数应不包含这种情况下的光缆芯数。

(5) 主干系统应留有足够的余量，以作为主干链路的备份，确保主干系统的可靠性。

下面对干线线缆容量计算进行举例说明。

例 已知某建筑物需要实施综合布线工程，根据用户需求分析得知，其中第六层有 60 个计算机网络信息点，各信息点要求接入速率为 100 M，另有 50 个电话语音点，而且第六层楼层管理间到楼内设备间的距离为 60 m，请确定该建筑物第六层的干线电缆类型及线对数。

解答：(1) 60 个计算机网络信息点要求该楼层应配置三台 24 口交换机，交换机之间可通过堆叠或级联方式连接，最后交换机群可通过一条 4 对超 5 类非屏蔽双绞线连接到建筑物的设备间。因此，计算机网络的干线线缆应配备一条 4 对超 5 类非屏蔽双绞线电缆。

(2) 50 个电话语音点，按每个语音点配 1 个线对的原则，主干电缆应为 50 对。根据语音信号传输的要求，主干线缆可以配备一根 3 类 50 对非屏蔽大对数电缆。

3) 确定垂直子系统布线路由

垂直子系统的垂直通道有电缆孔、管道、电缆竖井三种方式可供选择，通常应采用电缆竖井方式。水平通道可选择预埋暗管或电缆桥架方式。

(1) 电缆孔方式：通常用一根或数根直径为 10 cm 的金属管预埋在地板内，金属管高出地平 2.5～5 cm，也可直接在地板上预留一个大小适当的长方形孔洞。电缆往往捆在钢绳上，而钢绳又固定在墙上已铆好的金属条上。当配线间上下都对齐时，垂直子系统的垂直通道一般采用电缆孔方法。电缆孔方式的示意图如图 4-12 所示。

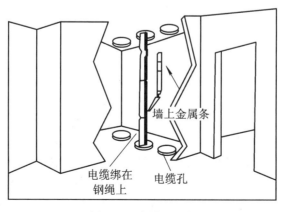

墙上金属条

电缆绑在钢绳上

电缆孔

图 4-12 电缆孔方式

(2) 管道方式：金属管道方法是指在水平方向架设金属管道，水平线缆穿过这些金属管道，让金属管道对干线电缆起到支撑和保护的作用，包括明管或暗管敷设。金属管道方法较适合于低矮而又宽阔的单层平面建筑物，如企业的大型厂房、机场等。管道方式的示意图如图 4-13 所示。

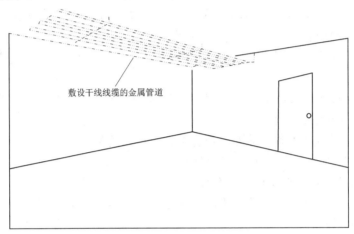

敷设干线线缆的金属管道

图 4-13　管道方式

(3) 电缆竖井方式：在新建时，推荐使用电缆竖井的方式，其示意图如图 4-14 所示。

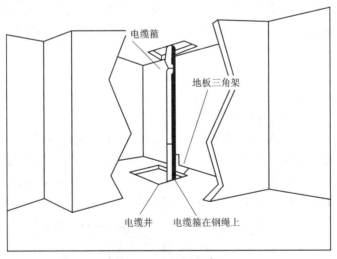

电缆箍

地板三角架

电缆井　　电缆箍在钢绳上

图 4-14　电缆竖井方式

(4) 电缆桥架方式：该方式一般用于旧楼改造时走廊布线或负楼的线缆敷设，采用明敷方式进行。电缆桥架的固定方式有悬吊式、直立式、侧壁式和混合式，具体选用哪种固定方式，要根据周围的环境条件来确定。电缆桥架指钢制线槽带盖、槽内底部有电缆支架，也可不要支架，槽式桥架具有良好的屏蔽作用。桥架布线效果图如图 4-15 所示。

管内装放大对数电缆时，直线管路的管径利用率应为 50%～60%，弯管路的管径利用率为 40%～50%。管内穿放 4 对对绞电缆时，截面利用率应为 25%～30%，线槽的截面利用率不应超过 50%。4 对对绞电缆可按截面利用率计算管子的尺寸。垂直子系统水平通道一般采用预埋管或电缆桥架方式。

图 4-15　桥架布线效果图

内容五　设备间

设备间是综合布线系统的关键部分，是外界引入和楼内布线的交汇点，是进行综合布线及其他系统管理和维护的场所，在设计中一般要考虑以下几个问题：

(1) 在大楼的适当地点设置电信设备和计算机网络设备，以及建筑物总配线设备(BD)的安装位置，它也是进行网络管理的场所。对综合布线工程设计而言，设备间主要用来安装总配线设备，电话、计算机等各种主机设备及其进线保安设备不属综合布线工程设计的范围，但可合装在一起。当它们分别设置时，考虑到设备电缆有长度限制的要求，安装总配线架的设备间与安装程控电话交换机及计算机主机的设备间的距离不宜太远。

(2) 设备间的所有总配线设备应采用色标来区别各类用途的配线区。

(3) 设备间位置及大小应根据设备的数量、规模、最佳网络中心等因素综合考虑确定。

(4) 当建筑物的综合布线系统与外部通信网连接时，应遵循相应的接口标准，并预留安装相应接入设备的位置。

1. 设备间子系统的设计要求

(1) 设备间应处于垂直子系统的中间位置；

(2) 设备间应尽可能靠近建筑物电缆引入区和网络接口；

(3) 设备间的位置应便于接地；

(4) 设备间室温应保持在 10～30℃之间，相对温度应保持为 20%～80%，并应有良好的通风；

(5) 设备间内应有足够的设备安装空间，其面积最小不应小于 10 m²。

2. 设备间子系统设计的环境要求

(1) 设备间应防止有害气体(如 SO_2、H_2S、NH_3、NO_2 等)侵入，并应有良好的防尘措施，尘埃含量限值应符合表 4-2 所示的规定。

表 4-2　尘　埃　限　值

灰尘颗粒的最大直径/μm	0.5	1	3	5
灰尘颗粒的最大浓度(粒子数/m³)	1.4×10^7	7×10^5	2.4×10^5	1.3×10^5

注：灰尘粒子是不导电的、非铁磁性和非腐蚀性的。

(2) 在地震区内，设备安装应按规定进行抗震加固，并应符合《通信设备安装抗震设计规范》YD5059-98 的相应规定。

(3) 设备安装应符合下列规定：

① 机架或机柜前面的净空不应小于 800 mm，后面的净空不应小于 600 m；

② 壁挂式配线设备底部离地面的高度不应小于 300 mm；

③ 在设备间安装其他设备时，设备周围的净空要求应按该设备的相关规范；

(4) 设备间应提供不少于 2 个 220 V、10 A 带保护接地的单相电源插座；

(5) 设备间的安装工艺要求除上述规定外，还应满足《电信专用房屋设计规范》YD5003-94 中有关配线设备的规定。如果安装电信设备或其他应用设备，应符合相应的设计规定。

表 4-3　设备间的安全要求

项　目　　指　标　级　别	C 级	B 级	A 级
场地选择	—	@	@
防火	@	@	@
内部装修	—	@	b
供配电系统	@	@	b
空调系统	@	@	b
火灾报警及消防设施	@	@	b
防火	—	@	b
防静电	—	@	b
防雷电	—	@	b
防鼠害	—	@	b
电磁波的防护	—	@	@

注：—表示无要求；@表示有要求或增加要求；b 表示要求。

安装工艺要求，均以总配线设备所需的环境要求为主，适当考虑安装少量计算机网络等设备时制订的规定，如果与程控电话交换机、计算机网络等主机和配套设备合装在一起，则安装工艺要求应执行相关规范的规定。

3. 交接间的设计

(1) 交接间的数目，应从所服务的楼层范围来考虑。如果配线电缆长度都在 90 m 范围以内，则应设置一个交接间；当超出这一范围时，可设两个或多个交接间并相应地在交接间内或紧邻处设置干线通道。

(2) 交接间的面积不应小于 5 m²，当覆盖的信息插座超过 200 个时，应适当增加面积。

(3) 交接间的设备安装和电源要求，应符合相关规定。

(4) 交接间应有良好的通风。安装有源设备时，室温应保持为 13～30℃，相对湿度保持为 20%～80%。

(5) 交接设备连接方式的选用应符合下列规定：对楼层上的线路进行较少修改、移位或重新组合时，使用夹接线方式；经常需要重组线路时，使用插接线方式。

内容六 管理

1. 管理子系统的定义

管理子系统由交连/互连的配线架、信息插座式配线架、水平跳线连线、中间跳线连线、主跳线连线和管理标识组成。管理子系统的工作区域分布在楼层配线间、设备间和工作区。配线间和设备间的管理子系统如图 4-16 所示。

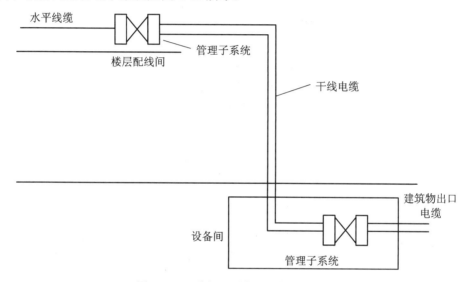

图 4-16 配线间和设备间的管理子系统

管理是针对设备间、交接间和工作区的配线设备、缆线、信息插座等设施，按一定的模式进行标识和记录的规定。管理子系统宜采用单点管理双交接。交接间的结构取决于工作区、综合布线系统规模和选用的硬件。在管理规模大、复杂、有二级交接间时，才设置双点管理双交接。在管理点，宜根据应用环境用标识来标出各个端接点。

管理的内容包括：管理方式、标识、色标、交叉连接等。这些内容的实施，将给今后维护和管理带来很大的方便，有利于提高管理水平，提高工作效率。特别是较为复杂的综合布线系统，如采用计算机进行管理，其效果将十分明显。目前，市场上已有现成的管理软件可供选用。

2. 管理子系统的设计要求

综合布线的各种配线设备，应采用色标区分干线电缆、配线电缆或设备端接点，同时，还应用标记条表明端接区域、物理位置、编号、容量、规格等特点，以便维护人员在现场一目了然地识别。

在每个交接区，实现线路管理的方式是在各色标区域之间按应用的要求，采用跳线连接。色标用来区分配线设备的性质，分别由按性质划分的接线模块组成，且按垂直或水平结构进行排列。

综合布线系统使用三种标记：电缆标记、区域标记和接插件标记。其中接插件标记最常用，并可分为平面标识或缠绕式标识两种。

电缆和光缆的两端应采用不易脱落和磨损的标识来表明相同的编号。

目前，市场上已有配套的打印机和标识系统。

管理应对设备间、交接间和工作区的配线设备、缆线、信息插座等设施，按一定的模式进行标识和记录，并应符合下列规定：

(1) 规模较大的综合布线系统应采用计算机进行管理，简单的综合布线系统应按图纸资料进行管理，应做到记录准确、更新及时、便于查阅；

(2) 综合布线的每条电缆、光缆、配线设备、端接点、安装通道和安装空间均应给定唯一的标志。标志中可包括名称、颜色、编号、字符串或其他；

(3) 配线设备、缆线、信息插座等硬件均应设置不易脱落和磨损的标识，并应有详细的书面记录和图纸资料；

(4) 电缆和光缆的两端均应表明相同的编号；

(5) 设备间、交接间的配线设备宜采用统一的色标来区别各类用途的配线区；

(6) 配线机架应留出适当的空间，供未来扩充之用。

3. 管理子系统的交连部件

在管理间子系统中，信息点的线缆是通过信息点集线面板进行管理的，而语音点的线缆是通过 110 交连硬件进行管理的。信息点的集线面板有 12 口、24 口、48 口等，我们应根据信息点的多少配备集线面板，24 口模块化配线架如图 4-17 所示。

(a) 24 口模块化配线架前端面板

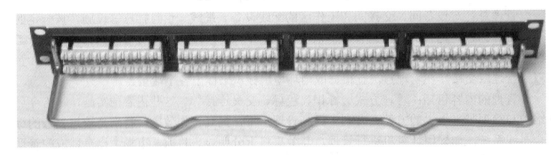

(b) 24 口模块化配线架后端图示

图 4-17　24 口模块化配线架

110 型交连硬件是 AT & T 公司为卫星接线间、干线接线间和设备的连线端接而选定的 PDS 标准。110 型交连硬件分两大类：110A 和 110P，如图 4-18 所示。这两种硬件的电气功能完全相同，但其规模和所占用的墙空间或面板大小有所不同。110A 与 110P 管理的线路数据相同，但 110A 占有的空间只有 110P 或老式的 66 接线块结构的 1/3 左右，并且价格也较低。

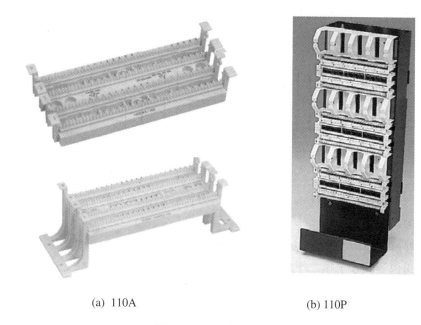

(a) 110A　　　　　　　　　(b) 110P

图 4-18　110 型交连硬件

4. 管理间子系统的交连方式

在不同类型的建筑物中，管理子系统常采用单点管理单交连、单点管理双交接和双点管理双交接三种方式。一般来说，单点管理交接方案应用于综合布线系统规模较小的场合，而双点管理交接方案应用于综合布线系统规模较大的场合。

1) 单点管理单交连

单点管理属于集中管理型，通常线路只在设备间进行跳线管理，其余地方不再进行跳线管理，线缆从设备间的线路管理区引出，直接连到工作区，或直接连至第二个接线交接区，这种方式使用的场合较少。单点管理单交连的示意图如图 4-19 所示。

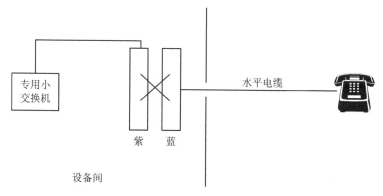

图 4-19　单点管理单交连

2) 单点管理双连接

管理子系统应采用单点管理双交接。单点管理位于设备间里面的交换设备或互联设备附近，通过线路不进行跳线管理，直接连至用户工作区或配线间里面的第二个接线交接区，如图 4-20 所示。如果没有配线间，第二个交连可放在用户间的墙壁上。

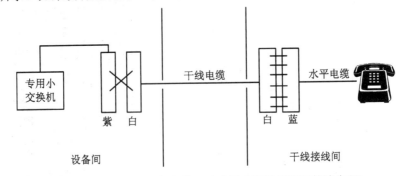

图 4-20　单点管理双交连(第二个交连在配线间用硬接线实现)

3) 双点管理双连接

双点管理属于集中、分散管理型，除在设备间设置一个线路管理点外，在楼层配线间或二级交接间内还设置了第二个线路管理点，如图 4-21 所示。这种交接方案比单点管理交接方案提供了更加灵活的线路管理功能，可以方便地对终端用户设备的变动进行线路调整。

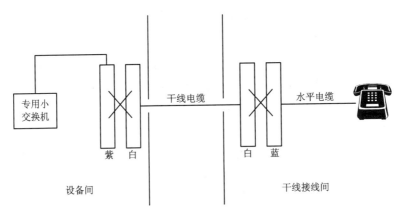

图 4-21　双点管理双交连(第二个交连用作配线)

5. 管理子系统的设计

1) 铜缆布线管理子系统设计方案

铜线布线系统的管理子系统主要采用 110 配线架或 BIX 配线架作为语音系统的管理器件，并采用模块数据配线架作为计算机网络系统的管理器件。下面通过举例说明管理子系统的设计过程。

例 1：已知某一建筑物的某一个楼层有计算机网络信息点 100 个，语音点 50 个，请确定出该楼层配线间所需要使用 IBDN 的 BIX 安装架的型号及数量，以及 BIX 条的个数。

提示：IBDN BIX 安装架的规格有：50 对、250 对、300 对。常用的 BIX 条是 1A4，可连接 25 对线。

解答：根据题目得知，总信息点为 150 个，则总的水平线缆总线对数 = $150 \times 4 = 600$ 对；配线间需要的 BIX 安装架应为 2 个 300 对的 BIX 安装架；BIX 安装架所需的 1A4 的 BIX 条数量 = 600/25 = 24 条。

例 2：已知某幢建筑物的计算机网络信息点数为 200 个，且全部汇接到设备间，那么在设备间中应安装何种规格的 IBDN 模块化数据配线架？需要的数量是多少？

提示：IBDN 常用的模块化数据配线架规格有 24 口、48 口两种。

解答：根据题目得知，汇接到设备间的总信息点为 200 个，因此设备间的模块化数据配线架应提供不少于 200 个 RJ45 接口。如果选用 24 口的模块化数据配线架，则设备间需要的配线架个数应为 9 个(200/24 = 8.3，向上取整应为 9 个)。

2) 光缆布线管理子系统设计方案

光缆布线管理子系统主要采用光纤配线箱和光纤配线架作为光缆管理器件。下面通过实例说明光缆布线管理子系统的设计过程。

例 1：已知某建筑物其中一楼层采用光纤到桌面的布线方案，该楼层共有 40 个光纤点，每个光纤信息点均布设一根室内 2 芯多模光纤至建筑物的设备间，请问设备间的机柜内应选用何种规格的 IBDN 光纤配线架？数量是多少？需要订购多少个光纤耦合器？

提示：IBDN 光纤配线架的规格为 12 口、24 口、48 口。

解答：根据题目得知，共有 40 个光纤信息点，由于每个光纤信息点需要连接一根双芯光纤，因此设备间配备的光纤配线架应提供不少于 80 个接口，考虑到网络以后的扩展，可以选用 3 个 24 口的光纤配线架和 1 个 12 口的光纤配线架。光纤配线架配备的耦合器数量与需要连接的光纤芯数相等，即为 80 个。

例 2：已知某校园网分为三个片区，各片区机房需要布设一根 24 芯的单模光纤至网络中心机房，以构成校园网的光纤骨干网络。网管中心机房为管理好这些光缆应配备何种规格的光纤配线架？数量是多少？光纤耦合器多少个？需要订购多少根光纤跳线？

解答：根据题目得知，各片区的 3 根光纤合在一起总共有 72 根纤芯，因此网管中心的光纤配线架应提供不少于 72 个接口。由此可知，网管中心应配备 24 口的光纤配线架 3 个。光纤配线架配备的耦合器数量与需要连接的光纤芯数相等，即为 72 个。光纤跳线用于连接光纤配线架耦合器与交换机光纤接口，因此光纤跳线数量与耦合器数量相等，即为 72 根。

6. 管理子系统标签编制

管理子系统是综合布线系统的线路管理区域，该区域往往安装了大量的线缆、管理器件及跳线，为了方便以后线路的管理工作，管理子系统的线缆、管理器件及跳线都必须做好标记，以标明位置、用途等信息。完整的标记应包含以下信息：建筑物名称、位置、区号、起始点和功能。

综合布线系统一般常用三种标记：电缆标记、场标记和插入标记，其中插入标记用途最广。

(1) 电缆标记：电缆标记主要用来标明电缆来源和去处，在电缆连接设备前，电缆的起始端和终端都应做好电缆标记。电缆标记由背面为不干胶的白色材料制成，可以直接贴到各种电缆表面上，其规格尺寸和形状根据需要而定。例如，一根电缆从三楼的 311 房的第 1 个计算机网络信息点拉至楼层管理间，则该电缆的两端应标记上"311-D1"，其中"D"表示数据信息点。

(2) 场标记：场标记又称为区域标记，一般用于设备间、配线间和二级交接间的管理器件上，以区别管理器件连接线缆的区域范围。它也是由背面为不干胶的材料制成，可贴在设备醒目的平整表面上。

(3) 插入标记：插入标记一般用于管理器件上，如 110 配线架、BIX 安装架等。插入标记是硬纸片，可以插在 1.27 cm × 20.32 cm 的透明塑料夹里，这些塑料夹可安装在两个 110 接线块或两根 BIX 条之间。每个插入标记都用色标来指明所连接电缆的源发地，这些电缆端接于设备间和配线间的管理场。对于插入标记的色标，综合布线系统有较为统一的规定，如表 4-4 所示。

表 4-4 综合布线色标规定

色别	设 备 间	配 线 间	二级交接间
蓝	设备间至工作区或用户终端线路	连接配线间与工作区的线路	交换间连接工作区线路
橙	网络接口、多路复用器引来的线路	配线间多路复用器的输出线路	配线间多路复用器的输出线路
绿	电信局的输入中继线或网络接口的设备线路	—	—
黄	交换机的用户引出线或辅助装置的连接线路	—	—
灰	—	至二级交接间的连接电缆	配线间的连接电缆端接
紫	系统公用设备(如程控交换机或网络设备)连接线路	系统公用设备(如程控交换机或网络设备)连接线路	系统公用设备(如程控交换机或网络设备)连接线路
白	干线电缆和建筑群间连接电缆	设备间干线电缆的端接点	设备间干线电缆的点到点端接

通过不同色标可以很好地区别各个区域的电缆，方便管理子系统的线路管理工作。图 4-22 是典型的配线间色标应用方案，从图中可以清楚地了解配线间各区域线缆插入标记的色标应用情况。

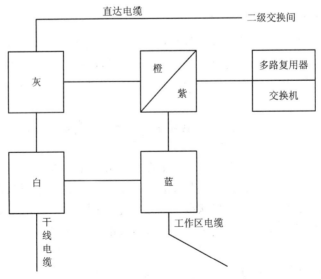

图 4-22 典型配线间色标应用方案

内容七　进线间子系统

进线间子系统是室外电、光缆引入大楼内的成端与分支光缆的盘长空间。随着光缆至大楼、至用户、至桌面的应用及容量日益增多，进线间显得尤为重要。

1. 进线间的位置

一般一个建筑物宜设置 1 个进线间，供多家电信运营商和业务提供商使用，通常设于地下一层。外线宜从两个不同的路由引入进线间，这样有利于与外部管道沟通。进线间与建筑物红外线范围内的人孔或手孔采用管道或通道的方式互连。

由于许多商用建筑物的地下一层环境较好，因此可安装电、光的配线设备及通信设施。不具备设置单独进线间或入楼电、光缆数量及入口设施较少的建筑物，也可以在入口处采用挖地沟或使用较小的空间完成缆线的成端与盘长。入口设施可安装在设备间，最好是单独的设置场地，以便功能区分。

2. 进线间面积的确定

进线间因涉及因素较多，难以统一提出具体所需面积，因此可根据建筑物实际情况，并参照通信行业和国家的现行标准要求进行设计。

进线间应满足缆线的敷设路由、成端位置及数量、光缆的盘长空间和缆线的弯曲半径、充气维护设备、配线设备安装所需要的场地空间和面积。

进线间的大小应按进线间的进局管道最终容量及入口设施的最终容量设计。同时应考虑满足多家电信业务经营者安装入口设施等设备的面积。

3. 线缆配置要求

建筑群主干电缆和光缆、公用网和专用网电缆、光缆及天线馈线等室外缆线进入建筑物时，应在进线间成端转换成室内电缆、光缆，并在缆线的终端处可由多家电信业务经营者设置入口设施，入口设施中的配线设备应按引入的电、光缆容量配置。

电信业务经营者或其他业务服务商在进线间设置安装的入口配线设备应与 BD(建筑物配线设备)或 CD(建筑群配线设备)之间敷设相应的连接电缆、光缆，以实现路由互通。缆线类型与容量应与配线设备相一致。

4. 入口管孔数量

进线间应设置管道入口。在进线间缆线入口处的管孔数量应留有充分的余量，以满足建筑物之间、建筑物弱电系统、外部接入业务及多家电信业务经营者和其他业务服务商缆线接入的要求，建议留有 2~4 孔的余量。

5. 进线间的设计

(1) 进线间应靠近外墙和在地下设置，以便于缆线引入。

(2) 进线间应防止渗水，应设有抽排水装置。

(3) 进线间应与布线系统垂直竖井沟通。

(4) 进线间应采用相应防火级别的防火门，门向外开，宽度不小于 1000 mm。

(5) 进线间应设置防有害气体措施和通风装置，排风量按每小时不小于 5 次容积计算。

(6) 进线间安装配线设备和信息通信设施时，应符合设备安装设计的要求。

(7) 与进线间无关的管道不应通过。

6. 进线间入口管道处理

进线间入口管道所有布放缆线和空闲的管孔应采取防火材料封堵，以做好防水处理。

内容八 建筑群子系统

建筑群子系统也称楼宇管理子系统。

一个企业或某政府机关可能分散在几幢相邻建筑物或不相邻建筑物内办公，但彼此之间的语音、数据、图像和监控等系统可用传输介质和各种支持设备(硬件)连接在一起。连接各建筑物之间的传输介质和各种支持设备(硬件)组成了一个建筑群综合布线系统。连接各建筑物之间的缆线组成了建筑群子系统。

建筑群子系统主要应用于多幢建筑物组成的建筑群综合布线场合，单幢建筑物的综合布线系统可以不考虑建筑群子系统。建筑群子系统的设计主要考虑布线路由选择、线缆选择、线缆布线方式等内容。

1. 建筑群子系统的设计标准

(1) 建筑群子系统由连接各建筑物之间的综合布线缆线、建筑群配线设备(CD)和跳线等组成。

(2) 建筑物之间的缆线应采用地下管道或电缆沟的敷设方式，并应符合相关规范的规定。

(3) 建筑群干线电缆、光缆、公用网和专用网电缆、光缆(包括天线馈线)进入建筑物时，应设置引入设备，并在适当位置终端转换为室内电缆、光缆。引入设备包括必要的保护装置。引入设备应单独设置房间，如条件合适也可与 BD 或 CD 合设。引入设备的安装应符合相关规范的规定。

(4) 建筑群和建筑物的干线电缆、主干光缆布线的交接不应多于两次。从楼层配线架到建筑群配线架之间只应通过一个建筑物配线架。

2. AT&T 推荐的建筑群子系统设计

建筑群子系统布线时，AT&T PDS 推荐的设计步骤如下：

(1) 确定敷设现场的特点。

① 确定整个工地的大小。

② 确定工地的地界。

③ 确定共有多少座建筑物。

(2) 确定电缆系统的一般参数。

① 确认起点位置。

② 确认端接点位置。

③ 确认涉及的建筑物和每座建筑物的层数。

④ 确定每个端接点所需的双绞线对数。

⑤ 确定有多个端接点的每座建筑物所需的双绞线总对数。

(3) 确定建筑物的电缆入口。

① 对于现有建筑物，要确定各个入口管道的位置、每座建筑物有多少入口管道可供使用、入口管道数目是否满足系统的需要。

② 如果入口管道不够用，则要确定在移走或重新布置某些电缆时是否能腾出某些入口管道，若还是不够用则应确定需另装多少入口管道。

③ 如果建筑物尚未建起来，则要根据选定的电缆路由完善电缆系统设计，并标出入口管道的位置，选定入口管理的规格、长度和材料，在建筑物施工过程中安装好入口管道。

建筑物入口管道的位置应便于连接公用设备，并应根据需要在墙上穿过一根或多根管道(查阅当地的建筑法规，了解对承重墙穿孔有无特殊要求)。所有易燃材料(如聚丙烯管道、聚乙烯管道)应端接在建筑物的外面，外线电缆的聚丙烯护皮可以例外，只要它在建筑物内部的长度(包括多余电缆的卷曲部分)不超过15 m即可。如果外线电缆延伸到建筑物内部的长度超过了15 m，则应使用合适的电缆入口器材，在入口管道中填入防水和气密性很好的密封胶，如B型管道密封胶。

(4) 确定明显障碍物的位置。

① 确定土壤类型：砂质土、黏土、砾土等。

② 确定电缆的布线方法。

③ 确定地下公用设施的位置。

④ 查清拟定的电缆路由中沿线各个障碍物位置或地理条件。

⑤ 确定对管道的要求。

(5) 确定主电缆路由和备用电缆路由。

① 对于每一种待定的路由，确定可能的电缆结构。

② 所有建筑物共用一根电缆。

③ 对所有建筑物进行分组，每组单独分配一根电缆。

④ 每座建筑物单用一根电缆。

⑤ 查清在电缆路由中哪些地方需要获准后才能通过。

⑥ 比较每个路由的优缺点，从而选定最佳路由方案。

(6) 选择所需电缆类型和规格。

① 确定电缆长度。

② 画出最终的结构图。

③ 画出所选定路由的位置和挖沟详图，包括公用道路图或任何需要经审批才能动用的地区草图。

④ 确定入口管道的规格。

⑤ 选择每种设计方案所需的专用电缆。

⑥ 参考《AT&T SYSTIMAX PDS部件指南》有关电缆部分中线号、双绞线对数和长度应符合的有关要求。

⑦ 应保证电缆可进入入口管道。

⑧ 如果需用管道，应选择其规格和材料。

⑨ 如果需用钢管，应选择其规格、长度和类型。

(7) 确定每种方案所需的劳务成本。

① 确定布线时间：(a) 包括迁移或改变道路、草坪、树木等所花的时间；(b) 如果使

用管道区，应包括敷设管道和穿电缆的时间；(c) 确定电缆接合时间；(d) 确定其他时间，例如拿掉旧电缆、避开障碍物所需的时间。

    ② 计算总时间：(a)项＋(b)项＋(c)项。

    ③ 计算每种设计方案的成本：总时间乘以当地的工时费。

    (8) 确定每种方案所需的材料成本。

    ① 确定电缆成本：(a) 确定每英尺(米)的成本；(b) 参考有关布线材料价格表；(c) 针对每根电缆查清每 100 英尺的成本；(d) 将上述成本除以 100；(e) 将每米(英尺)的成本乘以米(英尺)数。

    ② 确定所有支持结构的成本：(a) 查清并列出所有的支持结构；(b) 根据价格表查明每项用品的单价；(c) 将单价乘以所需的数量。

    ③ 确定所有支撑硬件的成本：对于所有的支撑硬件，重复②项所列的 3 个步骤。

    (9) 选择最经济、最实用的设计方案。

    注：如果牵涉到干线电缆，应把有关的成本和设计规范也列进来。

3. 建筑群子系统线缆布线方法

建筑群子系统的线缆布线方式有三种：架空布线法、直埋布线法和地下管道布线法。

1) 架空布线法

架空布线法通常应用于有现成电杆、对电缆的走线方式无特殊要求的场合。架空布线法要求用电杆将线缆在建筑物之间悬空架设，一般先架设钢丝绳，然后在钢丝绳上挂放线缆，如图 4-23 所示。从电线杆至建筑物的架空进线距离不超过 30 m(100 ft)为宜。建筑物的电缆入口可以是穿墙的电缆孔或管道。入口管道的最小口径为 50 mm(2 in)。

通信电缆与电力电缆之间的距离必须符合我国室外架空线缆的有关标准。

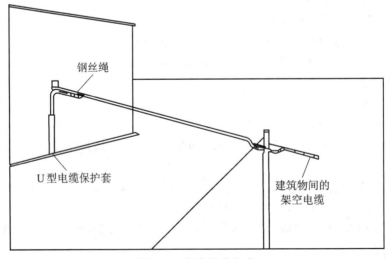

图 4-23　架空布线方式

2) 直埋布线法

直埋布线法是根据选定的布线路由在地面上挖沟，然后将线缆直接埋在沟内。直埋布线的电缆除了穿过基础墙的那部分电缆有管保护外，电缆的其余部分直埋于地下，没有保护。直埋电缆通常应埋在距地面 0.6 m 以下的地方，或按照当地城管等部门的有关法规去施工。如果在同一土沟内埋入了通信电缆和电力电缆，则应设立明显的共用标志。

在选择最灵活、最经济的直埋布线线路时，主要的物理因素如下：

① 土质和地下状况；

② 天然障碍物，如树林、石头以及不利的地形；

③ 其他公用设施(如下水道、水、气、电)的位置；

④ 现有或未来的障碍，如游泳池、表土存储或修路。

直埋布线法的路由选择受土质、公用设施、天然障碍物(如木、石头)等因素的影响。直埋布线法具有较好的经济性和安全性，总体优于架空布线法，但更换和维护电缆不方便且成本较高。

3) 地下管道布线法

地下管道布线是一种由管道和入孔组成的地下系统，它把建筑群的各个建筑物进行了互连。它是一根或多根管道通过基础墙进入建筑物内部的结构。地下管道对电缆有很好的保护作用，因此电缆受损坏的机会减少，而且不会影响建筑物的外观及内部结构。

管道埋设的深度一般在 0.8～1.2 m，或符合当地城管等部门有关法规规定的深度。为了方便日后的布线，管道安装时应预埋一根拉线，以供以后布线使用。为了方便线缆的管理，地下管道应间隔 50～180m 设立一个接合井，以方便工作人员维护。

内容九　物联网工程布线系统的安全防护设计

综合布线系统采用防护措施的目的主要是防止外来的电磁干扰和向外产生的电磁辐射，前者直接影响综合布线系统的正常运行，后者则是综合布线系统传递信息时产生泄漏的原因。因此，综合布线系统工程的设计必须根据智能化建筑和智能化小区所在环境的具体情况和建设单位的要求，认真调查研究，选用合适的防护措施。目前，国际上有些人对综合布线是否采用屏蔽系统持有不同意见，但近期在综合布线系统工程中采用屏蔽系统的已逐渐增多，其主要原因有以下三点：

(1) 通信网络的传输速率迅速提高，导致容易产生向外的电磁辐射和受到外界电磁干扰。

(2) 电磁干扰源日益增多，客观环境的传输条件迅速恶化。

(3) 网络的安全可靠性要求提高。

1. 电源

(1) 设备间安放计算机主机时，应按照计算机主机电源要求进行工程设计。

(2) 设备间内安放程控用户交换机时，应按照《工业企业程控用户交换机工程设计规范》CECS09：89 进行工程设计。

(3) 设备间、交接间应采用可靠的 220 V、50 Hz 交流电源。

2. 电气防护及接地

(1) 综合布线区域内存在的电磁干扰场强大于 3 V/m 时，应采取防护措施。

(2) EN50082-X 通用抗干扰标准规定，居民区/商业区的干扰辐射场强为 3 V/m，按 IEC801-3 抗辐射干扰标准的等级划分，属于中等 EM 环境。

(3) 邮电部电信总局编制的《通信机房环境安全管理通则》规定，通信机房的电磁场强度在频率范围为 0.15～500 MHz 时，不应大于 130 dB^{Mv}/m，相当于 3.16 V/m。

(4) 综合布线电缆与附近可能产生高电平电磁干扰的电动机、电力变压器等电气设备之间应保持必要的间距。

① 综合布线系统与干扰源的间距应符合表 4-5 所示的要求。双方都在接地的线槽中且平行长度小于等于 10 m 时，最小间距可以是 10 mm。双方都在接地的线槽中，系指两个不同的线槽，也可在同一线槽中用金属板隔开。

表 4-5　综合布线系统与干扰源的间距表

其他干扰源	与综合布线接近状况	最小间距/mm
380 V 以下电力电缆，功率小于 2 kVA	与缆线平行敷设	130
	有一方在接地的线槽中	70
	双方都在接地的线槽中	10①
380 V 以下电力电缆，功率为 2～5 kVA	与缆线平行敷设	300
	有一方在接地的线槽中	150
	双方都在接地的线槽中	80
380 V 以下电力电缆，功率大于 5 kVA	与缆线平行敷设	600
	有一方在接地的线槽中	300
	双方都在接地的线槽中	150
荧光灯、氢灯、电子启动器或交感性设备	与缆线接近	150～300
无线电发射设备(如天线、传输线、发射机等)和雷达设备等 其他工业设备(如开关电源、电磁感应炉、绝缘测试仪等)	与缆线接近 (当通过空间电磁场耦合强度较大时，应按规定办理考虑屏蔽措施)	≥1500
配电箱	与配线设备接近	≥1000
电梯、变电室	尽量远离	≥2000

综合布线系统应根据环境条件选用相应的缆线和配线设备，应符合下列要求：

● 当周围环境的干扰场强度或综合布线系统的噪声电平低于表 4-5 的规定时，可采用 UTP 缆线系统和非屏蔽配线设备，这是铜缆双绞线的主流产品。

● 当周围环境的干扰场强度或综合布线系统的噪声电平高于表 4-5 的规定，干扰源信号或计算机网络信号频率大于或等于 30 MHz 时，应根据其超过标准的量级大小，分别选用 FTP、SFTP、STP 等不同的屏蔽缆线系统和屏蔽配线设备。另外，表 4-7 要求的间距不能保证时，应采取适当的保护措施。

● 当周围环境的干扰场强度很高，采用屏蔽系统已无法满足各项标准的规定时，应采用光缆系统。

② 综合布线电缆、光缆及管线与其他管线的间距应符合表 4-6 所示的规定。当墙壁电缆敷设高度超过 6000 mm 时，与壁雷引下线的交叉净距应按下式计算确定：$S \geqslant 0.05L$。其

中：S 为交叉净距(mm)；L 为交叉处避雷引下线距地面的高度(mm)。

表 4-6 墙上敷设的综合布线电缆、光缆及管线与其他管线的间距

其他管线	最小平行净距/nm	最小交叉净距/nm
	电缆、光缆或管线	电缆、光缆或管线
避雷引下线	1000	300
保护地线	50	20
给水管	150	20
压缩空气管	150	20
热力管(不包封)	500	500
热力管(包封)	300	300
煤气管	300	20

③ 综合布线电缆与电力电缆的间距要求，应参考 TIA/EIA569 标准制订；墙上敷设的综合布线电缆、光缆及管线与其他管线的间距要求，应参考 GBJ42—81《工业企业通信设计规范》制订。综合布线网络在下列情况下，应采取防护措施：

(a) 在大楼内部存在下列干扰源，且不能保持安全间隔时：配电箱和配电网产生的高频干扰；大功率电机电火花产生的谐波干扰；荧光灯管，电子启动器；电源开关；电话网的振铃电流；信息处理设备产生的周期性脉冲。

(b) 在大楼外部存在下列干扰源，且处于较高电磁场强度的环境中时：雷达；无线电发射设备；移动电话基站；高压电线；电气化铁路；雷击区。

(c) 周围环境的干扰信号场强或综合布线系统的噪声电平超过下列规定时：

● 对于计算机局域网，引入 10 kHz～600 MHz 以下的干扰信号，其场强为 1 V/m。600 MHz～2.8 GHz 的干扰信号，其场强为 5 V/m。

● 具有模拟/数字终端接口的终端设备，提供电话服务时，噪声信号电平应符合表 4-7 所示的规定。

表 4-7 噪声信号电平限值表

频率范围/MHz	噪声信号限值
0.15～30	基准电平(-40 dBm)
30～890	基准电平(+20 dB[*])
890～915	基准电平(-40 dBm)
915～1000	基准电平(+20 dB[**])

注：* 噪声电平超过基准电平的带宽总和应小于 200 MHz。** 基准电平的特征：1 kHz～40 dBm 的正弦信号。

● 背景噪声最少应比基准电平小 -12 dB。

(d) 综合布线系统的发射干扰波电场强度超过表 4-8 所示的规定时。A 类设备用于第三产业；B 类设备用于住宅。较低的限值适用于降低频率的情况。

表 4-8　发射干扰波电场强度限值表

频率范围＼测量距离	A 类设备 30 m	B 类设备 10 m
30～230 MHz	30 dBμV/m	30 dBμV/m
> 230 MHz～1 GHz	37 dBμV/m	37 dBμV/m

④ 综合布线系统采用屏蔽措施时，应有良好的接地系统，并应符合下列规定：

● 保护地线的接地电阻值，单独设置接地体时，不应大于 4 Ω；采用联合接地体时，不应大于 1 Ω。

● 综合布线系统的所有屏蔽层应保持连续性，并应注意保证导线相对位置不变。

● 屏蔽层的配线设备(FD 或 BD)端应接地，用户(终端设备)端视具体情况接地，两端的接地应尽量连接同一接地体。当接地系统中存在两个不同的接地体时，其接地电位差不应大于 1 Vr.m.s。

每一楼层的配线柜都应单独布线至接地体，接地导线的选择应符合表 4-9 所示的规定。信息插座的接地可利用电缆屏蔽层连至每层的配线柜上；工作站的外壳接地应单独布线连接至接地体，一个办公室的几个工作站可合用同一条接地导线，并应选用截面不小于 2.5 mm^2 的绝缘铜导线。

表 4-9　接地导线选择表

名　称	接地距离≤30 m	接地距离≤100 m
接入自动交换机的工作站数量/个	≤50	> 50，≤300
专线的数量/条	≤15	> 15，≤80
信息插座的数量/个	≤75	> 75，≤450
工作区的面积/m^2	≤750	> 750，≤4500
配线室或电脑室的面积/m^2	10	15
选用绝缘铜导线的截面/mm^2	6～16	16～50

综合布线的电缆采用金属槽道或钢管敷设时，槽道或钢管应保持连续的电气连接，并在两端应有良好的接地。

干线电缆的位置应接近垂直的接地导体(例如建筑物的钢结构)，并尽可能位于建筑物的中心部分。当电缆从建筑物外面进入建筑物内部容易受到雷击、电源碰地、电源感应电势或地电势上浮等外界影响时，必须采用保护器。

在下述的任何一种情况下，线路均属于处在危险环境之中，均应对其进行过压过流保护。

● 雷击引起的危险影响。

● 工作电压超过 250 V 的电源线路碰地。

● 地电势上升到 250 V 以上而引起的电源故障。

● 50 Hz 交流感应电压超过 250 V。

综合布线系统的过压保护应选用气体放电管保护器；过流保护应选用能够自复的保护器；在易燃的区域或大楼竖井内布放的光缆或铜缆必须有阻燃护套，若这些缆线被布放在不可燃管道里，或者每层楼都采用了隔火措施，则可以没有阻燃护套。

综合布线系统有源设备的正极或外壳、电缆屏蔽层和连通接地线均应接地，并应采用联合接地方式，如同层有避雷带及均压网(高于 30 m 时每层都设置)时，也应与此相接，使整个大楼的接地系统组成一个笼式均压体。

3. 环境保护

在易燃的区域和大楼竖井区布放电缆或光缆，应采用防火和防毒电缆；相邻的设备间应采用阻燃型配线设备；对于穿钢管的电缆或光缆可采用普通外护套。

关于防火和防毒电缆的推广应用，只限定在易燃区域和大楼竖井内采用，配线设备也应采用阻燃型。利用综合布线系统组成的网络，应防止由射频产生的电磁污染影响周围其他网络的正常运行。

4. 选用原则

综合布线系统选择缆线和配线设备，应根据用户要求，并结合建筑物的环境状况进行考虑，其选用原则说明如下：

(1) 当建筑物还在建设或虽已建成但尚未投入运行时，确定综合布线系统的选型，应测定建筑物周围环境的干扰场强度；与其他干扰源之间的距离能否符合规范要求应进行摸底；综合布线系统采用何种类别也应有所预测。根据这些情况，用规范中规定的各项指标要求进行衡量，就能选择合适的硬件和采取相应的措施。

光缆布线具有最佳的防电磁干扰性能，既能防电泄漏，也不受外界电磁干扰影响，在电磁干扰较严重的情况下，它是比较理想的防电磁干扰布线系统。但考虑到目前光缆和光电转换设备价格偏高，本着技术先进、经济合理、安全适用的设计原则，在满足电气防护各项指标的前提下，我们应首选屏蔽缆线和屏蔽配线设备或采用必要的屏蔽措施进行布线。待将来光缆和光电转换设备价格下降后，根据工程的具体情况，可合理配置。

(2) 在选择缆线和连接硬件时，确定某一类别后，应保证其一致性。例如，选择 5 类，则缆线和连接硬件都应是 5 类；若选择 5 类以上，则缆线和连接硬件都应是 5 类以上；若选择屏蔽，则缆线和连接硬件都应是屏蔽的，且应做良好的接地系统。

(3) 在选择综合布线系统时，应根据用户对近期和远期的实际需要进行考虑，应根据不同的通信业务要求综合考虑。在满足用户近期要求的同时，要有较好的通用性和灵活性，尽量避免建成后较短时间又要进行忙乱扩建，造成不必要的浪费。一般来说，水平配线应以远期需要为主，垂直干线应以近期需要为主。

(4) 当局部地段与电力线等平行敷设，或接近电动机、电力变压器等干扰源，不能满足最小净距要求时，可采用钢管或金属线槽等局部措施加以屏蔽处理。

5. 防护

综合布线系统应根据环境条件选用相应的缆线和配线设备，或采取防护措施，具体要求应符合下列规定：

(1) 当综合布线区域内存在的干扰低于上述规定时，宜采用非屏蔽配线设备进行布线。

(2) 当综合布线区域内存在的干扰高于上述规定，或用户对电磁兼容性有较高要求时，宜采用屏蔽缆线和屏蔽配线设备进行布线，也可采用光缆系统。

(3) 当综合布线路由上存在干扰源，且不能满足最小净距要求时，宜采用金属线管进行屏蔽。

(4) 综合布线系统采用屏蔽措施时，必须有良好的接地系统，并应符合下列规定：

① 保护地线的接地电阻值，单独设置接地体时，不应大于 4 Ω；采用联合接地体时，不应大于 1 Ω。

② 采用屏蔽布线系统时，所有屏蔽层应保持连续性。

③ 采用屏蔽布线系统时，屏蔽层配线设备(FD 或 BD)端必须良好接地，用户(终端设备)端视具体情况宜接地，两端的接地应连接至同一接地体。若接地系统中存在两个不同的接地体，则其接地电位差不应大于 1 Vr.m.s。

④ 采用屏蔽布线系统时，每一楼层的配线柜都应采用适当截面的铜导线单独布线至接地体，也可采用竖井内集中用铜排或粗铜线引到接地体，导线或铜导体的截面应符合标准。接地导线应接成树状结构的接地网，以避免构成直流环路。

(5) 综合布线的电缆采用金属槽道或钢管敷设时，槽道或钢管应保持连续的连接，并在两端应有良好的接地。这是屏蔽系统的综合性要求，每一环节都有其特定的作用，不可忽视，否则将降低屏蔽效果。

屏蔽系统接地导线截面可按表 4-10 所示选择。按工作区每 10 m² 配置 1 个信息插座计算，如配置 2 个则面积应为 375 m²。以此类推，可核算出相应的面积。实际上，计算导线截面的主要依据是信息点的数量(一个插座为 2 个信息点)。

表 4-10 接地导线选择表

名　称	楼层配线设备至大楼总接地体的距离	
	≤30 m	≤100 m
信息点的数量/个	≤75	>75，≤450
工作区的面积/m²	≤750	>750，≤4500
选用绝缘铜导线的截面/mm²	6～16	16～50

综合布线的接地系统采用竖井内集中用铜排或粗铜线引至接地体时，集中铜排或粗铜线应视作接地体的组成部分，计算其截面的要求如下：

(1) 干线电缆的位置应尽可能位于建筑物的中心。

(2) 当电缆从建筑物外面进入建筑物时，电缆的金属护套或光缆的金属件均应有良好的接地。

(3) 当电缆从建筑物外面进入建筑物时，应采用过压、过流保护措施，并应符合相关规定。

(4) 综合布线系统有源设备的正极或外壳，与配线设备的机架应绝缘，并应用单独导线引至接地汇流排，与配线设备、电缆屏蔽层等接地，宜采用联合接地方式。

(5) 根据建筑物的防火等级和对材料的耐火要求，综合布线应采取相应的措施。在易燃的区域和大楼竖井内布放电缆或光缆；相邻的设备间或交接间应采用阻燃型配线设备。

关于综合布线防火的要求，首先强调的是应按照建筑物的防火等级和对材料的耐火要求进行考虑。对于阻燃电缆的推广应用，考虑到工程造价原因没有大面积推广，但在易燃区域和大楼竖井内应采用阻燃型，配线设备也应采用阻燃型。在大型公共场所宜采用阻燃、低烟、低毒电缆，这种电缆散发的有害气体较少，在出现火警时，有利于疏散人流。

目前有以下几种类型的电缆产品可供选择：LSOH 低烟无卤型、LSHF-FR 低烟无卤阻燃型、FEP 和 PFA 氟塑料树脂制成的电缆。

内容十　住宅建筑布线系统的安装设计

1. 设计原则

(1) 为了适应城镇住宅商品化、社会化以及住宅产业现代化的需要，配合城市建设和信息通信网向数字化、综合化、智能化方向发展，搞好城市住宅小区与住宅楼中电话、数据、图像等多媒体综合网络建设，我们必须统筹安排，分步实施，以搞好住宅建筑综合布线系统的安装设计。

(2) 本节内容适用于新建、扩建和改建城市住宅小区和住宅楼的综合布线系统工程设计。对于分散的住宅建筑和现有的住宅楼应充分利用市内电话线开通各种话音、数据和多媒体业务。这是因为扩建和改建过程不像新建工程一样千篇一律地进行城市住宅小区和住宅楼的综合布线系统工程设计。我们必须针对改扩建工程的实际情况，实事求是地做适当的放宽处理，并且应充分利用现有设施市内电话线，为用户提供扩展带宽的应用，这是比较经济的扩展带宽方案，值得推广和重视。这种方案不仅可以使用户减轻负担，而且可以使国家节省大量投资以用于住宅建设，于国于民都十分有利。

对于分散的住宅建筑，或现有住宅楼应充分利用市内电话线开通各种话音、数据和多媒体业务有以下内容：

① 在市内电话线上开 ISDN2B + D 的业务，通过网络终端(NT)可向用户提供 2 个 64 kbit/s 的 B 信道和 1 个 16 kbit/s 的 D 信道，传输距离在 0.5 mm 线径时可达 5 km。

② 在市内电话线上开通各种数字用户线(XDSL)的传输特性，详见表 4-11。

表 4-11　XDSL 传输特性

XDSL 类型	传 输 速 率		市内电话线		传输距离	业 务 类 型
	上行	下行	线径	线对		
IDSL	160 kbit/s	160 kbit/s	0.5 mm	1	5.5 km	话音 + 数据
HDSL	2.048 Mbit/s	160 kbit/s	0.5 mm	2～3	3.7 km	E1、LAN、Internet 接入
ADSL	640 kbit/s	8.192 Mbit/s	0.5 mm	1	3.7 km	VOD、LAN、Internet 接入
SDSL	2.048 Mbit/s	2.048 Mbit/s	0.4 mm	1	2.7 km	E1、LAN、Internet 接入
VDSL	2～20 Mbit/s	12.96 Mbit/s 25.92 Mbit/s 51.84 Mbit/s	0.5 mm	1	1.5 km 1.0 km 0.3 km	Internet 接入 VOD、LAN 交互式多媒体、HDTV

(3) 综合布线系统的设施及管线的建设，应纳入城市住宅小区或住宅楼相应的规划中。

(4) 综合布线系统主要适用于组织计算机网络的应用，应与有线电视(CATV)、家庭自动化、安全防范信息等内容统筹规划，按照各种信息的传输要求，做到合理使用，并应符合相关的标准。综合布线系统是搞好住宅建筑智能化的关键。各自为政，只能造成布线混乱，导致系统间相互影响，不能正常运行，或造成经济损失。统筹规划，不等于包办代替，而是分工负责，有机结合。

(5) 工程设计时，应根据工程项目的性质、功能、环境条件和近、远期用户要求，进行综合布线系统设施和管线的设计。工程设计必须保证综合布线系统的质量和安全，并考虑施工和维护方便，做到技术先进，经济合理。

(6) 工程设计中必须选用现行有关标准的定型产品。未经国家认可的、由产品质量监督检验机构鉴定合格的设备及主要材料，不得在工程中使用。

(7) 综合布线系统的工程设计，应符合 CECS119：2000 中国工程建设标准化协会标准《建筑与建筑群综合布线系统工程设计规范》GB/T 50311—2000 等国家现行的有关标准。

2. 术语和符号

凡项目一中提及的综合布线术语和符号，这里不再列入。在此另列出本项目中使用的符号，以便于应用和理解内容，如表 4-12 所示。

表 4-12　术语和符号对照表

符号	英文名称	中文名称或解释
ADO	Auxiliary Disconnect outlet	辅助的可断开插座
ADOC	ADO Cables	辅助的可断开插座电缆
CATV	Cable television	有线电视
DD	Distribution Device	配线装置
DDC	DD Cord	配线装置软线
DP	Denarcation Point	分界点
E1	E1	G.703 标准的一种接口，其速率为 2.048 Mbit/s
EC	Equipment cord	设备软线
ER	Equipment Room	设备间
FST	Floor Service Termination	楼层服务端接(实为楼层配线设备)
HDTV	High Definition Television	高清晰度电视
HUB	HUB	集线器
IDC	Insulation Displacement Connection	绝缘压穿连接
internet	internet	因特网
ISDN	Integrated Services Digital Network	综合业务数字网
LAN	Local Area Network	局域网
NID	Network Interface Device	网络接口装置
NT	Network Terminal	网络终端
OC	Outlet Cable	信息插座电缆
PVC	PolyVinyl Chloride	聚氯乙稀
TO	Telecommunications Outlet	信息插座(电信引出端)
VOD	Video On Demand	视像点播
XDSL	X Digital Subscriber Line	X 数字用户线，其中 X 包括 I、H、A、S、V 等，具有不同的含义。例如：I 为 ISDN 综合业务数字网；H 为 Hig data rate，高数据率；A 为 Asymmetric，非对称的。S 为 Single Line，简单的线路；V 为 Very High data rate，甚高数据率

3. 综合布线系统的配置标准

(1) 建筑物内的综合布线系统应一次分线到位，并根据建筑物的功能要求确定其等级和数量，宜符合下列规定：

基本配置：适应基本信息服务的需要，提供电话、数据和有线电视等服务。

① 每户可引入 1 条 5 类 4 对对绞电缆；同步敷设 1 条 75 Ω 同轴电缆及相应的插座。

② 每户宜设置壁龛式配线装置，每间卧室、书房、起居室、餐厅等均应设置 1 个信息插座和 1 个电缆电视插座；主卫生间还应设置用于电话的信息插座。

③ 每个信息插座或电缆电视插座至壁龛式配线装置，各敷设 1 条 5 类 4 对对绞电缆或 1 条 75 Ω 同轴电缆。

④ 壁龛式配线装置(DD)的配置应一次到位，以满足远期的需要。

综合配置：适应较高水平信息服务的需要，提供当前和发展的电话、数据、多媒体和有线电视等服务。

① 每户可引入 2 条 5 类 4 对对绞电缆，必要时也可设置 2 芯光纤；同步敷设 1～2 条 75 Ω 同轴电缆。

② 每户宜设置壁龛式配线装置，每间卧室、书房、起居室、餐厅等均应设置不少于 1 个信息插座或光缆插座，以及 1 个电缆电视插座，也可按用户需求设置；主卫生间还应设置用于电话的信息插座。

③ 每个信息插座、光缆插座或电缆电视插座至壁龛式配线装置，各敷设 1 条 5 类 4 对对绞电缆、2 芯光缆或 1 条 75 Ω 同轴电缆。

④ 壁龛式配线装置(DD)的配置应一次到位，以满足远期的需要。

以上规定中提出的每一住户内与综合布线同步敷设 75 Ω 同轴电缆及相应的插座，是为了住宅用户内部整齐美观，便于施工和维护，给用户带来方便。对于相应的户外布线要求未列入规定之中。75 Ω 同轴电缆及相应的插座，主要用于传送有线电视(CATV)、数据、话音等信号，应符合国家现行有关标准。

一般情况每户敷设 1 条 75 Ω 同轴电缆，只有在当地能提供不同节目源时，才考虑敷设 2 条 75 Ω 同轴电缆。

(2) 建设城市住宅楼时，应在住宅小区或住宅楼建设用地范围内预埋地下通信配线管道，楼内应预留设备间、交接间、暗配线管网系统。

住宅小区或住宅楼外预埋的地下通信配线管道应统筹建设，合理利用，可适用于接入网光缆、综合布线电缆、同轴电缆等。

(3) 对于综合布线的系统分级、传输距离限值、各段缆线长度限值和各项指标等规定，应符合中国工程建设标准化协会标准 CECS119：2000《城市住宅建筑综合布线系统工程设计规范》和国家标准 GB/T 50311—2000《建筑与建筑群综合布线系统工程设计规范》的有关规定。

(4) 综合布线系统的组网和设计要求。

① 城市住宅小区和住宅楼的综合布线系统的拓扑结构如图 4-24 所示。该拓扑结构适用于住宅楼和多个独立式住宅组成的建筑群，现说明如下：

(a) 住宅楼每层户数较多时，采用分层配线方式，如图 2-25 所示。FST(楼层服务端接)不一定每层都设置，只要 FST 至 ADO(信息插座)/DD(配线装置)的长度不超过 90 m，几层楼可以公用一个 FST。这种方式适用于每户房间较多且面积较大、有多台计算机终端、在 DD 处设置 HUB(集线器)的情况。如果每户仅 1 台计算机终端,HUB\Switch 集中设置在 FST,则 FST 至每户信息插座的电缆总长度不应超过 90 m。

(b) 住宅楼每层户数较少时,采用按住宅单元垂直配线方式,如图 2-26 所示。这种方式不设 FST。在底层 Dp(分界点)处集中设置 HUB\Switch,Dp 至每户信息插座的电缆总长度不应超过 90 m;如果住宅楼规模较大,集中设置 HUB 有困难,也可在每一单元的底层设 FST,在各 FST 处放置 HUB,选择其中与城市电信业务提供衔接的 FST 作为 Dp(可选择住宅区的集中管理部门所在地)。此时,每一个 FST 至每户信息插座的电缆总长度不应超过 90 m,光缆长度不应超过 500 m。

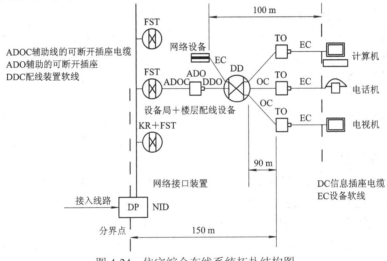

图 4-24　住宅综合布线系统拓扑结构图

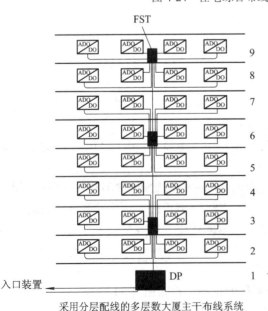

采用分层配线的多层数大厦主干布线系统

图 2-25　分层配线的多层大厦主干布线系统

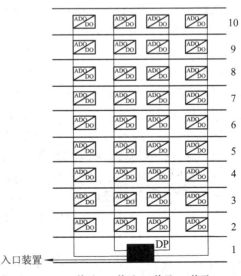

采用按单元垂直配线的多层住宅楼主干布线系统

图 2-26　按单元垂直配线的多层住宅楼
主干布线系统

(c) 多个独立式住宅组成的建筑群。这种方式可将每幢独立式或排列式住宅视为一个楼层设 FST，每住户设 ADO/DD，在各处设置 HUB，选择其中与城市电信业务提供者衔接的 FST 作为 Dp(可选择住宅区的集中管理部门所在地)。此时，每一个 FST 至每户信息插座的电缆总长度不应超过 90 m，FST 之间以及 FST 至 Dp 之间的电缆长度不应超过 90 m，光缆长度不应超过 500 m。如果住宅小区规模较大，还可增加光缆长度，并应符合多模光缆不大于 2000 m、单模光缆不大于 3000 m 的规定。

分界点(DP)至最远住户信息插座的电缆总长度不应大于 150 m；每户配线装置(DD)至户内最远用户终端的信息插座电缆(OC)、设备软线(EC)和配线装置(DD)的跳线总长度不应大于 100 m；信息插座电缆(OX)不应大于 90 m；配线装置(DD)的跳线和设备软线(EC)的总长度不应大于 7.6 m；设备软线和跳线的衰减大于实芯铜线的对绞电缆，应注意核算电气长度，折算为物理长度，使衰减指标符合规定。

② 每户配线装置(DD)的设置应符合下列要求：

(a) DD 应能拉入户内全部信息插座电缆(OC)和室外线路，并通过 NID、FST、ADO 等设施，配线装置软线(DDC)接入 DD，并应具备交叉连接功能以及适当的余量，以便于相关部门利用 DD 进行连接、迁移、增加和变更等工作；

(b) DD 可接入家庭自控信号装置、安全防范装置、计算机、电话机、电视机等设施的缆线；

(c) 在独立式或排列式住宅中，每一条进入或离开建筑物的电缆应采取过压和过流保护措施，以保护装置安装在 DD 处。

(d) 在离 DD1.5 m 的范围内，应设置 220 V、10 A 单相带保护接地的电源插座和建筑物电气接地；

(e) DD 宜安装在住宅室内便于施工和维护的位置，并使信息插座电缆(OC)的长度最短；

(f) DD 和相关设备宜采用壁龛的方式进行安装，最小空间应符合表 4-13 所示的规定。

表 4-13 壁龛的最小空间尺寸要求

壁龛	插 座			壁龛最小空间尺寸
类别	类 别	性质	数量	
小型	信息插座或光缆插座	户内	≤4	宽 300 mm×高 250 mm×深 100 mm
		户外引入	≤2	
	电缆电视插座	户内	≤4	
		户外引入	≤2	
大型	信息插座或光缆插座	户内	≤7	宽 460 mm×高 610 mm×深 200 mm 或 宽 610 mm×高 460 mm×深 200 mm
		户外引入	≤2	
	电缆电视插座	户内	≤7	
		户外引入	≤2	

注：壁龛的净深 100 mm/200 mm 适用于安装配线设备，如需安装其他设备，应按实际需要确定；插座数量大于表 4-13 中所列时，壁龛的最小空间应按实际需要确定；过线箱的箱体尺寸应按邻近的壁龛规格选取；表 4-13 中插座数量均指单插座的数量，如为双插座，则相当于 2 个单插座，以此类推；在潮湿地区，壁龛内壁应加装胶合板。

(3) 辅助的可断开信息插座(ADO)的设置应符合下列要求：

① ADO 在独立式或排列式住宅中使用，业务提供者可利用 ADO 为用户提供可断开服务，必要时也可将 ADO 的功能合并在 DD 中，在室内进行快速接入。

② 在独立式或排列式住宅单元中，ADO 通过 ADOC 直接拉入分界点(Dp)；住宅楼中，ADO 通过 ADOC 经楼层服务端接(FST)接入分界点(Dp)。

③ 设置 ADO 时，过压和过流保护装置宜从 DD 移至此处。

(4) 分界点(Dp)的设置应符合下列要求：

① 分界点是业务提供者与用户装置间的接口点，应根据网络接口装置(NID)的要求，由业务提供者提供接入网等设备的安装，包括桥接引入线、保安设备等。

② 对于独立式或排列式住宅，分界点可设置在建筑物外墙的边缘；对于住宅楼或住宅小区，分界点应设置在建筑物的专用交接间内，其使用面积不应小于 6 m²；也可与大楼的设备合并设置，并满足设备间的要求。

③ 交接间的安装工艺要求，应符合国家标准《建筑与建筑群综合布线系统工程设计规范》GB/T 50311—2007 的有关规定。

(5) 设备间(ER)的设置应符合下列要求：

① 设备间是住宅楼或独立式或排列式住宅中安装总配线设备的房间，具有建筑物的引入线功能，可安装各种电信或网络设施及同层的楼层服务端接(FST)设施，也可合并设置。设备间的使用面积不应小于 6 m²。

② 当设备间兼作住宅楼或独立式或排列式住宅组成建筑群的设备维护管理中心时，面积应适当增加。

③ 设备间的安装工艺要求，应符合国家标准《建筑与建筑群综合布线系统工程设计》规范 GB/T 50311—2007 的有关规定。

④ 与设备间处在同一建筑物中的 DD 或 ADO 可不重复安装过压和过流保护装置。

(6) 交接间的设置应符合下列要求：

① 交接间是住宅楼安装楼层服务端接(FST)的房间，也是独立式或排列式住宅组成的建筑群适当地点安装分区配线设备的房间。交接间的尺寸不应小于 1 m × 1.5 m。

② 当交接间内安装各种电信或网络设施时，应适当增加面积。

③ 交接间可几层楼合用 1 个，或几个独立式或排列式住宅合用 1 个，但必须符合交接间至每户信息插座的电缆长度或交接间至每户集线器(HUB)/交换机(Switch)之间的电缆长度不超过 90 m 的规定。

④ 墙挂式配线设备应加防尘罩。

4. 综合布线系统敷设方式

建筑物内综合布线的敷设方式应符合下列规定：

(1) 建筑物内综合布线应采用暗配线敷设方式。

(2) 暗配线管网和配线电缆或光缆应满足终期需要，当楼层和楼层间的配管应有维修余量时，每户应使用 1 根引入管。

(3) 暗配线管网和配线电缆、光缆或同轴电缆应设计到每一住户室内的信息插座、光缆插座或电缆电视插座上。

(4) 在改、扩建工程中，暗管敷设确有困难时，楼内配线电缆可利用明线槽、挂镜线、踢脚板等布放。

不管采用何种敷设方式，在进行建设时应该考虑暗配管网同步实施，以避免今后不必要的麻烦。

5. 城市住宅小区内综合布线管线设计

(1) 地下综合布线管道设计。

① 城市住宅小区地下综合布线管道规划应与城市通信管道和其他地下管线的规划相适应，必须与道路、给排水管、热力管、煤气管、电力电缆等市政设施同步建设。

② 城市住宅小区地下综合布线管道应与城市通信管道和各建筑物的同类引入管道或引上管相衔接。其位置应选在建筑物和用户引入线较多的一侧。

③ 综合布线管道的管孔数应按终期电缆或光缆条数及备用孔数确定。

④ 综合布线管道管材的选用，应符合下列要求：

综合布线管道单独建设时，宜采用双壁波纹管、复合发泡管、实壁管等塑料管进行组合，管子的孔径应符合相关规定。在下列情况下应采用钢管：(a) 管道附挂在桥梁上或跨越沟渠，有悬空跨度；(b) 需采用顶管施工方法穿越道路或铁路路基；(c) 埋深过浅或路面荷载重；(d) 地基特别松软或有可能遭强烈震动；(e) 有强电危险或干扰影响需要防护；(f) 建筑物的综合布线引入管道或引上管。

在腐蚀比较严重的地段采用钢管，须做好钢管的防腐处理。

⑤ 综合布线管道如与城市通信管道合建，一般采用混凝土管，宜以 6 孔(孔径 90 mm)管块为基数进行组合，或采用 62 mm 等小孔径管块；在地下水位较高等环境条件下，也可采用塑料管道。

综合布线管道单独建设时，宜采用双壁波纹管、复合发泡管、实壁管等塑料管进行组合，65 mm 孔径适用于穿放电缆，41 mm 孔径适用于穿放光缆或 4 对对绞电缆。

采用塑料管时，应符合通信行业标准《地下通信管道用塑料管》YD/T 841—1996 的要求。管材的结构尺寸，如表 4-14 所示。

表 4-14 管材的结构尺寸 (mm)

标准直径 外径/内径	外径允许偏差		最小内径	管长	应 用 范 围
	复合发泡管、 直壁管	双壁波纹管			
110/100	+0.4 0	+0.4 −0.7	97		穿放标准系列以外特大电缆
100/90	+0.3 0	+0.3 −0.6	88		馈线管道(主干管道)
75/65	+0.3 0	+0.3 −0.5	65	6000 ± 30	从馈线管道至交接箱、专用网
63/54	+0.3 0	+0.3 −0.4	54		配线管道
50/41	+0.3 0	+0.3 −0.3	41		光缆管道

注：复合发泡管和实壁管的允许偏差应为正值，以 +X 表示，其中 X 应不大于 0.3 mm 和 0.003 de(不足 0.1 mm 者进至 0.1 mm)中的较大值。复合发泡管和实壁管与双壁波纹管的最大外径和最小内径均相等。双壁波纹管的最大外径与最小内径之间的比例关系接近 1.009 : 1。

用于大孔径管内穿放的低密度聚乙烯光壁子管的结构尺寸如表 4-15 所示。

表 4-15 子管的结构尺寸

标准直径/mm 外径/内径	外径/mm	壁厚 /mm	Jb ih mw tca /mm	每卷长度 /m
32/28	32 + 0.3 0	2.4 + 0.5 0	26.2	≥500

注：大孔径管内穿放的子管不设接头，但必须保证每卷的长度。

⑥ 综合布线管道管孔的孔径，应符合下列规定：

(a) 城市住宅区综合布线管道管孔的孔径，混凝土管宜选用 90 mm、62 mm 等规格，塑料管宜选用 65 mm(适用于穿放电缆)、41 mm(适用于穿放光缆或 4 对对绞电缆)等规格。

(b) 管孔内径与电缆或光缆外径的关系不应小于下式的规定。

$$P = \frac{D}{d}$$

式中：D 为管孔的内径(mm)；d 为电缆或光缆的外径(mm)。

关于管孔内径与电缆或光缆外径的关系，我们采用 $D \geq 1.25d$ 的规定。没有采用 $D \geq 1.05d + 8.38$ 的规定，是因为主要考虑了综合布线电缆或光缆的容量均较小，拉环尺寸相对较小，采用别的方式布放也可少占空间，不需要预留 8.38 mm，因此可适当减少。

公式 $D \geq 1.25d$ 已在通信行业标准《城市住宅区和办公楼电话通信设施设计标准》YD/T2008-93 中使用，实践证明它是可行的。

⑦ 管道的埋深宜为 0.8～1.2 m。在有穿越人行道、车行道、电车轨道或铁道的情况下，最小埋深不得小于表 4-16 所示的规定。

表 4-16 管道的最小埋深

管种	管顶至路面或铁道路基面的最小净距/m			
	人行道	车行道	电车轨道	铁道
混凝土管、硬塑料管	0.5	0.7	1.0	1.3
钢管	0.2	0.4	0.7	0.8

⑧ 地下综合布线管道与其他各种管线及建筑物的最小净距应符合表 4-17 所示的规定。

表 4-17 综合布线管道与其他地下管线及建筑物间的最小净距

其他地下管线及建筑物名称		平行净距/m	交叉净距/m
给水管	300 mm 以下	0.5	0.15
	300～500 mm	1.0	
	500 mm 以上	1.5	
排水管		1.0	0.1
热力管		1.0	0.25
煤气管	压力≤300 kPa	1.0	0.3
	300 kPa < 压力≤800 kPa	2.0	

续表

	35 kV 以下	0.5	0.50
电力电缆	35 kV 及以上	2.0	
其他通信电缆、弱电电缆		0.75	0.25
绿化	乔木	1.5	—
	灌木	1.0	—
地上杆柱		0.5～1.0	—
马路边石		1.0	—
电车路力外侧		2.0	—
房屋建筑红线		1.5	—

注：主干排水管后敷设时，其施工沟边与综合布线管道间的水平净距不宜小于 1.5 m。综合布线管道在排水管下部穿越时，净距不宜小于 0.4 m，综合布线管道应作包封，包封长度自排水管两侧各加长 2 m。与煤气管交接处 2 m 范围内，煤气管不应有接合装置和附属设备，如不能避免时，综合布线管道应作包封 2 m。如电力电缆加保护管时，净距可减至 0.15 m。

⑨ 现行建设的建筑物应预埋引入管道，其管材宜采有 RC80 钢管，预埋长度应伸出外墙 2 m，预埋管应由建筑物向人孔方向倾斜，坡度不得小于 4%。埋深应符合相关规定。

RC80 钢管是指标称内径为 80 mm 的水煤气钢管，其实际外径为 88.5 mm，详见《建筑电气通用图集》90DQ1 图形符合与技术资料(华北地区建筑设计标准化办公室编制)。

⑩ 地下综合布线管道进入建筑物处应采取防水措施。人(手)孔位置的选择，应符合下列规定：

(a) 人(手)孔位置应选择在管道分歧点、引上电缆汇接点和建筑物引入点等处。在交叉路口、道路坡度圈套的转折处或主要建筑物附近宜设置人(手)孔。

(b) 两人(手)孔间的距离不宜超过 150 m。

(c) 人(手)孔位置应与其他地下管线的检查井相互错开，其他地下管线不得在人(手)孔内穿过。

(d) 交叉路口的人(手)孔位置宜选在人行道上或偏于道路的一侧。

(e) 人(手)孔位置不应设置在建筑物的门口，也不应设置在规划的屯放器材或其他货物的堆场，更不得设置在低洼积水地段。

(f) 管道空越电气化铁路或电车轨道时，在其两侧适当位置宜设置人(手)孔。

⑪ 人(手)孔的类型和规格，应符合通信行业标准的有关规定，按管道的终期容量、分歧状况和偏转角度等因素确定，并应符合下列规定：

(a) 终期管群容量小于 1 个标准 6 孔管块的管道、暗式渠道、距离较长或拐弯较多的引上管道等，宜采用人孔。

(b) 终期管群容量大于或等于 1 个修正标准 6 孔管块的管道，宜采用人孔。

(2) 综合布线电缆或光缆设计。

① 综合布线电缆或光缆布放在管孔中的位置，前后应保持一致。管孔的使用顺序宜先下后上，先两侧后中间。

② 1个管孔宜布放 1 条电缆或光缆。当采用 4 对对绞电缆时,1 个管孔不宜布放 5 条以上电缆,管孔截面利用率应为 25%~30%。

③ 地下管道内的综合布线电缆或光缆,应采用填充式电缆、光缆或干式阻水光缆,不得采用铠装电缆或光缆。

④ 在管孔内不得有电缆或光缆接头。

⑤ 城市住宅小区和住宅楼的配线设备应安装在设备间或交接间内,宜采用机柜式或墙挂式设备。

⑥ 综合布线电缆或光缆的容量,应根据终期用户数及适当的备用量确定。

⑦ 综合布线电缆进入建筑物时,应采用过压、过流保护措施,并应符合国家现行的有关标准。

⑧ 综合布线区域内存在电磁干扰场强时,宜按国家标准《建筑与建筑群综合布线系统工程设计规范》GB/T 50311—2007 的有关标准执行。

6. 建筑物内综合布线管线设计

(1) 综合布线暗配管设计。

① 暗配线管网(简称暗配管)应由电缆竖井、电缆暗管、电缆线槽、壁龛、用户引入线暗管、过线箱或盒和信息插座出线盒等组成。

② 暗配管的设置应符合下列规定:

(a) 按建筑物的形状和规模确定一处或多处进线。

(b) 暗配管应与综合布线系统和建筑物协调设计,合理布管和组网。

(c) 多层建筑物宜采用暗管敷设方式,高层建筑物宜采用电缆竖井、电缆桥架和暗管敷设相结合的方式。

(d) 每一住宅单元宜设置独立的暗配线管网。

(e) 1 根电缆管宜布放 1 条电缆,当有 4 对对绞电缆时,电缆管内可布放几根电缆,管子的截面利用率应符合规定。

(f) 壁龛至用户的暗管不得空越非本户的其他房间。

(g) 每户设 2~3 根引入暗管至壁龛,壁龛至户内安装信息插座、光缆插座或电缆电视插座的房间应单独布管。

③ 暗管管材和管径的选择应符合下列规定:

(a) 敷设电缆的暗管宜采用钢管或阻燃硬质聚氯乙烯管(硬质 PVC 管)。直线管的管径利用率应为 50%~60%,弯曲管的管径利用率应为 40%~50%。

(b) 敷设 4 对对绞电缆或用户电话引入线的暗管宜采用钢管或阻燃硬质聚氯乙烯管(硬质 PVC 管)。穿放 4 对对绞电缆或多对电话线的管子截面利用率应为 25%~30%,穿放绞合电话线的管子截面利用率应为 20%~25%。

(c) 住宅楼采用线槽敷设电缆或 4 对对绞电缆时,线槽的截面利用率不应超过 50%。

(d) 综合布线路由上存在局部干扰源,且不能满足最小净距要求时,应采用钢管。

④ 暗配线管网主要配线器材的选择应符合下列规定:

(a) 室内壁龛的要求应符合规定。

(b) 过线盒和信息插座出线盒的内部尺寸宜为 75 mm × 75 mm × 60 mm(50、40)(长 × 宽

×深)，出线盒内应采用嵌装式信息插座。

(c) 安装在楼层交接间或设备间的配线设备宜采用标准机架或壁挂的安装方式，暗配线管布置应与配线设备密切配合。

⑤ 电缆竖井宜单独设置，其位置应选在各楼层的交接间内，在每层孔洞附近的墙上应设电缆走线架或电缆桥架，每层楼板洞口应按消防规范封堵。

⑥ 设备间、交接间、室内壁龛、过线箱等，宜设置在建筑物的公共部位，便于安装和维修。其操作门的形式、色彩宜与周围环境协调。

⑦ 暗管的敷设应符合下列规定：

(a) 暗管直线敷设长度超过 30 m 时，电缆暗管中间应加装过线箱，4 对对绞电缆或用户电话引入线暗管中间应加装过线盒。

(b) 暗管必须弯曲敷设时，其路由长度应小于 15 m，且该段内不得有 S 弯，连续弯曲超过两次时，应加装过线箱或过线盒。

(c) 暗管的弯曲部位应尽量靠近管路端部，管路夹角不得小于 90°。

(d) 电缆暗管弯曲半径不得小于该管外径的 10 倍；4 对对绞电缆或用户电话引入线暗管弯曲半径不得小于该管外径的 6 倍，该规定系指非屏蔽电缆，如为屏蔽电缆，由于电缆加入屏蔽层后，外径加粗且变硬，施工时穿放电缆阻力加大，因此，宜适当加大暗管的弯曲半径，以利于施工。

(e) 在易受电磁干扰影响的场合，暗管应采用钢管并接地。

(f) 暗管必须空越沉降缝或伸缩缝时，应作伸缩或沉降处理。

⑧ 暗配管部件的安装高度宜符合下列要求：

(a) 室外内壁龛和过线箱的安装高度，宜为底边离地 500～1000 mm。

(b) 信息插座出线盒和过线盒的安装高度，宜为底边离地 300 mm。

⑨ 综合布线电缆、光缆及管线与其他管线的间距应符合表 4-18 所示的规定。

表 4-18　墙上敷设的综合布线电缆、光缆及官线与其他管线间距

其他管线	最小平行净距/mm	最小交叉净距/mm
避雷引下线	1000	300
保护地线	50	20
给水管	150	20
压缩空气管	150	20
热力管(不包封)	500	500
热力管(包封)	300	300
煤气管	300	20
220 V 电力线路	150	50

注：采用钢管时，与电力线路允许交叉接近，钢管应接地。

(2) 综合布线暗配线设计。

① 住宅建筑物内暗配线宜采用交接配线方式。

② 综合布线缆线和配线设备的选择，应符合下列规定：

(a) 当采用屏蔽的综合布线系统时，宜符合国家标准《建筑与建筑群综合布线系统工程设计规范》GB/T 50311—2007 的有关规定。

(b) 住宅用户的配线设备，宜选用 RJ45 或 IDC 插接式模块。

(c) 信息插座应采用 8 位模块式通用插座。

(d) 配线电缆应采用 4 对对绞电缆。

(e) 配线设备交叉连接的跳线应选用综合布线专用的插接软跳线，在电话应用时也可选用双芯跳线。

(f) 1 条 4 对对绞电缆应全部固定终接在 1 个信息插座上。

任 务 总 结

本节详细讲解了物联网工程综合布线系统中工作区子系统、水平子系统、垂直子系统、管理子系统、设备间子系统的设计，并介绍了进线间子系统、建筑群子系统的设计及相关案例。要求学习者能独立或合作完成物联网工程综合布线系统方案的设计与撰写，并能进行材料选型。

思 考 与 练 习

(1) 制作工作区信息点数统计表。

(2) 简述线槽与线管安装技术。

(3) 简述铜缆配线设备安装技术。

(4) 了解物联网工程综合布线图纸的种类。

项目五　网络工程预算

在做好用户需求分析和为用户量身订做网络工程相关的规划和设计之后,下一步工作就是做工程预算,做好预算也是为下面的工作打下良好的基础。本项目主要介绍网络工程预算的基础知识和做好工程预算的方法等。

任务一　网络工程预算简介

工程预算是任何工程中必有的一个环节,它是指在初步设计阶段、扩大初步设计阶段和施工图纸设计阶段确定工程项目费用,计算工程造价。作为网络工程的组织人员或设计人员应该掌握有关工程预算的知识。

内容一　施工图预算的作用

(1) 施工图预算(以下简称预算)是施工图设计文件的重要组成部分,编制预算时,应在批准的初步设计概算范围内进行编制;

(2) 预算是核工程成本、确定工程造价的主要依据;

(3) 预算是签订工程承、发包合同的依据;

(4) 预算是工程价款结算的主要依据;

(5) 预算是考核施工图设计技术经济性的主要依据之一。

内容二　预算的编制依据

预算的编制依据有:

(1) 批准的初步设计或扩大初步设计概算及相关文件;

(2) 施工图、通用图、标准图及说明;

(3) 通信建设工程预算定额及编制说明;

(4) 通信建设工程费用定额及有关文件;

(5) 建设项目所在地政府发布的土地征用和赔补费用等相关规定。

内容三　网络工程预算项目

网络工程的预算项目从大的方面分为直接费用、间接费用、计划利润和税金四个部分。

其中，直接费用包括设备材料购置费用、人工费用、辅助材料费用、仪器工具费用、赔补费用和其他直接费用等。间接费用包括管理费用和劳保费用等。按照国家计委、财政部、中国人民建设银行计施(1987)1806 号文件及计施(1988)474 号文件的规定，施工企业实行计划利润，不再计取法定利润和技术装备费。计划利润应为竞争性利润率，在编制设计任务书投资估算、初步设计概算、设计预算及招标工程标底时，可按规定的设计利润率计入工程造价。计算施工企业投标报价时，可依据本企业经营管理素质和市场供求情况，在规定的计划利润率范围内，自行确定其利润水平。按照国务院和财政部的有关规定，税金是在工程造价中列入的营业税、城市建设维护税及教育费附加。

另外，设备材料费用包括购买构成网络工程实体结构所需的材料、设备、软件等原料的费用和运输的费用；人工费用包括技工的费用和普工的费用；辅助材料费用是指购买不构成网络工程实体结构，但在设备安装、调试施工中又必须使用的材料的费用；仪器工具费用是指在网络工程中必须使用的一些较为昂贵的仪器工具的费用；赔补费用是指建设网络工程对建筑物或环境所造成损坏的补偿费用；其他直接费用是指网络工程预算定额和间接费用定额以外的按照国家规定构成工程成本的费用，如夜间施工增加费、高层施工增加费等。

内容四　网络工程预算标准

在网络工程建设方面，我国出台了许多建设标准。下面将分类列出部分标准：

(1) 无线通信工程建设标准，有《公用移动电话工程设计规范》YD2007—93、《微波站防雷与接地设计规范》YD2011—93、《数字微波(PDH 部分)接力通信工程设计规范》YD5004—94、《同步数字系列(SDH)微波接力通信系统工程设计暂行规定》YD5019、《国内卫星通信小型地球站 VAST 通信系统工程设计暂行规定》YD5028—96、《点对多点微波通信工程设计规范》YD5031—97、《集群通信工程设计暂行规定》YD5034—97、《国内卫星通信地球站工程设计规范》YD5050—97、《微波接力通信设备安装工程施工及验收技术规范》YD2012—94、《卫星通信地球站设备安装工程施工及验收技术规范》YD5017—96、《集群通信设备安装工程验收暂行规定》YD5035－97 和《点对多点微波设备安装工程验收规范》YD5038—97 等。

(2) 接入网、本地网工程建设标准，有《城市住宅区和办公楼电话通信设施设计标准》YIJ/T2008—93、《城市居住区建筑电话通信设计安装图集》YD5010—95、《用户接入网工程设计暂行规定》YD5023－96、《本地电话网通信管道与通道工程设计规范》YD5007—95、《本地电话网用户线线路工程设计规范》YD5006—95、《本地电话网局间中继同步数字系列光缆传输工程设计规范》YD5024—96、《通信管道工程施工及验收技术规范》YDJ39—90、《城市住宅区和办公楼电话通信设施验收规范》YD5048—97 和《本地网通信线路工程验收规范》YD5051—97 等。

(3) 长途有线传输工程建设标准，有《长途通信干线光缆数字传输系统线路工程设计暂行技术规定》YDJ 491、《光缆线路对地绝缘指标及测试方法》YD5012—95、《海底光缆数字传输系统工程设计规范》YD5018—96、《同步数字系列(SDH)长途光缆传输工程设计暂行规定》YD5021—96、《长途通信光缆塑料管道工程设计暂行技术规定》YD5025—

96、《长途通信传输机房铁架、槽道安装设计标准》YD5026—96、《光缆通信工程无人值守电源设备安装设计暂行规定》YD5046—97、《电信网光纤数字传输系统工程及验收暂行技术规定》YDJ44—89、《数字复用设备安装工程施工及验收技术规范(PDH)》YD5014—95、《长途通信光缆塑料管道工程验收暂行规定》YD5043—97 和《同步数字系列(SDH)光缆传输设备安装工程验收暂行规定》YD504497 等。

(4) 交换、数据、支撑工程建设标准,有《程控电话交换设备安装设计暂行技术规定》YDJ20—88、《长、市话交换局房设计参考平面图册》YD/T5001—94、《NO.7信令网工程设计暂行规定》YD5005—94、《数字同步网工程设计暂行规定》YD5020—96、《公用分组交换数据网工程设计规范》YD5022—96、《通信电源集中监控系统工程设计暂行规定》YD502—96、《数字数据网工程设计暂行规定》YD5029—97、《会议电视系统工程设计规范》YD5032—97、《智能网工程设计暂行规定》YD5036—97、《中国公用计算机互联网工程设计暂行规定》YD5037—97、《传真存储转发业务网工程设计暂行规定》YD5041—97、《市内电话程控交换设备安装工程施工及验收暂行技术规定》YN50—88、《电报、传真设备安装工程施工及验收技术规范》YD5011—95、《会议电视系统工程验收规范》YD5033—97 和《公用分组交换数据网工程验收规范》YD5045—97 等。

但是,目前国内还没有专门的网络工程预算标准,现在行业内大都采用通信工程建设预算标准,预算标准可采用中国信息产业部《通信建设工程定额》和当地各省市规定的定额标准。

内容五　预算的组成

预算由编制说明和预算表组成。预算编制说明应包括下列内容:

(1) 工程概况和预算总价值;
(2) 编制依据及对采用的取费标准和计算方法的说明;
(3) 工程技术经济指标分析;
(4) 其他需要说明的问题。

概算和预算表格应统一使用下列五种表格,共八张,即:

表一:《概算、预算总表》,供编制建设项目总费用或单项工程费用使用。

表二:《建筑安装工程费用概算、预算表》,供编制建筑安装工程费使用。

表三甲:《建筑安装工程量概算、预算表》,供编制建筑安装工程量使用。

表三乙:《建筑安装工程施工机械使用费概算、预算表》,供编制建筑安装工程机械台班费使用。

表四甲:《器材概算、预算表》,供编制设备、材料、仪表、工具、器具的概算、预算和施工图材料清单使用。

表四乙:《引进工程器材概算、预算表》,供引进工程专用。

表五甲:《工程建设其他费用概算、预算表》,供编制建设项目(或单项工程)的工程建设其他费使用。

表五乙:《引进工程其他费概算、预算表》,供引进工程专用。

任务二 网络工程预算表格

在做工程预算时，有一些通过信息产业部验收的软件，只要输入基本的信息就能很快地得到整个工程的总费用，但价格都比较昂贵，而且每年还有相应的升级费用。下面我们主要介绍工程预算的一些固定表格，这些表格将有利于我们计算各种费用。

内容一 主表

主表主要包括布线材料总费用、施工费(包括人工费用、机械费用、赔补费用)、网络设备费和集成费(含合理的利润)等。一个计算机系统预算有且仅有一个主表。主表中每一项数值都由不同的附加表合计而来。表5-1就是一个预算主表。

表5-1 预 算 主 表

建设项目名称	×××××××工程					
单项工程名称	××××工程	建设单位名称	××××公司		编号	
网络工程材料报价表　　单位：人民币元						
序号	材料名称	单位	数量	单价	合价	备注
1	非屏蔽超五类双绞线	箱			—	AVAYA
2	信息插座、面板	套			—	AMP
3	超五类配线架	个			—	AMP
4	五类配线架	个			—	AMP
5	1.9米机柜	台			—	电管
6	1.6米机柜	台			—	电管
7	0.5米机柜	台			—	电管
8	4芯室外光纤	米			—	
9	ST头	个			—	
10	ST耦合器	个			—	
11	光纤接张盒	个			—	4口
12	光纤接线盒	个			—	12口
13	光纤跳线 ST-SC(3M)	根			—	
14	光纤制作配件	套			—	可租用
15	钢丝绳	米			—	

续表

序号	材料名称	单位	数量	单价	合价	备注
16	挂钩	个			—	
17	托架	个			—	
18	U 型夹	个			—	
19	电线杆	根			—	
20	桥架	米			—	200×100
21	PVC 槽 80×50	米			—	
22	PVC 槽 40×30	米			—	
23	PVC 槽 25×12.5	米			—	
24	PVC 槽 12×0.6	米			—	
25	RJ45 头	个			—	
26	RJ11 头	个			—	
27	小件消耗品	视工程需要			—	双面胶带

网络布线施工费

序号	分项工程名称	单位	数量	单价	合价	备注
1	PVC 槽敷设	米			—	
2	双绞线敷设	米			—	
3	跳线制作	条			—	
4	配线架安装	个			—	
5	机柜安装	台			—	
6	信息插座安装	套			—	
7	竖进打洞	个			—	
8	光纤敷设	米			—	
9	光纤 ST 头制作	个			—	
10	小计					

网络布线工程费

序号						
1	设计费	(施工费 + 材料费)×5%				
2	督导费	(施工费 + 材料费)×3%				
3	测试费	(施工费 + 材料费)×5%				
4	小计					
设计负责人		审核人		编制日期		

内容二　附加表

　　附加表的内容主要是网络工程建设项目中各个细节的详细描述，附加表内的数据之间有一定的联系，这要在表中加以描述和体现，附加表的汇总值是主表的一个分项。表 5-2 和表 5-3 就是附加表的例子。

表 5-2　附加表 — 网络设备和软件报价单

序号	名称	型号	配置说明	数量	单位	单价	合价
1	服务器 1				台		0
2	服务器 2				台		0
3	服务器 3				台		0
4	工作站				台		0
5	硬盘 1				个		0
6	硬盘 2				个		0
7	UPS 电源				个		0
8	主交换机				台		0
9	辅交换机				台		0
10	其他交换机				台		0
11	RJ45-ST				台		0
12	网卡 1				块		0
13	网卡 2				块		0
14	路由器				台		0
15	磁带机				台		0
16	矩阵				台		0
17	光盘塔				台		0
18	中文 Microsoft NT				套		0
19	中文 Office				套		0
20	网管软件				套		0
21	数据库软件				套		0
22	MIS 软件				套		0
23	小计						0
24	网络系统集成费		本区小计×2%				0

表 5-3　附加表—建筑行业(新楼)材料费与工程费、直接费、规定收费

序号	定额编号	分项工程名单	单位	数量	单价	合价	人工费	合价	备注
						材料费与工程费			
1	2-I45	管槽内穿 8 芯线	米			—	0.80	—	
2	主材	超五类双绞线	米			—	—	—	
3	-126	配线架安装 24 口	个			—	80.00	—	
4	9-82	信息插座安装	个			—	6.00	—	
5	主材	信息面板	个			—	3.00	—	
6	主材	信息模块	个			—	3.00	—	
7		机柜安装大	台			—	150.00	—	
8		机柜安装中	台			—	100.00	—	
9		机柜安装小	台			—	50.00	—	
10	主材	RJ-45 头	个			—	0.20	—	
11		跳线制作	条			—	1.00	—	
12		工作间连线	条			—	1.00	—	
13		链路测试	条			—	8.00	—	
14	主材	打线工具	把			—	—	—	
15	主材	压线工具	把			—	—	—	
16	主材	转刀	把			—	—	—	
17	6-126	PVC 槽敷设 15×15	米			—	2.00	—	
18	6-126	PVC 槽敷设 50×50	米			—	3.00	—	
19	6-126	PVC 槽敷设 100×200	米			—	6.00	—	
20	主材	竖井钻洞	个			—	50.00	—	
21	主材	金属敷设	米			—	2.00	—	
22	主材	光缆敷设	米			—	2.00	—	
23	主材	19 寸光配线面板	个			—	200.00	—	
24	主材	19 寸光配线架	个			—	500.00	—	
25	主材	6 孔光配线面板	个			—	—	—	
26		ST 接头	个			—	80.00	—	
27		ST 耦合器	个			—	9.00	—	
28		光跳线	条			—	20.00	—	
29		ST-MIC 光跳线	条			—	20.00	—	
30		MIC-MIC 光跳线	条			—	20.00	—	
31		光收发器	台			—	40.00	—	
32		光纤接续消耗品	袋			—	—	—	

续表

序号	定额编号	分项工程名单	单位	数量	单价	合价	人工费	合价	备注
33		19寸冗线器	台			—	20.00	—	
34		小件消耗品	涨塞、螺钉、双面胶带、压线卡等						
小计						—		—	
直接费									
35	13-1	临时设施费	(人工费+其他直接费)×14.7%					—	
36	13-7	现场经费	(人工费+其他直接费)×18.8%					—	
各项规定取费									
37		直接费						—	
38		企业管理费	人工费×103%					—	
39		利润	人工费×46%					—	
40		税金	[(1) + (2) + (3)]×3.4%					—	
41		小计	(1) + (2) + (3) + (4)					—	
42		建筑行业劳保统筹基金	5×1%					—	
43		建材发展补充基金	5×2%					—	
44		工程造价	(5) + (6) + (7)					—	
45		设计费	工程造价×10%					—	
46		合　计	(8) + (9)					—	

任 务 总 结

本节讲解了网络工程的预算项目、标准及组成，以提供示例表格的方式介绍了网络工程预算中所需罗列的预算项目。

思 考 与 练 习

(1) 简述物联网工程预算的标准。

(2) 简述预算的组成。

(3) 简述预算的作用。

项目六　物联网工程布线施工

任务一　物联网工程布线施工技术

内容一　物联网工程布线施工技术概要

1. 物联网工程布线施工技术基本要求

(1) 综合布线系统工程安装施工，须按照《建筑与建筑群综合布线系统工程验收规范》GB/T50312—2007 中的有关规定进行，也可以根据工程设计要求办理。

(2) 在智能化小区的综合布线系统工程中，其建筑群主干布线子系统部分的施工与本地电话网路有关，因此，安装施工的基本要求应遵循我国通信行业标准《本地电话网用户线线路工程设计规范》YD5006—95 等标准中的规定。

(3) 综合布线系统工程中所用的缆线类型和性能指标、布线部件的规格以及质量等均应符合我国通信行业标准《大楼通信综合布线系统第 1-3 部分》YD/T 926、1—3—1997-1998 等规范或设计文件的规定，工程施工中，不得使用未经鉴定合格的器材和设备。

(4) 施工现场要有技术人员监督、指导。为了确保传输线路的工作质量，在施工现场要有参与该项工程方案设计的技术人员进行监督、指导。

(5) 标记一定要清晰、有序。清晰、有序的标记会给下一步设备的安装、调试工作带来便利，以确保后续工作的正常进行。

(6) 对于已敷设完毕的线路，必须进行测试检查。线路的畅通、无误是综合布线系统正常可靠运行的基础和保证，测试检查是线路敷设工作中不可缺少的一项工作。要测试线路的标记是否准确无误，检查线路的敷设是否与图线一致等。

(7) 须敷设一些备用线。备用线的敷设是必要的，其原因是在敷设线路的过程中，由于种种原因难免会使个别线路出问题，备用线的作用就在于它可及时、有效地代替这些出问题的线路。

(8) 高低压线须分开敷设。为保证信号、图像的正常传输和设备的安全，要完全避免电涌干扰，要做到高低压线路分管敷设，高压线需使用铁管；高低压线应避免平行走向，如果由于现场条件只能平行时，其间隔应保证按规范的相关规定执行。

2. 工程施工技术准备

网络工程经过调研，确定方案后，下一步就是工程的实施，工程实施前要求做到以下几点：

(1) 熟悉、会审图纸。图纸是工程的语言，施工的依据。开工前，施工人员首先应熟悉施工图纸，了解设计内容及设计意图，明确工程所采用的设备和材料，明确图纸所提出的施工要求，明确综合布线工程和主体工程以及其他安装工程的交叉配合，以便及早采取措施，确保在施工过程中不破坏建筑物的强度，不破坏建筑物的外观，不与其他工程发生位置冲突。

(2) 熟悉和工程有关的其他技术资料，如施工及验收规范、技术规程、质量检验评定标准以及制造厂提供的资料，即安装使用说明书、产品合格证、试验记录数据等。

(3) 编制施工方案。在全面熟悉施工图纸的基础上，依据图纸并根据施工现场情况、技术力量及技术装备，做出合理的施工方案。施工方案的内容主要包括施工组织和施工进度，施工方案要做到人员组织合理，施工安排有序，工程管理有方。同时要明确综合布线工程和主体工程以及其安装工程的交叉配合，以保证工程的整体质量。

在编制工程方案时，根据工程合同的要求，施工图、概预算、施工组织计划、企业的人力和资金等应保证条件，坚持统一计划的原则，认真做好综合平衡，切合实际，留有余地，遵循施工工序，注意施工的连续性和均衡性，并根据施工情况分阶段进行，合理安排交叉作业以提高工效。

(4) 编制工程预算。工程预算包括工程材料清单和施工预算。

3. 工程施工前检查

1) 环境检查

在对综合布线系统的缆线、工作区的信息插座、配线架及所有连接器件安装施工之前，首先要对土建工程，即建筑物的安装现场条件进行检查，在符合《建筑与建筑群综合布线系统设计规范》GB/T 50311—2007 和设计文件的相应要求后，方可进行安装。

综合布线系统设备的安装应考虑工作区、交接间、设备间及进线间的环境条件。除了要适应配线缆线和连接器件的安装要求外，如果与其他机房合建还应满足终端设备、计算机网络设备、电话交换机、传输设备及各种接入网设备等的安装要求。不应在温度高、灰尘多、存在有害气体、易爆等场所进行安装，还应避开有振动和强噪声、高低压变配电及强电干扰严重的场所。

综合布线系统对建筑、结构、采暖通风、供电、照明等工种及预埋管线等的配合均有要求，一般由建筑专业人员承担设计，弱电设计人员应该提出比较详细的布线系统安装环境要求，如室内的净高、地面荷载、缆线出入孔洞位置及大小、室内温湿度要求等。

当布线系统设备安装在旧房屋内时，一般可以根据具体情况，在保证综合布线质量的前提下，可适当降低对房屋改建的要求。

除此之外，房屋设计还应符合环保、消防、人防等规定。

(1) 对房屋的一般要求。

综合布线系统应配置不小于规范规定面积的交接间和设备间以安装配线设备，当考虑安装其他弱电系统设备时，建筑物还应为这些设备预留机房面积。

在工业与民用建筑安装工程中，综合布线施工与主体建筑有着密切的关系，如配管、配线及配线架或配线柜的安装等都应在土建实施工程中密切配合，做好预留孔洞的工作。这样既能加快施工进度又能提高施工质量，既安全可靠，又整齐美观。

对于钢筋混凝土建筑物的暗配管工程，应当在浇灌混凝土前(预制板可在铺设后)将一切管路、接线盒和配线架或配线柜的基础安装部分全部预埋好，其他工程则可以等混凝土干涸后再施工。表面敷设(明设)工程，也应在土建施工时装好，避免以后过多地凿洞破坏建筑物。对不损害建筑的明设工程，可在抹灰工作及表面装饰工作完成后再进行施工。

在安装工程开始以前应对交接间、设备间的建筑和环境进行检查，具备下列条件方可开工。

交接间、设备间、工作区土建工程已全部竣工。房屋地面平整、光洁，门的高度和宽度应不防碍设备和器材的搬运，门锁和钥匙齐全。预留地槽、暗管、孔洞的位置、数量、尺寸均应符合设计要求。设备间敷设的活动地板应符合国家标准《计算机机房用活动地板技术条件》GB6650—86，地板板块敷设严密坚固，每平方米水平允许偏差不应大于 2 mm。地板支柱牢固，活动地板防静电措施的接地应符合设计和产品说明要求。

交接间和设备间应提供可靠的施工电源和接地装置。交接间和设备间的面积、环境温湿度均应符合设计要求和相关规定。交接间安装有源设备(集线器等设备)，设备间安装计算机、交换机、维护管理系统设备及配线装置时，建筑物及环境条件应按上述系统设备安装工艺设计要求进行检查。交接间、设备间设备所需要的交直流供电系统，由综合布线设计单位提出要求，在供电单项工程中实施。安装工程除和建筑工程有着密切关系需要协调配合外，还和其他安装工程，如给排水工程、采暖通风工程等有着密切关系。施工前应做好图纸会审工作，避免发生安装位置的冲突。互相平行或交叉安装时，要保证安全距离的要求，不能满足时，应采取保护措施。

具体面对房屋还应有以下要求：

① 所有建筑物构件的材料选用及构件设计，应有足够的牢固性和耐久性，要求防止尘沙的侵入、存积和飞扬。

② 房屋的抗震设计烈度应符合当地的要求。

③ 房间的门应向走道开启，门的宽度不宜小于 1.5 m；窗应按防尘窗设计。

④ 屋顶应严格要求，防止漏雨及掉灰。

⑤ 设备间各专业机房之间的隔墙可以做成玻璃隔断，以便维护。

⑥ 房屋墙面应涂浅色、不易起灰的涂料或无光油漆。

⑦ 地面应满足防尘、绝缘、耐磨、防火、防静电、防酸等要求。

(2) 交接间与设备间安装配线设备时对房屋的要求。

① 注意房屋的最低高度和地面荷载与配线设备的形式有很大的关系。

② 地面与墙体的孔洞、地槽沟应和加固的构件结合，充分注意施工的方便。

(3) 电缆进线室要求。

电缆进线室位于地下室或半地下室时，应采取通风的措施，地面、墙面、顶面应有较好的防水和防潮性能。

(4) 环境要求。

① 温、湿度要求：温度为 10～30℃，湿度为 20%～80%。温、湿度的过高和过低，易造成缆线及器件的绝缘不良和材料的老化。

② 地下室的进线室应保持通风，排风量应按每小时不小于 5 次换气次数计算。

③ 给水管、排水管、雨水管等其他管线不宜穿越配线机房，应考虑设置手提式灭火器

和设置火灾自动报警器。

(5) 照明、供电和接地。

① 照明宜采用水平面一般照明，照度可为 75～100 Lx，进线室应采用具有防潮性能的安全灯，灯开关装于门外。

② 工作区、交接间和设备间的电源插座应为 220 V 单相带保护的电源插座，插座接地线从 380V/220V 三线五线制的 PE 线引出。部分电源插座，根据所连接的设备情况，应考虑采用 UPS 的供电方式。

③ 综合布线系统要求在交接间设有接地体，接地体的电阻值如果为单独接地则不应大于 4 Ω，如果是采用联合接地则不应大于 1 Ω，接地体主要提供给以下场合使用：

● 配线设备的走线架，过压与过流保护器及告警信号的接地。

● 进局缆线的金属外皮或屏蔽电缆的屏蔽层接地。

● 机柜(机架)屏蔽层接地。

2) 器材检验

(1) 型材、管材与铁件的检验。

① 各种钢材和铁件的材质、规格，应该符合设计文件的规定。表面所作防锈处理应光洁良好，无脱落和气泡的现象。不得有歪斜、扭曲、飞刺、断裂和破损等缺陷。

② 各种管材的管身和管口不得变形，接续配件应齐全有效。各种管材(如钢管、硬质PVC 管等)内壁应光滑、无节疤、无裂缝；材质、规格、型号及孔径壁厚应符合设计文件的规定和质量标准。

(2) 电缆、光缆的检验。

为了使工程中布放的电缆、光缆的质量得到有效的保证，在工程的招标投标阶段可以对厂家所提供的产品样品进行分类封存备案，待工程的实施中，厂家大批量供货时，可用所封存的样品进行对照，以检验产品的外观、标识和品质是否完好。对工程中所使用的缆线进行检验应按下列要求进行。

① 明确缆线的检验内容。

② 工程中所用的电缆、光缆的规格、程式和型号应符合设计的规定。

③ 成盘的电缆(一般以 305 m，1000 英尺配盘)、光缆的型号及长度等，应与出厂产品质量合格证一致。

④ 缆线的外护套应完整无损，芯线无断线和混线，并应有明显的色标。

(3) 线缆的种类及要求：

综合布线系统可使用的线缆类型有：光缆与铜缆；室外电缆与室内电缆；阻燃型和非阻燃型电缆。

对各种类型的电缆还有以下要求：

① 每一根在综合布线系统中使用的铜缆导线芯都是经过退火处理的。在铜绞线中，一些特殊的细绞线是双绞线或多股绞线在一起形成的单线。硬导线较易于连接，绞线则较为柔软。综合布线的电缆外套可采用 L·S·O·H 材料(低烟无卤素)，也就是说电缆在燃烧过程中，释放的烟雾低，并且毒卤素为零。在设计综合布线系统时，应尽量采用低烟、无毒、阻燃的线缆。

② 对铜缆和光缆都有防火的要求。美国国家电气规程(NEC)是国际上最为广泛采用的电气安全要求规范，该规程中规定最严重的两项灾害是电回路的起火和电缆上火的蔓延。

③ 用于通信的电缆必须经测试和满足防火机械和电子标准，并应经过独立测试实验室的测试(UL 实验室 Underwriters Laboratory)。

采用的通信电缆有同轴电缆与双绞线电缆两类。

同轴电缆的中心是导线，导线外面是绝缘层，绝缘层的外面是一层屏蔽金属，金属屏蔽层可以是密集形的，也可以是网状的，用于屏蔽电磁干扰和辐射。电缆的最外层又包了一层绝缘材料，称为 RG(Radio Guide)。常用基带同轴电缆有阻抗为 50 Ω 的 RG-11 粗缆和阻抗为 50 Ω 的 RG-58 细缆等规格；带宽同轴电缆有阻抗为 75 Ω 的 RG-59 CATV 电缆等规格。为了保持同轴电缆的正确电气特性，使用时电缆屏蔽层必须接地。同时两头要有终端器来削弱信号反射作用。

双绞线电缆由按一定密度的螺旋结构排列的两根绝缘铜线，外部包裹屏蔽层或塑橡外皮构成。双绞线又可分为以下几类：

- 非屏蔽 4 对对绞电缆(UTP)；
- 纵包铝铂的屏蔽 4 对对绞电缆(FTP)；
- 纵包铝铂加编织网的屏蔽 4 对对绞电缆(SFTP)；
- 线对屏蔽加护套屏蔽的屏蔽 4 对对绞电缆(STP)；
- 大对数(25 对、50 对和 100 对)的屏蔽或非屏蔽对绞电缆；
- 屏蔽双绞线(STP)。

综合布线系统中最常用的是第 3、5 类双绞线：

- Cat3(第 3 类)电缆传输特性为 16 MHz，传输速率为 10 Mb/s；
- Cat5(第 5 类)电缆传输特性为 100 MHz，传输速率为 155 Mb/s。

双绞线的特点是非常容易安装；支持高速数据的应用；使用保持独立，具有开放性。

(4) 线缆的质量检验。

① 外观检查。

- 查看线缆上的标识文字是否清晰完整，包括厂商名称、产品型号、规格、通过认证、长度、生产日期等信息。
- 查看线对色标是否清晰，线对中的白色线不应是纯白色，而是带有与之成对那条芯线颜色的花白，看白色标识是否连续，间隔距离不能太长。
- 用手感觉双绞线的软硬度是否适中。
- 用火烧的方法查看双绞线是否为环保产品。
- 线对绕线密度要适中均匀，方向是逆时针，并且各线对绕线密度应不一致。

② 与样品对比。

③ 抽测线缆的性能指标。

双绞线一般以 305 m(1000 ft)为单位包装成箱，也有按 1500 m 长来包装成箱的，而光缆则采用 2000 m 或更长的包装方式。

对于对绞电缆，应从到达施工现场的批量电缆中任意抽出 3 盘，并从每盘中截出 90 m，同时在电缆的两端连接上相应的接插件，以形成永久链路(5 类布线系统可以使用基本链路模式)的连接方式(使用现场电缆测试仪)，并使用 FLUKE 4xxx 系列认证测试仪进行链路的电气特性测试。从测试的结果进行分析和判断这批电缆及接插件的整体性能指标，也可以让厂家提供相应的产品出厂检测报告和质量技术报告，并与抽测的结果进行比较。对光缆首先对外包装进行检查，可发现是否有损伤或变形现象；也可按光纤链路的连接方式进行抽测。

内容二　物联网工程布线系统设备安装

1. 设备安装的范围、特点及要求

1) 设备安装范围

在设备间里，综合布线设备包括建筑物配线架、各种接线模块和布线接插件等。此外，在建筑物各个楼层的交接间内装设的楼层配线架等配线设备(包括二次交接设备)和所有通信引出端(包括单孔或多孔的信息插座)的设备，均属于综合布线设置范围之内。当综合布线系统涉及到建筑群主干布线子系统时，各个建筑物中设有的建筑物配线架和其中的建筑群配线架及其附属设备，应统一纳入综合布线系统的工程范围。

2) 设备的特点

综合布线系统常用的主要设备是配线架等接续设备，根据不同厂家的设备类型和品种的不同，其安装方法有一些区别。较为常用的类型基本分为双面配线架的落地安装方式和单面配线架的墙上安装方式两种，设备的结构有敞开的列架式和外设箱体外壳保护的柜式等。

目前，国内外所有配线接续设备的外形尺寸基本相同，其宽度均采用通用的 19 英寸(48.26 cm)标准机柜(架)，这有利于设备统一布置和安装施工。信息插座的外形结构和内部零件安装方式大同小异，基本为面板、接线模块和盒体几部分组装成整体。连接用的插座插头都为 RJ45 型配套使用，也有采用 IDC 卡接式的接线模块(IDC 为绝缘压穿连接方式)。

3) 设备安装的基本要求

(1) 机架、设备的排列布置、安装位置和设备面向都应满足设计要求，并应符合实际测定后的机房平面布置图中的需要。

(2) 综合布线系统工程中采用的机架和设备，其型号、品种、规格和数量均应按设计文件规定配置。

(3) 安装施工前，必须熟悉掌握国内外生产厂家提供的产品使用说明和安装施工资料，了解其设备特点和施工要点，以保证设备安装工程质量。

(4) 在机架、设备安装施工前，如发现外包装不完整或设备外观存在严重缺陷、主要零配件不符合要求，则应做出详细记录。只有在确实证明整机完好、主要零配件齐全等前提下，才能开始安装设备和机架。

2. 设备安装的具体要求

(1) 机架设备安装的具体要求。

① 机架、设备安装的位置应符合设计要求，其水平度和垂直度都必须符合生产厂家的规定，若厂家无规定，则要求机架和设备与地面垂直，其前后左右的垂直偏差度均不应大于 3 mm。

② 机架和设备上各种零件不应缺少或碰坏，设备内部不应留有线头等杂物，表面漆面如有损坏或脱落，应予以补漆，其颜色应与原来漆色协调一致。各种标志应统一、完整、清晰、醒目。

③ 机架和设备必须安装牢固可靠。在有抗震要求时，应根据设计规定或施工图中防震措施要求进行抗震加固。各种螺丝必须拧紧，无松动、缺少、损坏或锈蚀等缺陷，机架更不应有摇晃现象。

④ 为便于施工和维护人员操作，机架和设备前应预留 1500 mm 的空间，机架和设备背面距离墙面应大于 800 mm，以便人员施工、维护和通行。相邻机架设备应靠近，同列机架和设备的机面应排列平齐。

⑤ 建筑群配线架或建筑物配线架采用双面配线架的落地安装方式时，应符合以下规定要求：

(a) 如果缆线从配线架下面引上走线方式，则配线架的底座位置应与成端电缆的上线孔相对应，以利缆线平直引入架上。

(b) 各个直列上下两端垂直倾斜误差不应大于 3 mm，底座水平误差每平方米不应大于 2 mm。

(c) 跳线环等装置牢固，其位置横竖、上下、前后均应整齐、平直、一致。

(d) 接线端子应按电缆用途划分连接区域，以方便连接，且应设置各种标志，以示区别，这样有利于维护管理。

(2) 建筑群配线架或建筑物配线架采用单面配线架的墙上安装方式时，要求墙壁必须坚固牢靠，能承受机架重量，其机架(柜)底距地面宜为 300～800 mm，或视具体情况取定。其接线端子应按电缆用途划分连接区域，以方便连接，并设置标志，以示区别。

(3) 在新建的智能建筑中，综合布线系统应采用暗配线敷设方式，所使用的配线设备(包括所有配线接续设备)也应采取暗敷方式，埋装在墙壁内。为此，在建筑设计中应根据综合布线系统要求，在规定装设设备的位置处，预留墙洞，并先将设备箱体埋在墙内，内部连接硬件和面板在综合布线系统工程中安装施工，以免损坏连接硬件和面板。箱体的底部距离地面宜为 500～1000 mm。在已建的建筑物中因无暗敷管路，配线设备等接续设备宜采取明敷方式，以减少凿打墙洞的工作量和避免影响建筑物的结构强度。

(4) 机架、设备、金属钢管和槽道的接地装置应符合设计和施工及验收规范规定的要求，并应保持良好的电气连接。所有与地线连接处应使用接地垫圈，垫圈尖角应对着铁件刺破其涂层。只允许一次装好，不得将已装过的垫圈取下重复使用，以保证接地回路畅通。

(5) 连接硬件和信息插座安装的具体要求。

① 综合布线系统中所用的连接硬件(如接线模块等)和信息插座都是重要的零部件，其安装质量的优劣直接影响连接质量的好坏，也必然决定传输信息的质量。因此，在安装施工中必须规范操作。

② 接线模块等连接硬件的型号、规格和数量，都必须与设备配套使用。根据用户需要配置，做到连接硬件正确安装，缆线连接区域划界分明，标志应完整、正确、齐全、清晰和醒目，以利维护管理。

③ 接线模块等连接硬件要求安装牢固稳定，无松动现象，设备表面的面板应保持在一个水平面上，做到美观整齐。

④ 缆线与接线模块相接时，根据工艺要求，按标准剥除缆线的外护套长度。如为屏蔽电缆，应将屏蔽层 360°连接妥当，不应中断。利用接线工具将线对与接线模块卡接，同时，切除多余导线线头，并清理干净，以免发生线路障碍而影响通信质量。

⑤ 综合布线系统的信息插座都采用 8 位模块式通用插座，以形式区分，可分为单插座、双插座和多用户信息插座等。它们的安装位置应符合工程设计的要求，既有安装在墙上的(其位置一般距地面 300 mm 左右)；也有埋于地板下的，安装施工方法应区别对待。

(a) 安装在地面上或活动地板上的地面信息插座，由接线盒体和插座面板两部分组成。插座面板有直立式(面板与地面成 45°，可以倒下成平面)和水平式等几种。缆线连接固定在接线盒体内的装置上，接线盒体均埋在地面下，其盒盖面与地面平齐，可以开启，要求必须有严密防水、防尘和抗压功能。在不使用时，插座面板与地面齐平，不得影响人们日常行动。

地面信息插座的各种安装方法示意图如图 6-1 所示。

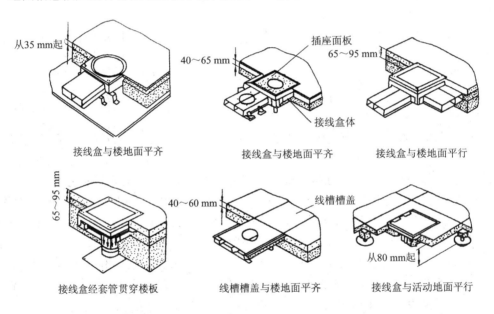

图 6-1　地面信息插座的各种安装方法示意

(b) 安装在墙上的信息插座，其位置宜高出地面 300 mm 左右。如房间地面采用活动地板，则信息插座应离活动地板地面 300 mm。安装在墙上的信息插座的示意图如图 6-2 所示。

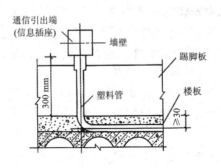

图 6-2　安装在墙上的信息插座示意

(c) 信息插座的具体数量和装设位置以及规格型号应根据设计中的规定来配备和确定。

(d) 信息插座底座的固定方法应以现场施工的具体条件来定，可用扩张螺钉、射钉或一般螺钉等方法安装，安装必须牢固可靠，不应有松动现象。

(e) 信息插座应有明显的标志，可以采用颜色、图形和文字符号来表示所接终端设备的类型，以便使用时区别，不混淆。

(f) 在新建的智能建筑中，信息插座宜与暗敷管路系统配合，信息插座盒体采用暗装方式，在墙壁上预留洞孔，将盒体埋设在墙内，综合布线施工时，只需加装接线模块和插座面板。在已建成的智能化建筑中，信息插座的安装方式可根据具体环境采取明装或暗装方式。

3. 管路、线槽、桥架施工

(1) 建筑群园区管线施工检查。

作为建筑群和园区缆线的布放宜采用多孔塑料管或钢管敷设。地下通信配线管道的规划应与城市其他管线的规划相适应，并做到同步建设。

管道铺设所用管材的材质、规格、程式和断面的组合必须符合设计的规定，而且所有的金属管线全程必须保持良好的导通性能，两端应就近接地。

① 水泥管块铺设。

(a) 水泥管块的顺向连接间隙不大小 5 mm，上下两层管块间及管块与基础间的距离应为 15 mm。

(b) 管群的两层管及两行管的接续缝应错开。水泥管块的接缝无论行间、层间均宜错开二分之一的管长。

(c) 水泥管块的接续采用抹浆的方法，水泥浆与管身粘结应牢固、质地坚实、表面光滑、不空鼓、无飞刺、无欠茬、不断裂。

② 铸铁管与塑料管的铺设。

(a) 钢管铺设的断面组合应符合设计规定。

(b) 钢管接续宜采用管箍法，管口应光滑无梭，两根钢管应分别旋入管箍长度的三分之一以上。

(c) 塑料管的接续宜采用承接法或双承接法。

③ 管道引入人(手)孔要求。

(a) 管顶距人(手)孔、通道上覆、沟盖底面应不小于 300 mm，管孔距人(手)孔和通道基础面应不小于 400 mm。

(b) 各种引上管进入人(手)孔、通道宜在上覆、沟盖下 200～400 mm 范围以内。管口应终止在墙体内 30～50 mm 处，并应封堵严密、抹出喇叭口。

④ 地下通信用蜂窝式 PVC 等多孔直埋管铺设。

(a) 产品特点。

地下通信用蜂窝式 PVC 直埋管是一种新型光缆护套管，具有施工便捷、提高功效、节约成本、降低工程造价以及稳妥可靠等优点，广泛应用于广电、邮电等光纤通讯、有线电视、多媒体传输基础工程，是一种新型实用的光电通讯设施上的配套产品。其主要特点有：

● 产品采用聚氯乙烯为主要原料，适量填加多种助剂，具有良好的抗老化、耐腐蚀、阻燃和绝缘性能。

● 产品采用人字梁结构，设计合理，使管道的环刚度提高，抗压性能增强。

● 产品采用多孔一体结构，可以直接穿缆；各子管排列紧凑合理，提高了管孔的利用率。

● 产品内壁光滑度好，管孔内壁摩擦阻力小，穿缆便捷。

● 不需外护套，直埋入地，从而减少了耗材，缩短了投资周期。

● 具有良好的抗酸碱、耐老化、耐冲击和密封防水性能。

● 适用于敷设光缆、综合布线电缆、同轴电缆等缆线，敷放的兼容性好。

(b) 沟槽。

蜂窝式直埋管材开槽施工工艺应根据现场环境进行，槽深、地下水位高低、地质情况、施工设备、季节影响等因素应综合考虑。开挖沟槽尺寸应符合工程设计要求。

(c) 铺设安装。

铺管前验收管材的规格、型号和接头等材料的规格、数量，检验管材是否有堵塞，并对外观质量进行检查，不符合标准的不得使用。

蜂窝式直埋管或接头在粘合前应用棉纱或干布将承口内侧、插口外侧和管孔擦拭干净，使被粘结面保持清洁，无尘沙与水迹，当表面沾有油污时，须用棉纱蘸丙酮等清洁剂擦净。

用油刷胶粘剂冷刷被粘接插口外侧及粘接承口内侧时，应轴向涂动、动作迅速、涂抹均匀且涂刷的胶粘剂适量，不得漏涂或涂抹过厚。冬季施工时尤须注意，应先涂承口，后涂插口。

(d) 沟槽复土。

沟槽复土应在管道隐蔽工程验收合格后进行，复土应及时，防止管道暴露时造成损失。回填土时，不得回填入淤泥、砖头及其含有其他杂硬物体的泥土。管顶 150 mm 内，必须人工回填，严禁机械回填。若采用推土机或碾压机器碾压或受汽车垂直负载，管顶以上的复土厚度不应小于 700 mm。回填土质量，必须达到设计规定的密实度要求。

(e) 穿缆。

放缆时为避免发生缠绕，应采用放缆机放缆。牵引钢缆与蜂窝式直埋管的连接可使用较粗的铁丝 3～7 根纵向穿过轴心，与(电)缆相连。

⑤ 其他。

通信管道的包封规格、段落、混凝土标号，管道的防水、防蚀、防强电干扰等防护措施，管道的埋深以及管道与其他各种管线平行或交越的最小净距均应符合设计的要求。

(2) 建筑物管线检查。

建筑物内的管线包括水平通道与主干通道两类，交接间与工作区信息插座之间的缆线通道为水平通道，交接间与交接间、设备间、进线间及交接间与交接间之间的缆线通道为主干通道，主干通道为垂直通道，在建筑物中预留在交接间内的竖井即为垂直通道。楼内管线的铺设可以为隐蔽工程和非隐蔽工程。

对于综合布线系统管线工程的检查主要应注意以下几个问题：

① 管线采用的材质；

② 管线的敷设方式；

③ 管线的弯曲半径；

④ 管线的利用率。

(3) 敷设管路。

预埋暗管和线槽的检查属于隐蔽工程，一般应在土建施工中或验收时一并检查，并做好隐蔽工程的签证工作。

① 暗管的铺设。

暗管可采用钢管或硬质塑料管预埋在建筑物中，综合布线系统宜采用钢管。一般预埋在楼板中的暗管外径不宜超过 25 mm，预埋在墙体中的暗管外径不宜超过 50 mm，预埋在建筑物中的暗管不宜超过 100 mm(指室外管道进入建筑物内时)。

在同一路径中，两个检查箱之间暗管的弯角不得多于 2 个，有弯头的管段长度不宜超过 20 m，一般暗管的转弯角度宜大于 90°。

直线布暗管超过 30 m，弯管超过 20m 或有 2 个弯角的暗管，在大于 15 m 处应设置过线盒，这样有利于方便地布放缆线。

暗管管口伸出建筑物的部位应在 25～50 mm 之间。

暗管中布放的缆线为多层屏蔽电缆、扁平缆线、大对数主干电缆或光缆时，直线管道的利用率应为 50%～60%，弯曲管道应为 40%～50%；布放 4 对对绞水平电缆或 4 芯光缆时，管道的截面利用率应为 25%～30%。

暗管的利用率可采用管径利用率和截面利用率的计算公式加以计算，然后就可以用来确定暗管中布放缆线的根数。

暗管管径利用率的计算公式为

$$管径利用率 = \frac{d}{D}$$

式中，d 为缆线的外径；D 为管道的内径。

暗管截面利用率的计算公式为

$$截面利用率 = \frac{A_1}{A}$$

式中，A 为管的内截面积；A_1 为穿在管内缆线的总截面积。

一般在暗管中布放多层屏蔽的电缆或扁平缆线，主干电缆的对数为 25 对、50 对、100 对，光缆为 12 芯以上时，宜采用管径利用率的计算公式进行计算，选用合适管径的暗管。

在暗管中布放 4 对对绞电缆及 4 芯以下光缆时，为了防止线对的扭绞状态在施工的过程中受到挤压而产生性能的改变，宜采用管截面利用率的计算公式进行计算，选用合适的暗管。

暗敷管路是水平子系统中经常使用的支撑保护方式之一。暗敷管路常见的有钢管和硬质的 PVC 管。常见钢管的内径为 15.8 mm、27 mm、41 mm、43 mm、68 mm 等。

暗管允许布线缆线数量如表 6-1 所示；管道截面利用率及布放电缆根数如表 6-2 所示。

表 6-1　暗管允许布线缆线数量

暗管规格	缆线数量/根									
	每根缆线外径/mm									
内径/mm	3.3	4.6	5.6	6.1	7.4	7.9	9.4	13.5	15.8	17.8
15.8	1	1	—	—	—	—	—	—	—	—
20.9	6	5	4	3	2	2	1	—	—	—
26.6	8	8	7	6	3	3	2	1	—	—
35.1	16	14	12	10	6	4	3	1	1	1
40.9	20	18	16	15	7	6	4	2	1	1
52.5	30	26	22	20	14	12	7	4	3	2
62.7	45	40	36	30	17	14	12	6	3	3
77.9	70	60	50	40	20	20	17	7	6	6
90.1	—	—	—	—	—	22	12	7	6	
102.3	—	—	—	—	—	30	14	12	7	

表 6-2　管道截面利用率及布放电缆根数

管道		管道面积		
		推荐的最大占用面积		
内径 D /mm	内径截面积 A/mm^2	1	2	3
		布放 1 根电缆截面利用率为 53%	布放 2 根电缆截面利用率为 31%	布放 3 根(或 3 根以上)电缆截面利用率为 40%
20.9	345	183	107	138
26.6	559	296	173	224
35.1	973	516	302	389
40.9	1322	701	410	529
52.5	2177	1154	675	871
62.7	3106	1646	963	1242
77.9	4794	2541	1486	1918
90.1	6413	3399	1988	2565
102.3	8268	4382	2563	3307
128.2	12984	6882	4025	5194
154.1	18760	9943	5816	7504

② 明敷管路。

预埋线槽的铺设包括线槽、过线盒、电源和信息插座盒的铺设，主要应用于大面积的办公楼、展览馆、试验楼、工厂等场所。管线可预埋在现浇的混凝土地面，亦可用于预制板加垫层的工程，均属于隐蔽工程签证的验收范围。

在综合布线系统中，明敷管路常见的有钢管、PVC 线槽、PVC 管等。钢管具有机械强度高、密封性能好、抗弯、抗压和抗拉能力强等特点，尤其是屏蔽电磁干扰的作用强；而 PVC 线槽和 PVC 管具有材质较轻、安装方便、抗腐蚀、价格低等特点，因此在一些造价较低、要求不高的综合布线场合需要使用 PVC 线槽和 PVC 管。

在潮湿场所中，明敷的钢管应采用管壁厚度大于 2.5 mm 以上的厚壁钢管；在干燥场所中，明敷的钢管，可采用管壁厚度为 1.6～2.5 mm 的薄壁钢管。使用镀锌钢管时，必须检查管身的镀锌层是否完整，如有镀锌层剥落或有锈蚀的地方，应刷防锈漆或采用其他防锈措施。

PVC 线槽和 PVC 管有多种规格，具体要根据敷设的线缆容量来选定规格，常见的有 25 mm×25 mm、25 mm×50 mm、50 mm×50 mm、100 mm×100 mm 等规格的 PVC 线槽，10 mm、15 mm、20 mm、100 mm 等规格的 PVC 管。PVC 线槽除了直通的线槽外，还要考虑选用足够数量的弯角、三通等辅材，PVC 线槽及相关辅材如图 6-3 所示；PVC 管则要考虑选用足够的管卡，以固定 PVC 管，PVC 管安装使用的管卡如图 6-4 所示。

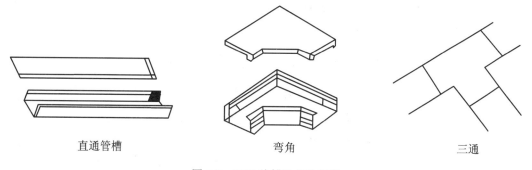

直通管槽　　　　　　　　　　弯角　　　　　　　　　　三通

图 6-3　PVC 线槽及相关辅材

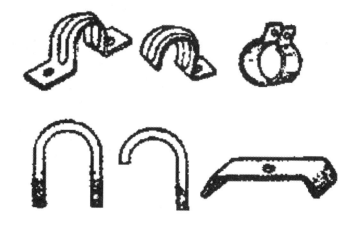

图 6-4　PVC 管安装使用的管卡

在建筑物中预埋线槽的截面高度不宜超过 25 mm，如果在线槽的路由中包括了过线盒和出线盒，则总的截面高度宜在 70～200 mm 的范围之内。

预埋过线盒、出线盒应与地面齐平，盒盖处应能开启，并具有防水和抗压的性能。

预埋线槽在布放缆线时的截面利用率不宜超过 50%。

③ 安装桥架。

桥架分为梯架、托架和线槽三种形式。梯架为敞开式走线架，两侧设有挡板，以防缆线的溢出；托架为线槽的一种形式，其底部和两边的侧板留有相应的小孔洞，主要应用在楼外架设缆线时，起到排除雨水的作用；线槽为封闭型的，槽盖可以开启。

桥架的设置应高于地面 2.2 m 以上，为了方便施工，桥架顶部距建筑物楼板不宜小于300 mm，与建筑物大梁及其他障碍物间的距离不宜小于 50 mm。

桥架水平敷设的支撑间距一般为 1.5～3 m，垂直敷设时与建筑物的固定间距宜小于2 m，距地面 1.8 m 以下部分应加金属盖板保护。

金属线槽明敷在下列情况应设置支架或吊架：

(a) 线槽与线槽的连接处；

(b) 每间距 3 m 处；

(c) 离开线槽两端出口 0.5 m 处；

(d) 转弯处。

塑料线槽底槽的固定点间距一般宜为 1 m。

常见的桥架连接管道如图 6-5 所示。

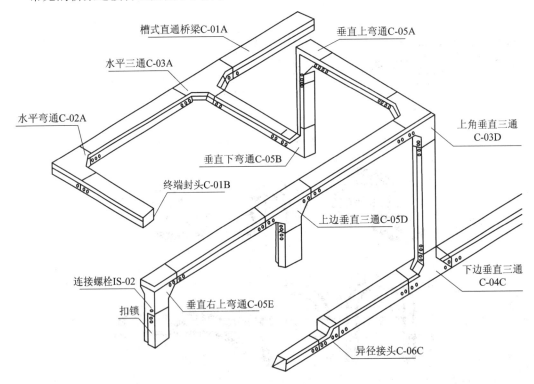

图 6-5　常见的桥架连接管道

金属立柱的铺设：

金属立柱起到支撑建筑物内的吊顶和布放缆线的作用。金属立柱可以在地面上或办公家居的隔断上作支撑和布线，立柱支撑点在地面时，应避开地面沟槽的位置。

活动地板和网络地板的铺设：

(a) 活动地板的铺设。活动地板的净高应为 150～300 mm，如果考虑空调采用下送风上回风的方式，则地板内的净高应为 500 mm。在地板内也可铺设线槽。

(b) 网络地板的铺设。网络地板是一种可灵活搭配和组合的线槽，但地板板块间所构成的槽位宽度不宜大于 200 mm，且槽的顶部应用钢板盖上。

4. 机架与机柜的安装

(1) 一般要求机架与机柜的安装垂直偏差度应不大于 3 mm，组成的各种零件应齐全，如有损伤脱漆部位应予补上。

(2) 箱体根据尺寸的大小可以采用螺栓固定在地面或墙上。

(3) 抗震要求。机柜(架)直接安装在地面上，螺丝应紧固，但不能直接固定在活动地板的板块上。

机柜(架)在形成列架时，顶部安装应采取由上架、立柱、连固铁、列间撑铁、旁侧撑铁和斜撑组成的加固连接网。构件之间应按有关规定连接牢固，使之成为一个整体。对于 8 度以及 8 度以上的抗震设防，必须用抗震夹板或螺栓加固。

机柜(架)的底部应为地面加固。对于 8 度以及 8 度以上的抗震设防，加固所用的膨胀栓、螺栓等加固件应加固在垫层下的混凝土楼板上。

如果采用活动地板，则在活动地板内可以预制抗震底座的方式与机柜(架)进行加固。

5. 模块安装

(1) 模块化配线架安装检查。

① 所有模块(包括 IDC 及 RJ45 模块，光纤模块)支架、底板、理线架等部件应紧固在机柜或机箱内，当直接安装在墙体时，应固定在胶合板上，并应符合设计的要求。

② 各种模块的彩色标签的内容建议如下：

绿色：外部网络的接口侧，如公用网电话线，中继线等。

紫色：内部网络主设备侧。

白色：建筑物主干电缆或建筑群主干电缆侧。

蓝色：水平电缆侧。

灰色：交接间至二级交接间之间的连接主干光缆侧。

橙色：多路复用器侧。

黄色：交换机其他各种引出线。

③ 所有模块应有四个孔位的固定点。

④ 连接外线电缆的 IDC 模块必须具有加装过压过流保护器的功能。

(2) 信息插座盒安装检查。

信息插座盒体包括单口或双口信息插座盒和多用户信息插座盒(12 口)等，具体的安装位置、高度应符合设计要求。

盒体可以采用膨胀螺栓进行固定。

安装在地面插座盒的面板应可开启，并具有防尘、防水和抗压的功能。

连接计算机的信息模块根据传输性能的要求，可以分为 5 类、超 5 类、6 类信息模块。各厂家生产的信息模块的结构有一定的差异性，但功能及端接方法是类似的。超 5 类类信息模块如图 6-6 所示；超 5 类屏蔽信息模块如图 6-7 所示；6 类信息模块如图 6-8 所示。

图 6-6 　超 5 类信息模块

图 6-7 　超 5 类屏蔽信息模块

图 6-8 　6 类信息模块

任务二　铜缆与光缆的施工

内容一　铜缆传输系统施工

综合布线系统分建筑群主干布线子系统、建筑物主干布线子系统和水平布线子系统三部分。

第一部分为屋外部分，其安装施工现场和施工环境条件与本地线路网通信线路有相似之处，所以电缆管道、直埋电缆和架空电缆等施工，可以互相参照使用。

下面重点介绍的第二部分和第三部分均为屋内部分，即建筑物主干布线子系统和水平布线子系统，包括电缆敷设和终端等内容。

1. 建筑物主干布线子系统的电缆施工

建筑物主干布线子系统的缆线较多，且路由集中，是综合布线系统的骨干线路。

(1) 对于主干路由中采用的缆线规格、型号、数量以及安装位置，必须在施工现场对照设计文件进行重点复核，如有疑问，要及早与设计单位协商解决。对已到货的缆线也需清点和复查，并对缆线进行标志，以便敷设时对号入坐。

(2) 建筑物主干缆线一般采用由建筑物的高层向低层下垂敷设，即利用缆线本身的自重向下垂放的施工方式。该方式简便、易行，可减少劳动工时和体力消耗，还可加快施工进度。为了保证缆线外护层不受损伤，在敷设时，除装设滑车轮和保护装置外，要求牵引缆线的拉力不宜过大，应小于缆线允许张力的 80%。在牵引缆线过程中，要防止拖、蹭、刮、磨等损伤，并根据实际情况均匀设置支撑缆线的支点。缆线布放完毕后，在各个楼层以及相隔一定间距的位置设置加固点，将主干缆线绑扎牢固，以便连接。

(3) 主干缆线如在槽道中敷设，应平齐顺直、排列有序，尽量不重叠或交叉。缆线在槽道内每间隔 1.5 m 应固定绑扎在支架上，以保持整齐美观。在遭道内的缆线不得超出槽道，以免影响槽道加盖。

(4) 主干缆线与其他管线尽量远离，在不得已时，也必须有一定间距，以保证今后通信网络安全运行。

对绞线对称电缆与电力线路最小净距如表 6-2 所示，与其他管线的最小净距如表 6-3 所示。

表 6-2 对绞线对称电缆与电力线路最小净距(mm)

项　　目	电力线路的具体范围(< 380 V)		
	< 2 kVA	< 2 kVA～5 kVA	> 5 kVA
对绞线对称电缆与电力线路平行敷设	130	300	600
有一方在接地槽道或钢管中敷设	70	150	300
双方均在接地槽道或钢管中敷设	10	80	150

注：平行长度小于 10 m 时，最小间距为 10 mm；对绞线对称电缆为屏蔽结构时，最小净距可适当减小，但应符合设计要求。

表 6-3 对绞线对称电缆与其他管线的最小净距

序号	管线种类	平行净距/mm	垂直交叉净距/mm	序号	管线种类	平行净距/mm	垂直交叉净距/mm
1	避雷引下线	1000	300	5	给水管	150	20
2	保护地线	50	20	6	煤气管	300	20
3	热力管	500	500	7	压缩空气管	150	20
4	热力管(包封)	300	300				

2. 水平布线子系统的电缆施工

水平布线子系统的缆线是综合布线系统中的分支部分，具有面广、量大、具体情况较多和环境复杂等特点，遍及智能化建筑中的所有角落。其缆线敷设方式有预埋、明敷管路和槽道等几种，安装方法又有在天花板(或吊顶)内、地板下和墙壁中以及它们三种混合组合方式。在缆线敷设中应按此三种方式各自的不同要求进行施工。

(1) 缆线在天花板或吊顶内一般装设槽道。在施工时，应结合现场条件确定敷设路由，并应检查槽道安装位置是否正确和牢固可靠。在槽道中敷设缆线应采用人工牵引，单根大对数的电缆可直接牵引不需拉绳。敷设多根小对数(如 4 对对绞线对称电缆)缆线时，应组成缆束，采用拉绳牵引敷设。牵引速度要慢，不宜猛拉紧拽，以防止缆线外护套发生被磨、刮、蹭、拖等损伤。必要时在缆线路由中间和出入口处设置保护措施或支撑装置，也可由专人负责照料或帮助。

(2) 缆线在地板下布线的方法较多，保护支撑装置也有不同，应根据其特点和要求进行施工。除敷设在管路或线槽内，路由已固定的情况外，选择路由应短捷平直、位置稳定和便于维护检修。缆线路由和位置应尽量远离电力、热力、给水和输气等管线(具体间距见表 6-2 和表 6-3)。牵引方法与在天花板内敷设的情况基本相同。

(3) 缆线在墙壁内敷设均为短距离段落，当新建的智能化建筑中有预埋管槽时，这种敷设方法比较隐蔽美观、安全稳定。一般采用拉线牵引缆线的施工方法。当已建成的建筑物中没有暗敷管槽时，只能采用明敷线槽或将缆线直接敷设，在施工中应尽量把缆线固定在隐蔽的装饰线下或不易被碰触的地方，以保证缆线安全。

3. 布放电缆注意事项

(1) 布放电缆应有冗余。在交接间、设备间的电缆预留长度一般为 0.5～1.0 m，工作区为 10～30 mm。有特殊要求的应按设计要求预留长度(参见 GB/T50312—2000)。

(2) 电缆转弯时弯曲半径应符合下列规定：

① 非屏蔽 4 对双绞线缆的弯曲半径应至少为电缆外径的 4 倍，在施工过程中应至少为 8 倍。

② 屏蔽双绞线电缆的弯曲半径应至少为电缆外径的 6～10 倍。

③ 主干双绞线电缆的弯曲半径应至少为电缆外径的 10 倍。

④ 水平双绞线电缆一般有非屏蔽和屏蔽两种方式。采用屏蔽电缆时，屏蔽方式不同，电缆的结构也不一样。所以，在屏蔽电缆敷设时，弯曲半径应根据屏蔽方式在 6～10 倍的电缆外径中选用。

布放电缆在牵引过程中电缆的支点相隔间距不应大于 1.5 m。

拉线缆的速度从理论上讲，线的直径越小，拉的速度越快。但是，有经验的安装者会采取慢速而又平稳的拉线，而不是快速的拉线。原因是快速拉线会造成缆线的缠绕或被绊住。拉力过大，线缆变形，会引起线缆传输性能下降。线缆最大允许拉力为

1 根 4 对双绞线电缆，拉力为 100 N(10 kg)；

2 根 4 对双绞线电缆，拉力为 150 N(15 kg)；

3 根 4 对双绞线电缆，拉力为 200 N(20 kg)；

n 根 4 对双绞线电缆，拉力为 $n \times 50 + 50(n)$。

25 对 5 类 UTP 电缆，最大拉力不能超过 40 kg，速度不宜超过 15 m/min。

为了端接电缆线对，施工人员要剥去一段电缆的护套。对于在 110P 接线架上的高密度端接来说，为了易于弯曲和组装，也要剥去线缆的外皮。剥除电缆护套均不得刮伤绝缘层，应使用专用工具剥除。

不要单独地拉伸和弯曲电缆线对，而应对剥去外皮的电缆线对一起紧紧地拉伸和弯曲。

去掉电缆的外皮长度够端接用即可。对于终接在连接件上的线对应尽量保持扭绞状态,对于非扭绞长度,5 类线必须小于 13 mm,如图 6-9 所示。

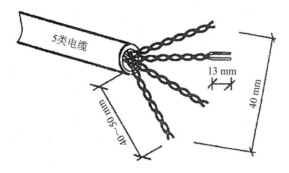

图 6-9 5 类双绞电缆开绞长度

4. 电缆连接

这里的缆线终端和连接是指建筑物主干布线和水平布线两部分的铜芯导线和电缆(不包括光缆部分)。由于缆线终端和连接量大而集中,精密程度和技术要求较高,因此,在配线接续设备和通信引出端的安装施工中必须小心从事。

(1) 配线接续设备的安装施工。

① 要求缆线在设备内的路径合理。布置整齐、缆线的曲率半径应符合规定、捆扎牢固、松紧适宜,不会使缆线因产生应力而损坏护套。

② 线缆处理。

线缆处理包括剥 PVC 线缆、剥单根导线和剥实芯线缆,如图 6-10 所示。

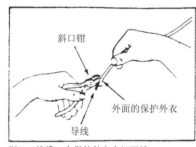

剥PVC线缆—在保护外衣上切开缝

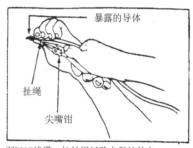

剥PVC线缆—拉扯绳以除去保护外衣

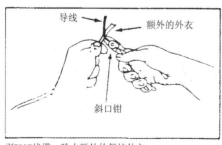

剥PVC线缆—除去额外的保护外衣

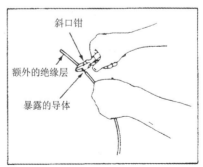

剥PVC线缆—拉去绝缘层保护外衣

图 6-10 线缆处理

③ 终端和连接顺序的施工操作方法均按标准规定办理(包括剥除外护套长度、缆线扭绞状态都应符合技术要求)。

④ 缆线终端应采用卡接方式，施工中不宜用力过猛，以免造成接续模块受损。连接顺序应按缆线的统一色标排列，在模块中连接后的多余线头必须清除干净，以免留有后患。

⑤ 缆线终端连接后，应对缆线和配线接续设备等进行全程测试，以保证综合布线系统正常运行。

⑥ 线对屏蔽和电缆护套屏蔽层在和模块的屏蔽罩进行连接时，应保证 360°的接触，而且接触长度不应小于 10 mm，以保证屏蔽层的导通性能。电缆终接以后应将电缆进行整理，并核对接线是否正确。

(2) 通信引出端(信息插座)和其他附件的安装施工。

① 对通信引出端内部连接件进行检查，做好固定线的连接，以保证电气连接的完整牢靠。如连接不当，则有可能增加链路衰减和近端串扰。

② 在终端连接时，应按缆线统一色标、线对组合和排列顺序施工连接(应符合 GB/T50312—2007 的规定)。

③ 当采用屏蔽电缆时，要求电缆屏蔽层与连接部件终端处的屏蔽罩有稳妥可靠的接触，必须形成 360°圆周的接触界面，它们之间的接触长度不宜小于 10 mm。

④ 各种缆线(包括跳线)和接插件间必须接触良好、连接正确、标志清楚。跳线选用的类型和品种均应符合系统设计要求。

⑤ 对绞线对卡接在配线模块的端子时，首先应符合色标的要求，并尽量保护线对的对绞状态，5 类电缆的线对非扭绞状态应不大于 13 mm。

对绞线的连接，A 类和 B 类的连接方式都可以使用，但在同一个综合布线工程中，两者不应混合使用。

(3) 跳线的分类。

跳线可以分为以下几种：

① 两端为 110 插头(4 对或 5 对)的电缆跳线；

② 两端为 RJ45 插头的电缆跳线；

③ 一端为 RJ45，一端为 110 插头的电缆跳线。

内容二　信息插座安装及端接

1. 信息插座安装要求

安装在地面的信息插座应牢固地安装在平坦的地方，其面上应有盖板；安装在活动地板或地面上的信息插座，应固定在接线盒内。插座面板有直立和水平等形式。接线盒盖可开启，并应严密防水、防尘。接线盒盖面应与地面成 45°角或垂直。安装在墙体上的信息插座，宜高出地面 300 mm。若地面采用活动地板，则应从活动地板来计算高度。

信息插座底座的固定方法以施工现场条件而定，宜采用扩张螺钉、射钉等方式。固定螺丝需拧紧，不应产生松动现象。信息插座应有标签，以颜色、图形、文字表示所接终端设备的类型。

信息插座模块化的引针与电缆连接有两种方式：按照 T568B 标准布线的接线和按照 T568A(ISDN)标准接线。信息插座模块化引针与线对的分配如图 6-11 所示。在同一个工程中，只能有一种连接方式；否则，就应标注清楚。

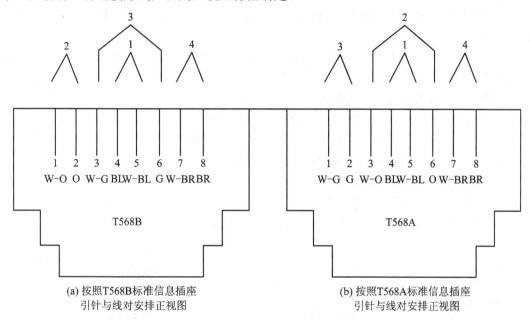

(a) 按照T568B标准信息插座 引针与线对安排正视图

(b) 按照T568A标准信息插座 引针与线对安排正视图

图 6-11　信息插座引针与线对分配

2. 通用信息插座端接

综合布线所用的信息插座多种多样，信息插座应在内部做固定线连接。信息插座(如图6-12 所示)的核心是模块化插座与插头的紧密配合。双绞线在与信息插座和插头的模块连接时，必须按色标和线对顺序进行卡接。插座类型、色标和编号应符合相关的规定。信息插座与插头的 8 根针状金属片，具有弹性连接，且有锁定装置，一旦插入连接，很难直接拔出，必须解锁后才能顺利拔出。由于弹簧片的摩擦作用，电接触随插头的插入而得到进一步加强。最新国际标准提出信息插座应具有 45°斜面，并应具有防尘、防潮、护板功能。同时，信息出口应有明确的标记，面板应符合国际 86 系列标准。

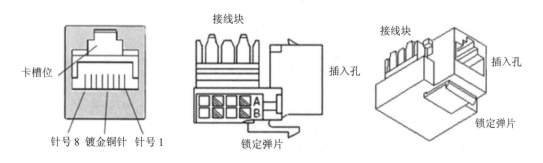

图 6-12　信息插座模块正视图、侧视图、立体图

双绞电缆与信息插座的卡接端子连接时，应按色标要求的顺序进行卡接。

双绞电缆与接线模块(IDC、RJ45)卡接时，应按设计和厂家规定进行操作。

屏蔽双绞电缆的屏蔽层与连接硬件端接处屏蔽罩必须保持良好接触。线缆屏蔽层应与连接硬件屏蔽罩 360° 圆周接触，接触长度不宜小于 10 mm。

信息插座在正常情况下，具有较小的衰减和近端串扰，以及插入电阻。如果连接不好，则可能增加链路衰减及近端串扰。所以，安装和维护综合布线的人员，必须要进行严格培训，以掌握安装技能。

下面给出的步骤用于连接 4 对双绞电缆到墙上安装的信息插座。用此法也可将 4 对双绞电缆连接到掩埋型的信息插座上。

注意：电气盒在安装前应已装好。

(1) 将信息插座上的螺丝拧开，然后将端接夹拉出来拿开。

(2) 从墙上的信息插座安装孔中将双绞线拉 20 cm 长的一段。

(3) 用扁口钳从双绞线上剥除 10 cm 的外护套。

(4) 将导线穿过信息插座底部的孔。

(5) 将导线压到合适的槽中，参看图 6-13。

(6) 使用扁口钳将导线的末端割断，如图 6-14 所示。

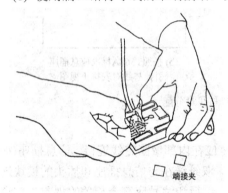
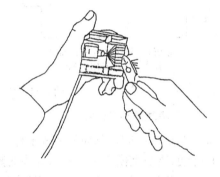

图 6-13　将导线压入槽中　　　　　图 6-14　用扁口钳切去多余的导线头

(7) 将端接夹放回，并用拇指稳稳地压下，如图 6-15 所示。

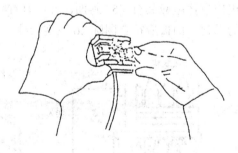

图 6-15　将端接夹放到线上

(8) 重新组装信息插座，将分开的盖和底座扣在一起，再将连接螺丝拧上。

(9) 将组装好的信息插座放到墙上。

(10) 将螺丝拧到接线盒上，以便固定。

注意：信息插座的位置应使其底部位于离地板面的 300 mm 处。

3. 模块化连接器端接

综合布线中的模块用来端接线缆及与跳线有效连接，常见的非屏蔽模块高 2 cm、宽 2 cm，厚 3 cm，塑体抗高压、阻燃、UL 额定热熔 94V-0，可卡接到任何 M 系列模式化面板、支架或表面安装盒中，并可在标准面板上以 90°(垂直)或 45° 斜角安装，特殊的工艺设计提供至少 750 次重复插拔，模块使用了 T568A 和 T568B 布线通用标签，它还带有一白色的扁平线插入盖。这类模块通常需要打线工具——带有 110 型刀片的 914 工具打接线缆。这种非屏蔽模块也是国内综合布线系统中应用得最多的一种模块，无论 3 类、5 类、超 5 类、6 类，它的外形都保持了相当的一致。

为方便用户插拔安装操作，用户也开始喜欢使用 45° 斜角操作，为达到这一目标，可以用目前的标准模块加上 45° 斜角的面板完成，也可以将模块安装端直接设计成 45° 斜角。

免打线工具设计也是模块设计的一个人性化体现，这种模块端接时无需用专用刀具，如具有免打线工具设计的模块。它还采用了标明多种不同颜色电缆所连接的终端，保证了快速、准确的安装。模块也分为非屏蔽模块和屏蔽模块。图 6-16 所示是典型的屏蔽模块结构图及其实物图。

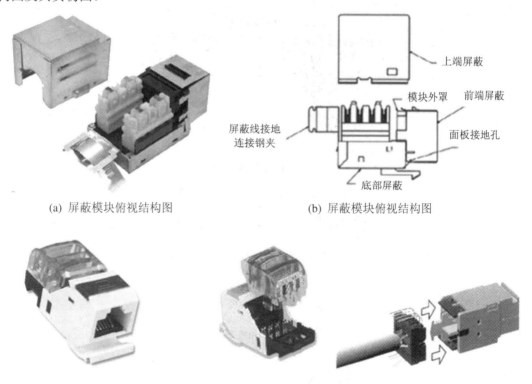

(a) 屏蔽模块俯视结构图　　　　　　(b) 屏蔽模块俯视结构图

(c) 45° 斜角模块　　　　　(d) 不同设计的免打线工具模块

图 6-16　典型的屏蔽模块结构图及其实物图

现举例说明如下；

图 6-17 给出了在模块上端接电缆的快速可重复的方法。

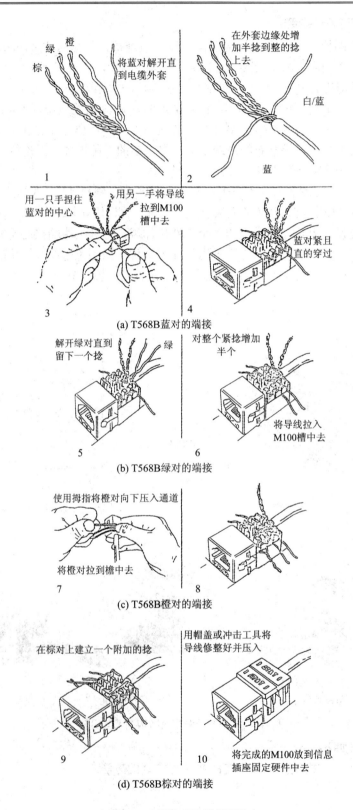

图 6-17　模块化连接器端接

线对的颜色必须与模块侧面的颜色标注相匹配。这些颜色标注还用来区别"T568B"布线选项。检查标注以便使用正确类型的模块连接器。

当线缆移动时，性能可能下降；当模块连接器最终被插入到固定硬件中时，通常线缆要转弯。为了使最后的两对(橙和棕)能在正确的一边，开始此过程时要对电缆定位，并在端接头两对(蓝和绿)时完成此定位工作。

模块连接器按下面的顺序端接电缆，符合 T568A 的接线标准。

检查模块连接器上的颜色标准，以便确认模块连接器按 T568A 要求接线；

线对颜色与 T568A 插针匹配：首先是蓝色，然后是橙色，再是绿色，最后是棕色。

4. 配线板端接

配线板是提供铜缆端接的装置。配线板有两种结构：一种是固定式，另一种是模块化配线板。一些厂家的产品中，模块与配线架进行了更科学的配置，这些配线架实际上由一个可装配各类模块的空板和模块组成，用户可以根据实际应用的模块类型和数量来安装相应模块，在这种情况下，模块也成为配线架的一个组成部分。固定式配线板的安装与模块连接器相同，选中相应的接线标准后，按色标接线即可。我们这里介绍一下，模块化配线板的安装过程，它可安装多达 24 个任意组合的模块化连接器，并在线缆卡入配线板时提供弯曲保护。该配线板可固定在一个标准的 19 英寸(48.3 cm)配线柜内。图 6-18 中给出了在一个配线板上端接电缆的基本步骤。

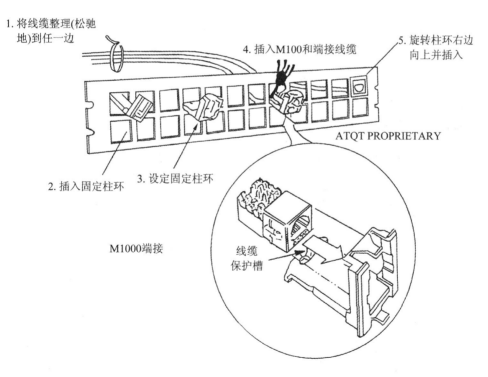

图 6-18 配线板端接的步骤

在端接线缆之前，首先整理线缆。松松地将线缆捆扎在配线板的任一边上，最好是捆到垂直通道的托架上。

以对角线的形式将固定柱环插到一个配线板孔中去。

设置固定柱环，以便柱环挂住并向下形成一角度，以有助于线缆的端接。

将线缆放到固定柱环的线槽中去，并按照上述模块化连接器的安装过程对其进行端接。

最后一步是向右边旋转固定柱环，完成此工作时必须注意合适的方向，以避免将线缆缠绕到固定柱环上。顺时针方向从左边旋转整理好线缆，逆时针方向从右边开始旋转整理好线缆。另一种情况是在模块化连接器固定到配线板上以前，线缆可以端接到模块化连接器上。通过将线缆穿过配线板 200 孔来在配线板的前方或后方完成此工作。

从这里我们也可总结一下，模块的应用场合有：端接到不同的面板、安装到表面安装盒和其他组件、安装到模块化配线架中。

5. 线缆端接工具

用于线缆端接的工具如图 6-19～图 6-27 所示。

图 6-19　110 打线器

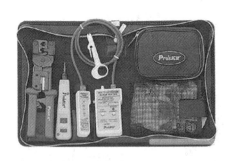

图 6-20　常用网络工具组(12 件)

图 6-21　接线端子压接工具

图 6-22　同轴电缆压接工具

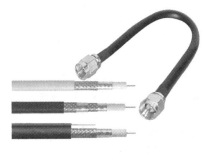

图 6-23　同轴电缆

图 6-24 网络布线工具组(28 件)

图 6-25 网络架设工具组

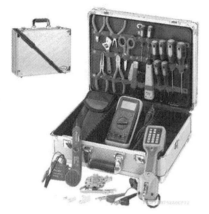

图 6-26 装修工具组

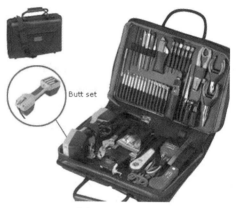

图 6-27 查线专业工具

内容三 光缆传输系统施工

光缆传输系统施工与电缆传输系统施工方法基本相似，本节我们侧重讲述光缆施工与电缆施工的不同之处。

1. 光缆传输系统特点

光纤是通过石英玻璃而不是通过铜来传播信号的。由于光缆中光纤的纤芯是石英玻璃制成的，容易破碎，因此，在光缆施工时，有许多特殊要求并要特别地小心谨慎。当施工人员操作不当时，石英玻璃碎片会伤害人。光纤连接不好或断裂，会使人受到光波辐射，会伤害眼睛。因此，参加施工的人员，必须经过严格训练，学会光纤连接的技巧，并遵守操作规程。未经严格训练的人员，严禁操作已安装好的光缆传输系统。

2. 操作人员应注意的问题

安全条例在安装过程中必须被遵守，这不仅出于对自身安全的考虑，同时也是对你们周围的人以及那些可能使用该系统的人的安全考虑。不遵守安全条例会导致严重的伤害甚至死亡。总而言之，你应该遵守你们公司的安全规程。在开始一项工作以前请遵循以下安全要点：

(1) 穿着合适的工装。穿着合适的工装可以保证工作中的安全，一般情况下，工装裤、衬衫和夹克就够用了。除了这些服装之外，在某些操作中，还需要下面一些配件。

(2) 安全眼镜。在操作中要始终配戴眼镜，因为在诸如对铜缆进行端接或接续时，铜线有可能会突然弹出来，会伤及眼睛。在端接或接续光纤时，也应佩戴眼镜。安全眼镜要经过检验，以防碰撞时爆裂。

(3) 安全帽。在有危险的地方要始终戴着安全帽。例如在生产车间、在梯子高处及在你头顶上方工作的人都可能给你带来危险。在许多情况下，在新的建筑工地，会看到要求在工地上佩戴安全帽的提示性警告。

(4) 手套。安装或操作时，手套可以保护你的手。例如，当在楼内拉缆时，或擦拭带螺纹的线杆时都可能会碰到金属刺，这时手套会保护你的手。

(5) 劳保鞋。通常，应该穿劳保鞋来保护脚踝。在有重物可能落下的区域，要求穿鞋尖有护钢的鞋。

(6) 计划工作时谨记安全。作计划时要谨记安全。注意可能会伤及你或其他人的危险物。如果发现有关区域有安全问题，及时请监工来和你一起查看。

(7) 保证工作区域的安全。确保在工作区域的每个人的安全。一旦工程确定，在布线区域要设置安全带和安全标记。妥善安排工具以使其不防碍它人。缺乏管理的工具是造成伤害的隐患。

(8) 使用合适的工具。在安装任何布线系统时，都会使用手工工具。在保证使用安全工具的同时，要选择合适的工具。谨记以下提示：

- 保证工具是锋利的。
- 修整好螺丝刀以使其刀头适合螺钉帽。
- 在需要电源工具的地方使用双绝缘电源工具。
- 确保工具处于良好状态。
- 如果工具磨损了，要更换。

(9) 工作区中使用的工具。在工作中会用到几种普通的工具。下面列出了一些必要的工具：管-锁钳、斜嘴钳、钻(1/4 和 1/2 英寸钻深)、钻头、通电测试仪、钢锯、扁嘴钳、螺丝刀(扁头的和十字花的)、板岩锯、通条、铁丝剪、多用刀、绳子或拉绳、冲击工具、电缆夹、布缆支架(如果使用卷轴电缆)。

(10) 环境应保持干净；如果无法远离人群，则应采取防护措施。

(11) 不允许直接用眼睛观看已运行的光纤传输系统中的光纤及其连接器。

(12) 维护光纤传输系统时，只有在断开所有光源的情况下，才能进行操作。

3. 光缆施工特点

在建筑物中凡是敷设电缆的地方均能敷设光缆。例如干线，可敷设在弱电间内。敷设光缆的许多工具和材料也与电缆相似。但是，两者之间也有如下的重要区别：

首先，也是最重要的，光纤的纤芯是石英玻璃的，非常容易弄断，因此在施工弯曲时决不允许超过最小的弯曲半径。

其次，光纤的抗拉强度比铜线小，因此在操纵光缆时，不允许超过各种类型光缆的拉力强度。

如果在敷设光缆时违反了弯曲半径和抗拉强度的规定，则会引起光缆内光纤纤芯的石英玻璃断裂，致使光缆不能使用。

为了满足弯曲半径和抗拉强度，在施工的时候，光缆通常绕在卷轴上，而不是放在纸板盒中。为了使卷轴转动以便拉出光缆，该卷轴可装在专用的支架上。光缆的弯曲半径至少应为光缆外径的 15 倍(这里指静态弯曲，动态弯曲要求不小于 30 倍)。

记住，放线总是从卷轴的顶部去牵引光缆，而且是缓慢而平稳地牵引，而不是急促地抽拉光缆。

用线(或绳子)将光缆系在管道或线槽内的牵引绳上，再牵引光缆。用什么方式来牵引将依赖于作业的类型、光缆的重量、布线通道的质量(在有尖拐角的管道中牵引光缆比在直的管道中牵引光缆困难)，以及管道中其他线缆的数量。

光缆光纤和电缆导线的接续方式不同。铜芯导线的连接操作技术比较简单，不需较高技术和相应设备，这种连接是电接触式的，各方面要求均低。光纤的连接就比较困难，它不仅要求连接处的接触面光滑平整，且要求两端光纤的接触端中心完全对准，其偏差极小，因此技术要求较高，且要求有较高新技术的接续设备和相应的技术力量，否则将使光纤产生较大的衰减而影响通信质量。

4. 光缆传输系统施工要求

必须在施工前对光缆的端别予以判定并确定 A、B 端，A 端应是网络枢纽的方向，B端是用户一侧，敷设光缆的端别应方向一致，不得使端别排列混乱。

根据运到施工现场的光缆情况，结合工程实际，合理配盘与光缆敷设顺序相结合，应充分利用光缆的盘长，施工中宜整盘敷设，以减少中间接头，不得任意切断光缆。室外管道光缆的接头应该放在人(手)孔内，其位置应避开繁忙路口或有碍于人们工作和生活处，直埋光缆的接头位置宜安排在地势平坦和地基稳固地带。

光纤的接续人员必须经过严格培训，取得合格证明才准上岗操作。光纤熔接机等贵重仪器和设备，应有专人负责使用、搬运和保管。

在装卸光缆盘作业时，应使用叉车或吊车，当采用跳板时，应小心细致地从车上滚卸，严禁将光缆盘从车上直接推落到地。在工地滚动光缆盘的方向，必须与光缆的盘绕方向(箭头方向)相反，其滚动距离规定在 50 m 以内，当滚动距离大于 50 m 时，应使用运输工具。在车上装运光缆盘时，应将光缆固定牢靠，不得歪斜和平放。在车辆运输时车速宜缓慢，注意安全，防止发生事故。

光缆采用机械牵引时，牵引力应用拉力计监视，不得大于规定值。光缆盘转动速度应与光缆布放速度同步，要求牵引的最大速度为 15 m/min，并保持恒定。光缆出盘处要保持松弛的弧度，并留有缓冲的余量，又不宜过多，避免光缆出现背扣、扭转或小圈。牵引过程中不得突然启动或停止，应互相照顾呼应，严禁硬拉猛拽，以免光纤受力过大而损害。在敷设光缆的全过程中，应保证光缆外护套不受损伤，密封性能良好。

光缆不论在建筑物内或建筑群间敷设，应单独占用管道管孔，当原有管道和铜芯导线电缆合用时，应在管孔中穿放塑料子管，塑料子管的内径应为光缆外径的 1.5 倍以上，光缆在塑料子管中敷设，不应与铜芯导线电缆合用同一管孔。在建筑物内光缆与其他弱电系统平行敷设时，应有间距分开敷设，并固定绑扎。当小芯数光缆在建筑物内采用暗管敷设时，管道的截面利用率应为 25%～30%。

采用吹光纤系统时，应根据穿放光纤的客观环境、光纤芯数、光纤的长度和光纤弯曲次数及管径粗细等因素，决定压缩空气机的大小和选用吹光纤机等相应设备及施工方法。

5. 光纤选择和链路设计规范

可以选择 62.5/125 μm 或 50/125 μm 光纤，影响光纤选择的因素有：

(1) 如果选择同类型的光纤，那么网络布线空间是否充足；

(2) 是否要为传输媒体的改变而设计另外的管路。

注意：在混合使用 62.5/125 μm 和 50/125 μm 光缆时，预计的功率差异平均在 3.5～4.7 dB 之间。在计算功率冗余时，功率损失只需计算一次，且无需考虑连接点的数目。

在各个方面，62.5/125 μm 和 50/125 μm 光纤布线都满足或超过现有的或即将发布的国家和国际布线标准的所有性能要求，并且支持最严格的基于激光和发光二极管的应用，包括最近通过的 IEEE 802.3z 千兆位比特以太网标准。此标准规定，在最差条件下，62.5/125 μm 光纤的最大传输距离为 275 m。

光纤选择和系统设计时，应该考虑以下两个主要因素：

(1) 最大系统长度。最大系统长度与带宽、发送器和接收器的规格、传输时延、不稳定性以及其他许多因素有关。

(2) 最大信道衰减。最大信道衰减取决于最小的传输输出、最大的接收灵敏度和任何固定的功率损失。互连和接续的数目、光缆长度、传输波长和器件损失都将影响信道衰减。还应该注意的是，LED 光源的衰减要比应用于诸如 1000BASE-SX、156 和 620 Mb/s 的 ATM、以及 266、531 和 1026 Mb/s 的光纤信道中的激光光源衰减要大。

6. 光缆敷设

综合布线系统的主干线通常都采用光缆传输系统，可分为建筑群之间的主干光缆和建筑物内的主干光缆，虽然同是光缆敷设施工，但有很大的区别，不论施工客观环境、缆线建筑方式和具体施工操作都有明显特点。下面分别给予介绍。

1) 施工人员的配合

对于给定的敷设光缆作业，需要多少施工人员，取决于牵引的是单根光缆还是多根光缆，是以最大的牵引力将光缆拉入一条管道，还是经过拥挤的区域，以及是否通过建筑物各层的预留槽孔向下布放光缆。

当牵引一条光缆进入管道时，还要考虑光缆卷轴与管道的相对位置，有没有滑车轮来辅助牵引光缆等。

下面给出一些如何确定敷设光缆施工人员的建议：

(1) 牵引一条光缆：如果被牵引的光缆要通过比较拥挤的区域，最好考虑用两个人，即一个人在卷轴处放光缆，另一个人用拉绳牵引光缆。如果是往一个空的管道中敷设光缆，而且光缆卷轴放在管道的入口点处，则用一个人就可以放光缆并牵引光缆，但在这种情况下必须保证张力(4 芯光缆张力小于 45 kg、6 芯光缆张力小于 56 kg、12 芯光缆张力小于 67.5 kg)。若管道不是空的、或光缆卷轴无法对准管道的入口点，则需要两个人，一个人将光缆馈送到管道入口处，另一个人牵引光缆。

(2) 牵引多条光缆：当在拥挤区或在管道中人工地同时安装多条光缆时，应配备两个人。一个人负责牵引光缆进入拥挤区或管道(站在牵引绳的一端)。布放光缆的一侧分两种情况：如果光缆是通过管道，则第二个人在光缆卷轴的一端把光缆馈送进管道，为了避免在牵引时超过最大张力，应将光缆对准管道；若光缆要敷设在拥挤区里，则第二个人负责将多根光缆馈送进此区域内，同时要保证不能在带尖的边沿上拖动光缆。

(3) 经由建筑物各层楼板中的槽孔向下敷设光缆：如果光缆经建筑物弱电竖井的槽孔向下敷设，则最少需要三个人，也许还要多些。要安排两个人来负责从卷轴上放光缆(一个人备用)，在最底层的光缆入口处需要一个人，并且还要有人在楼层之间牵引光缆。

2) 建筑群光缆敷设

建筑群之间的光缆基本上有以下三种敷设方法：

管道敷设：在地下管道中敷设光缆是三种方法中最好的一种方法，因为管道可以保护光缆，防止挖掘、有害动物及其他故障源对光缆造成损坏。

直埋敷设：通常不提倡用这种方法，因为任何未来的挖掘都可能损坏光缆。

架空敷设：即在空中从电线杆到电线杆敷设，因为光缆暴露在空气中会受到恶劣气候的破坏，工程中较少采用架空敷设方法。

(1) 管道敷设光缆。

① 在敷设光缆前，根据设计文件和施工图纸对选用光缆穿放的管孔大小和其位置进行核对，当所选管孔孔位需要改变时(同一路由上的管孔位置不宜改变)，应取得设计单位的同意。

② 敷设光缆前，应逐段将管孔清刷干净和试通。清扫时应用专制的清刷工具，清扫后应用试通棒试通检查合格，才可穿放光缆。如采用塑料子管，要求对塑料子管的材质、规格、盘长进行检查，均应符合设计规定。一般塑料子管的内径为光缆外径的 1.5 倍以上，一个 90 mm 管孔中布放两根以上的子管时，其子管等效总外径不宜大于管孔内径的 85%。

③ 当穿放塑料子管时，其敷设方法与光缆敷设基本相同，但必须符合以下规定：

● 布放两根以上的塑料子管，如管材已有不同颜色可以区别时，其端头可不必做标志；如是无颜色的塑料子管，则应在其端头做好有区别的标志。

● 布放塑料子管的环境温度应在 −5～+35℃之间，在过低或过高的温度时，尽量避免施工，以保证塑料子管的质量不受影响。

● 连续布放塑料子管的长度，不宜超过 300 m，塑料子管不得在管道中间有接头。

● 牵引塑料子管的最大拉力，不应超过管材的抗张强度，牵引速度要均匀。

● 穿放塑料子管的水泥管管孔，应采用塑料管堵头(也可采用其他方法)，在管孔处安装，使塑料子管固定。塑料子管布放完毕，应将子管口临时堵塞，以防异物进入管内。本期工程中不用的子管必须在子管端部安装堵塞或堵帽。塑料子管应根据设计规定要求在人孔或手孔中留有足够长度。

● 如果采用多孔塑料管，可免去对子管的敷设要求。

④ 光缆的牵引端头可以预测，也可现场制作。为防止在牵引过程中发生扭转而损伤光缆，在牵引端头与牵引索之间应加装转环。

⑤ 光缆采用人工牵引布放时，每个人孔或手孔应有人值守帮助牵引；机械布放光缆时，不需每个孔均有人，但在拐弯处应有专人照看。整个敷设过程，必须严密组织，并有专人统一指挥。牵引光缆过程中应有较好的联络手段，不应有未经训练的人员上岗和在无联络

工具的情况下施工。

⑥ 光缆一次牵引长度一般不应大于 1000 m。超长距离时，应将光缆采取盘成倒 8 字形分段牵引或中间适当地点增加辅助牵引，以减少光缆张力和提高施工效率。

⑦ 为了在牵引工程中保护光缆外护套等不受损伤，在光缆穿入管孔或管道拐弯处与其他障碍物有交叉时，应采用导引装置或喇叭口保护管等保护。此外，根据需要可在光缆四周加涂中性润滑剂等材料，以减小牵引光缆时的摩擦阻力。

⑧ 光缆敷设后，应逐个在人孔或手孔中将光缆放置在规定的托板上，并应留有适当余量，避免光缆过于绷紧。人孔或手孔中光缆需要接续时，其预留长度应符合表 6-4 的规定。在设计中如有要求做特殊预留的长度，应按规定位置妥善放置(例如预留光缆是为将来引入新建的建筑)。

表 6-4 光缆敷设的预留长度

光缆敷设方式	自然弯曲增加长度/(m/km)	人(手)孔内弯曲增加长度/[m/(人)孔]	接续每侧预留长度/m	设备每侧预留长度/m	备 注
管道	5	0.5~1.0	一般为 6~8	一般为 10~20	其他预留按设计要求，管道或直埋光缆需引上架空时，其引上地面部分每处增加 6~8 m
直埋	7	—			

⑨ 光缆管道中间的管孔不得有接头。当光缆在人孔中没有接头时，要求光缆弯曲放置在电缆托板上固定绑扎，不得在人孔中间直接通过，否则既影响今后施工和维护，又增加对光缆损害的机会。

⑩ 当管道的管材为硅芯管时，敷设光缆的外径与管孔内径大小有关，因为硅芯管的内径与光缆外径的比值会直接影响其敷设光缆的长度，尤其是采取气吹敷设光缆时。目前，气吹敷设光缆方法中通常把硅芯管内径与光缆外径的比值作为参照系数，根据以往工程经验，管径利用率为 50%~60%时最佳，它有利于采用气吹敷设光缆的长度更长。现以目前最常用的几种硅芯管规格为例，不同内径的硅芯管能穿放的外缆外径可参考表 6-5。

表 6-5 硅芯管内径与光缆外径适配表

光缆外径/mm	11 以下	12	12.5	13.5	14	15	16	17
硅芯管内径/mm	26	26.28	28	28.33	28.33	33	33	33
光缆外径/mm	18	19	20	21	21.5	23	24	25
硅芯管内径/mm	33.42	33.42	33.42	33.42	42	42	42	42

对于小芯数的光缆，按管道的截面利用率来计算更为合理，规范规定管道的截面利用率应为 25%~30%。

⑪ 光缆与其接头在人孔或手孔中，均应放在人孔或手孔铁架的电缆托板上予以固定绑扎，并应按设计要求采取保护措施。保护材料可以采用蛇形软管或软塑料管等。

⑫ 光缆在人孔或手孔中应注意以下几点：

- 光缆穿放的管孔出口端应封堵严密，以防水分或杂物进入管内；
- 光缆及其接续应有识别标志，标志内容有编号、光缆型号和规格等；
- 在严寒地区应按设计要求采取防冻措施，以防光缆受冻损伤；
- 如光缆有可能被碰损伤时，可在其上面或周围采取保护措施。

(2) 直埋敷设光缆。

直埋光缆是隐蔽工程，技术要求较高，在敷设时应注意以下几点：

① 直埋光缆的埋深应符合表 6-6 的规定。

表 6-6 直埋光缆的埋设深度

序号	光缆敷设的地段或土质	埋设深度/m	备 注
1	市区、村镇的一般场合	≥1.2	不包括车行道
2	街坊和智能化小区内、人行道下	≥1.0	包括绿化地带
3	穿越铁路、道路	≥1.2	距道碴底或距路面
4	普通土质(硬土路)	≥1.2	—
5	砂砾土质(半石质土等)	≥1.0	—

② 在敷设光缆前应先清洗沟底，沟底应平整，无碎石和硬土块等有碍于施工的杂物。

③ 在同一路由上，且同沟敷设光缆或电缆时，应同期分别牵引敷设。

④ 直埋光缆的敷设位置，应在统一的管线规划综合协调下进行安排布置，以减少管线设施之间的矛盾。直埋光缆与其他管线及建筑物间的最小净距如表 6-7 所列。

表 6-7 直埋光缆与其他管线及建筑物间的最小净距

序号	其他管线及建筑物名称及其状况		最小净距/m		备 注
			平行时	交叉时	
1	市话通信电缆管道边线 (不包括人孔或手孔)		0.75	0.25	—
2	非同沟敷设的直埋通信电缆		0.50	0.50	—
3	直埋电力电缆	< 35 kV	0.50	0.50	—
		> 35 kV	2.00	0.50	
4	给水管	管径 < 30 cm	0.50	0.50	光缆采用钢管保护时，交叉时的最小径距可降为 0.15 m
		管径为 30～50 cm	1.00	0.50	
		管径 > 50 cm	1.50	0.50	
5	燃气管	压力小于 3 kg/cm²	1.00	0.50	同给水管备注
		压力 3～8 kg/cm²	2.00	0.50	

6	树木	灌木	0.75	—	—
		乔木	2.00	—	
7	高压石油天然气管		10.00	0.50	同给水管备注
8	热力管或下水管		1.00	0.50	—
9	排水管		0.80	0.50	—
10	建筑红线(或基础)		1.0	—	—

⑤ 在道路狭窄操作空间小的时候，宜采用人工抬放敷设光缆。敷设时不允许光缆在地上拖拉，也不得出现急弯、扭转、浪涌或牵引过紧等现象。

⑥ 光缆敷设完毕后，应及时检查光缆的外护套，如有破损等缺陷应立即修复，并测试其对地绝缘电阻。具体要求参照我国通信行业标准《光缆线路对地绝缘指标及测试方法》YD—5012—95 中的规定。

⑦ 直埋光缆的接头处、拐弯点或预留长度处以及与其他地下管线交越处，应设置标志，以便今后维护检修。标志可以专制标石，也可利用光缆路由附近的永久性建筑的特定部位，测量出距直埋光缆的相关距离，在有关图纸上记录，作为今后查考资料。

(3) 架空敷设光缆。

架空敷设光缆的方法基本与架空敷设电缆相同。其差别是光缆不能自支持，因此，在架空敷设光缆时必须将它固定到两个建筑物或两根电杆之间的钢绳上。

3) 建筑物光缆敷设

(1) 通过各层的槽孔垂直地敷设光缆。

在新建的建筑物里面每一层同一位置都有一个封闭的交接间，在交接间的楼板上通常留有大小合适、上下对齐的槽孔，形成一个专用的竖井。在这个竖井内可敷设综合布线系统所需的主干电缆和光缆。

在交接间中敷设光缆的方式有两种：① 向下垂放；② 向上牵引。

通常向下垂放比向上牵引容易些，但如果将光缆卷轴机搬到高层上去很困难，则只能由下向上牵引。

(2) 通过吊顶(天花板)来敷设。

在某些建筑物中，如低矮而又宽阔的单层建筑物中，可以在吊顶水平地敷设干线光缆。由于吊顶的类型不同(悬挂式和塞缝片的)，光缆的类型不同(填充物的和无填充物的)，故敷设光缆的方法也不同。因此，首先要查看并确定吊顶和光缆的类型。

通常，当设备间和交接间同在一个大的单层建筑物中时，可以在悬挂式的吊顶内敷设光缆。如果敷设的是有填充物的光缆，且不牵引过管道，具有良好的、可见的、宽敞的工作空间，则光缆的敷设任务就比较容易。

如果要在一个管道中敷设无填充物的光缆，就比较困难，其难度还与敷设的光缆及管道的弯曲度有关。

(3) 在水平管道中敷设光缆。

当需要在拥挤区内敷设非填充的光缆，并要求对非填充光缆进行保护时，可将光缆敷设在一条管道中。

(4) 在交接间、设备间等机房内敷设光缆。

光缆布放宜盘留，预留长度宜为 3~5 m，有特殊要求时应按设计要求预留长度。

内容四 吹光纤布线系统

所谓"吹光纤"，即预先在建筑群中铺设特制的管道，在实际需要采用光纤进行通信时再将光纤通过压缩空气吹入管道。

1982 年由英国电信(BT)发明吹光缆技术并注册专利原本是为英国电信网络提供低成本的"满足未来的光缆"，1987 年 Brand-Rex 发明单吹光纤技术，1988 年第一次安装室内吹光纤，1993 年吹光纤系统正式商品化，1997 年吹光纤进入中国。

吹光纤系统由单微管、多微管、吹光纤、附件和安装设备组成。

1. 吹光纤系统的性能特点

吹光纤系统与传统光纤系统的区别主要在于其铺设方式，光纤本身的衰减等指标与普通光纤相同，同样可采用 ST、SC 型接头端接，而且吹光纤系统的造价亦与普通光纤系统相差无几。

2. 采用吹光纤系统的优越性

(1) 分散成本：先安装空管，当需要时再安装光纤环路。

目前，许多用户在考虑光纤系统设计时，出于对光纤系统成本的考虑(包括相关的光缆、端接、配线架、光电转换设备以及布放难度等)，不能全面采用光纤布线。在很多布线工程中，只有极少数信息点采用光纤到桌面方案，这样当后期需要增加光纤时，用户又为没有合适的敷设路由而苦恼。

在吹光纤系统中，由于微管成本极低(不及光纤的十分之一)，所以设计时可以尽可能地敷设光纤微管，在以后的应用中，用户可根据实际需要吹入光纤，从而分散投资成本，减轻用户负担，用最小的开销、最少的干扰及破坏更改路由。

(2) 安装安全、灵活、方便。

作为一个典型的传统光纤布线系统，在入楼处和层分配线架处均需做光纤接续，这样不仅增加了成本及路由光损耗，而且使安装变得较为复杂。另外，工程现场施工环境较为复杂，建筑施工人员很可能因误操作而导致光纤损坏，造成光损耗加大，甚至将光纤折断。

由于路由上采用的是微管的物理连接，因此即使出现微管断裂，也只需简单地用另一段微管替换即可，对光纤不会造成任何损坏。另外，在传统的光纤布线系统中，光缆一旦铺设，网络结构也相应固定，无法更改，而吹光纤系统则不同，它只需更改微管的物理走向和连接方式，就可轻而易举地将光纤网络结构改变。

(3) 便于网络升级换代。

网络及网络设备的发展对于光纤本身也提出了越来越严格的要求，在最新的千兆以太网规范中，由于差模延迟(DMD)等因素，多模光纤的支持距离已较原来的两公里大大减少，越来越多的用户开始选择单模光纤作为网络主干。

可以预见，随着网络技术的高速发展，光纤本身亦将不断发展，而吹光纤的另一特点就是它既可以吹入，也可以吹出，当将来网络升级需要更换光纤类型时，用户可以将原来的光纤吹出，再将所需类型的光纤吹入，从而充分保护用户投资的安全性。

(4) 节省投资，避免浪费。

根据美国 FIA 协会统计，有 72%的用户在光纤安装之后闲置，这种情况在我国更为严重。据有关部门估计，闲置比例应在 80%以上。特别是我国有大量的写字楼、办公楼在初期投入使用时就采用了光纤主干，然而许多租/用户目前尚无对光纤的需求，从而造成大量的财力浪费。对于少数需要光纤的用户来说，现有的光纤数量、类型和光纤网络结构又未必能满足他们的需求，常常需要重做修改。采用吹光纤系统，在大楼建设时只需布放微管和部分光纤，随租/用户的不断搬入，根据用户需要再将光纤吹入相应管道。当用户需要做网络修改时，还可将光纤吹出，再吹入新的光纤。

3. 吹单芯光纤

特别的表面处理和较轻的重量意味着特别的"可吹性"；较小的直径赋予更好的灵活性意味着可安装多弯曲路径(最小弯曲半径为 25 mm)；光纤数量现在最多可达 8 芯，并可混合光纤种类，无需特意绑扎光纤；简单快速的端接，无需做外皮处理。

4. 吹光纤产品

吹光纤产品包括单微管和多微管 、可吹的光纤、附件和安装设备。

吹光纤微管具有各种不同的结构和等级，它的适用性广泛，适合单用户线路、多用户网络以及校园网路由安装，包括室内型和室外型不同的应用环境。

1) 微管结构

室内级和室外级微管的结构如图 6-28 所示。所有微管均为低烟无卤外皮。

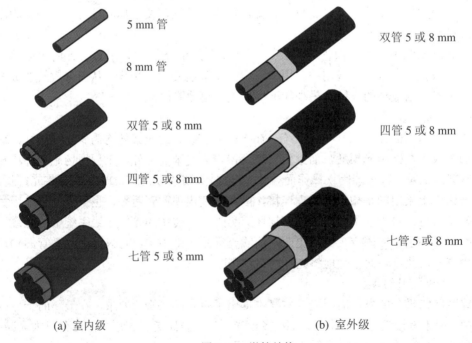

(a) 室内级   (b) 室外级

图 6-28　微管结构

2) 吹光纤纤芯

吹光纤纤芯如图 6-30 所示。

图 6-30 吹光纤纤芯

① 纤芯大小：纤芯直径 62.5 微米(内直径)/125 微米(外直径)。

② 最大衰耗：当波长为 850 nm 时，衰减为 3.1 dB/km；当波长为 1300 nm 时，衰减为 0.8 dB/km。

③ 最小带宽：当波长为 850 nm 时，带宽为 200 MHz·km；当波长为 1300 nm 时，带宽为 500 MHz·km。

同时提供 50/125 微米和单模光纤，对于特殊定单，可提供更高带宽和更低衰耗的光纤和新增强型多模光纤。

3) 微管和微管组

吹光纤的微管有两种规格：5 mm 和 8 mm(外径)管。8 mm 管内径较粗，因此吹制距离较远。每一个微管组可由 2、4 或 7 根微管组成，并按应用环境分为室内和室外两类。

值得一提的是，该系统中所有微管外皮均采用的是阻燃、低烟、不含卤素的材料，在燃烧时不会产生有毒气体，符合国际标准的要求。在进行楼内或楼间光纤布线时，可先将微管在所需线路上布置但不将光纤吹入，只有当实际真正需要光纤通信时，才将光纤吹入微管并进行端接。

4) 微管附件

所有吹光纤系统中的微管都是通过简单的陶瓷接头连接的，如图 6-30 所示。

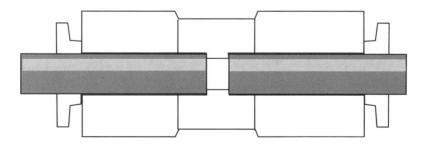

图 6-30 吹光纤系统中微管连接

室内/室外吹光纤连接如图 6-31 所示。

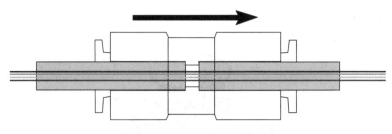

图 6-31 室内/室外吹光纤连接

5. 吹光纤

吹光纤有多模 62.5/125 μm、50/125 μm 和单模三类，每一根微管最多可容纳 4 根不同种类的光纤，由于光纤表面经过特别处理并且重量极轻(每芯每米 0.23 g)，因而吹制的灵活性极强。吹光纤表面采用特殊涂层，在压缩空气进入空管时光纤可借助空气动力悬浮在空管内向前飘行。另外，由于吹光纤的内层结构与普通光纤相同，因此光纤的端接程序和设备与普通光纤一样。

1) 光纤附件

光纤附件包括 19 英寸光纤配线架、跳线、墙上及地面光纤出线盒、用于微管间连接的陶瓷接头等，如图 6-32 所示。

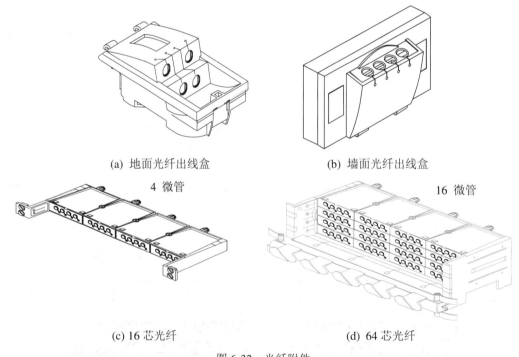

(a) 地面光纤出线盒　　　　　　　　　(b) 墙面光纤出线盒

4 微管　　　　　　　　　　　　　16 微管

(c) 16 芯光纤　　　　　　　　　　(d) 64 芯光纤

图 6-32 光纤附件

2) 安装设备

早期的吹光纤安装设备全重超过了 130 公斤，设备的移动较为困难，不易于吹光纤技术的推广。1996 年，英国 BICC 公司在原设备的基础上进行了大量改进，推出了改进型设备 IM2000。IM2000 由两个手提箱组成，总净重量不到 35 公斤，便于携带。该设备通过压缩空气将光纤吹入微管，吹制速度可达到每分种 40 m。

(1) 吹光纤机。吹光纤机如图 6-33 所示。

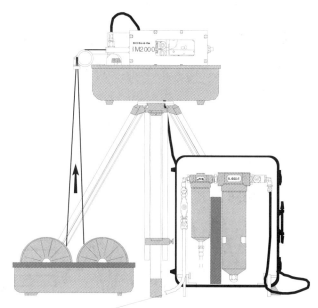

FEED FROM COMPRESSOR OR AIR CYLINDER

图 6-33　吹光纤机

(2) 最短光纤吹制距离。5 mm 微管的最短光纤吹制距离为 300～500 m；8 mm 微管的最短光纤吹制距离为 600～1000 m。

(3) 光纤安装特性。

① 定义。

多弯曲：最小弯曲半径为 25 mm，在允许范围内最多可至 300 个 90°弯曲。

半弯曲：最小弯曲半径为 50 mm，在允许范围内最多至 50 个 90°弯曲。

无弯曲：最小弯曲半径为 400 mm，在允许范围内最多至 20 个 90°弯曲。

以上弯曲半径适用于单微管。

为了保证光纤吹制的便捷、安全和可靠,吹光纤空微管的测试是十分必要而且异常重要的。

② 微管测试过程。

在将光纤吹入多微管或单微管产品之前，必须确保所安装微管的完整性和可靠性。因此，为检测管壁的完整性和微管内径的一致性，必须对系统进行气压测试。这两种试验应在微管系统安装完毕后立即进行，因为只有这样才能在光纤安装开始前及时对检测到有问题的多微管或单微管产品进行必要的修复或更换。

3) 测试工具及所需设备

(1) 微管测试头的组成。

微管测试头包括 5 mm／8 mm 卡接式微管接头、压力计、排泄阀和压缩空气进气阀，如图 6-34 所示。测试头和气源之间的连接采用高压空气软管，并配备 25 型推卡式接头及其他适配器，实现与压力调节器的连接。

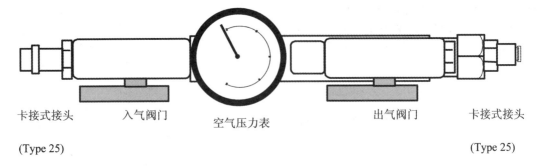

卡接式接头 入气阀门 空气压力表 出气阀门 卡接式接头

(Type 25) (Type 25)

图 6-34 微管测试头的组成

(2) 远端微管测试接头(配备 5 mm / 8 mm 适配器)。

测试头和气源之间的连接采用高压空气软管，并配备 25 型推卡式接头及其他适配器，实现与压力调节器的连接，如图 6-35 所示。

入气接头 测试头接头

(Type 25) (Type 25)

图 6-35 远端微管测试接头

(3) 端微管测试接头(配备 5 mm / 8 mm 适配器)。

在钢珠贯穿微管的过程中，这些接头都可使空气从系统中排出。阀门的作用是使接头关闭，保证微管压力测试的有效进行，测试接头如图 6-36 所示。

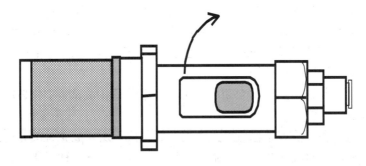

图 6-36 端微管测试接头

① 微管切割工具。

多微管可使用普通剪钳先剪至适当长度，再使用单微管切割工具进行加工。

② 测试程序。

在开始测试前，须对所有的设备进行检查，确保操作正常，无损坏，无压力泄露。

在需测试微管的远端安排辅助人员，并通过对讲机或其他通信手段进行确认。

使用压缩空气软管将测试头与气源连接起来，确保排泄阀处于打开位置，与测试头连接的供气阀处于关闭位置。

检查待测试微管的两端，确保它们是固定不动的，其目的是当微管受压从测试设备断开时，防止微管的抖动和抽打。

测试分两个阶段，具体如下：

● 第一阶段是以低压对测试微管进行检查。

在开始测试前，打开压气缸阀门，压力计应给出 10 bar 读数。如果情况不是这样，则应调节二级压力调节器直到压力计给出 10 bar 读数。

启动压缩机并在可能的情况下将输出压力调节到 10 bar(最大)。

找出待测试的微管，用微管切割工具将微管的端部修整好；然后，用力将齐整的管端压入测试头微管接头。确保测试头上的排泄阀和进气阀处于关闭状态。

通知远端助手测试即将开始，告诉他待测试微管的识别号，要求他向你确认空气是否从微管中逸出。

打开测试头上的进气阀门，等待远端助手确认空气是否从所选微管中逸出。

一旦获得确认(所选微管被明确确认)，关闭测试头进气阀并打开排泄阀，这时，空气将从受测试的微管中排泄出来，当压力计读数达到零时，第一阶段的测试结束。

● 第二阶段是利用压缩空气将一合理尺寸的钢珠推入并贯穿整个微管，检查微管内径的一致性和管壁的完整性，然后，保持微管内空气压力一分钟，确保微管能够维持 8～10 bar 的压力。

联络测试助手，要求他将压力测试接头连接到刚刚确认的微管上。

当助手确认接头已经安装且排泄阀已打开时，从测试头上断开测试微管，并将尺寸合适的金属测试钢珠塞入微管中。测试钢珠的尺寸为：3.5 mm/5 mm 规格微管采用 2.5 mm 钢珠，6 mm/8 mm 规格微管采用 4.5 mm 钢珠。钢珠塞入后，重新将微管与测试头连接起来。

通知助手测试即将开始，并要他在钢珠进入远端测试接头时通知你。

将测试头上的排泄阀关闭，打开进气阀，推动钢珠。

注意：当钢珠到达时，它会发出一下"滴答"声，而且可从接头的"金属篓"部分看到它。

当收到金属球时，接收端的助手必须立即关闭排泄阀，并将他的做法通知给发送端的助手。

在助手确认钢珠已到达微管远端而且排泄阀已关闭后，应立即观察测试头压力计直到它达到稳定的读数 8～10 bar(取决于使用的压缩空气供应)。然后，关闭进气阀并观察压力计一分钟时间。

注意：由于微管中的压力均衡需要一小段时间，所以压力计达到 8～10 bar 稳定读数也需要一小段时间。如果进气阀关闭之后压力出现下降，则再将它打开，等待片刻，使测试微管中的气压达到均衡。

在一分钟保压测试过程中，如果没有观察到明显的压降，则微管测试合格。

压力测试完成后，打开排泄阀，释放系统压力。当压力计读数降为零时，联络助手，要求他将压力测试接头卸下来。测试完成后，应立即将排泄阀打开并从微管端接头将钢珠取出，以避免在以后的测试中造成混乱。系统中其他每条微管的测试只需重复第一阶段和第二阶段测试步骤。所有结果均需保存记录。

微管测试的过程如图 6-37 所示。

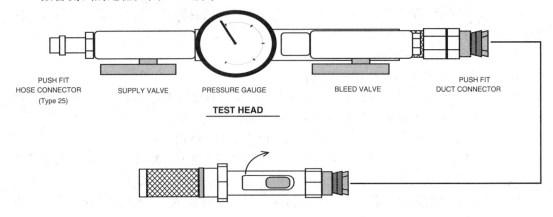

PUSH FIT HOSE CONNECTOR (Type 25)   SUPPLY VALVE   PRESSURE GAUGE   BLEED VALVE   PUSH FIT DUCT CONNECTOR

TEST HEAD

REMOTE END DUCT CONNECTOR

图 6-37　微管测试过程

(4) 故障诊断。

根据微管长度和管径大小，通常情况下钢珠应在 10 秒至 5 分钟内到达远端。

当测试较长、较复杂的线路时，如长度在 500～1000 m 线路，金属球在远端出现的时间可能会需要 10 分钟。

如果钢珠未能到达远端，则微管测试不合格。

经验证明，寻找堵塞地点可能是费时间的，因此，通常的便捷做法是更换存在问题的微管。如果在第二阶段测试过程中出现压降，则有可能微管在安装过程中被损坏。这时，应沿整个路由检查微管的损坏情况。此外，也许是微管路由中的某个接头出现空气泄露，这时，应逐一检查所安装的接头，必要时，重新安装接头。如果发现存在物理损坏，则可在两个压力接头之间插入一段微管进行处理。当处理完成之后，则应重复所有的测试程序，对微管进行重新测试。如果路由难以接近，无法完成肉眼检查，或不能发现泄露地点，则应更换微管。

重要安全提示：对微管的泄露检查决不可在压力状态下进行。在进行任何检查之前，要确保微管处于无压状态。

内容五　光纤连接安装技术

1. 光纤连接技术

光纤与光纤的相互连接，称为光纤的接续。光纤与光纤的连接常用的技术有两种：一种是拼接技术，另一种是端接技术。下面来介绍这两种接续技术。

(1) 光纤拼接技术。它是将两段断开的光纤永久性地连接起来。这种拼接技术又有两种：一种是熔接技术，另外一种是机械拼接技术。

(2) 光纤熔接技术。光纤熔接技术是用光纤熔接机进行高压放电使待接续光纤端头熔融，合成一段完整的光纤。这种方法接续损耗小(一般小于 0.1 dB)，而且可靠性高，是目前使用最普遍的方法。

光纤熔接技术的操作流程图如图 6-38 所示。

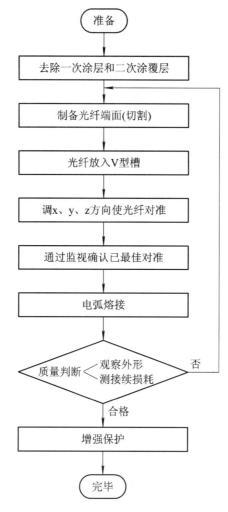

图 6-38 光纤熔接技术的操作流程图

2. 光纤熔接

1) 影响光纤熔接损耗的主要因素

影响光纤熔接损耗的因素较多, 大体可分为光纤本征因素和非本征因素两类。

(1) 光纤本征因素是指光纤自身因素, 主要有四点: ① 光纤模场直径不一致; ② 两根光纤芯径失配; ③ 纤芯截面不圆; ④ 纤芯与包层同心度不佳。

其中光纤模场直径不一致影响最大, 按 CCITT(国际电报电话咨询委员会)建议, 单模光纤的容限标准如下:

模场直径: (9~10 μm) ± 10%, 即容限约 ±1 μm;

包层直径: 125 ± 3 μm;

模场同心度误差≤6%, 包层不圆度≤2%。

(2) 影响光纤接续损耗的非本征因素即接续技术。

① 轴心错位: 单模光纤纤芯很细, 两根对接光纤轴心错位会影响接续损耗。当错位 1.2 μm 时, 接续损耗达 0.5 dB。

② 轴心倾斜：当光纤断面倾斜 1°时，约产生 0.6 dB 的接续损耗，如果要求接续损耗小于等于 0.1 dB，则单模光纤的倾角应小于等于 0.3°。

③ 端面分离：活动连接器的连接不好，很容易产生端面分离，造成连接损耗较大。当熔接机放电电压较低时，也容易产生端面分离，此情况一般在有拉力测试功能的熔接机中可能发现。

④ 端面质量：光纤端面的平整度差时，也会产生损耗，甚至气泡。

⑤ 接续点附近光纤物理变形：光缆在架设过程中的拉伸变形、接续盒中夹固光缆压力太大等，都会对接续损耗有影响，甚至熔接几次都不能改善。

(3) 其他因素的影响。

接续人员操作水平、操作步骤、盘纤工艺水平、熔接机中电极清洁程度、熔接参数设置、工作环境清洁程度等均会影响熔接损耗。

2) 降低光纤熔接损耗的措施

(1) 一条线路上尽量采用同一批次的优质名牌裸纤。

对于同一批次的光纤，其模场直径基本相同，光纤在某点断开后，两端间的模场直径可视为一致，因而在此断开点熔接可使模场直径对光纤熔接损耗的影响降到最低程度。所以我们可以要求光缆生产厂家用同一批次的裸纤，按要求的光缆长度连续生产，在每盘上顺序编号并分清 A、B 端，不得跳号。敷设光缆时须按编号沿确定的路由顺序布放，并保证前盘光缆的 B 端要和后一盘光缆的 A 端相连，从而保证接续时能在断开点熔接，并使熔接损耗值达到最小。

(2) 光缆架设按要求进行。

在光缆敷设施工中，严禁光缆打小圈及弯折、扭曲，光缆施工宜采用"前走后跟，光缆上肩"的放缆方法，这样能够有效地防止打背扣。牵引力不超过光缆允许的 80%，瞬间最大牵引力不超过 100%，牵引力应加在光缆的加强件上。敷放光缆应严格遵循光缆施工要求，从而最大限度地降低光缆施工中光纤受损伤的几率，避免光纤芯受损伤导致的熔接损耗增大。

(3) 挑选经验丰富、训练有素的光纤接续人员进行接续。

现在熔接大多是熔接机自动熔接，但接续人员的水平直接影响接续损耗的大小。接续人员应严格按照光纤熔接工艺流程图进行接续，并且熔接过程中应一边熔接一边用 OTDR 测试熔接点的接续损耗。不符合要求的应重新熔接，对熔接损耗值较大的点，反复熔接次数不宜超过 3 次。多根光纤熔接损耗都较大时，可剪除一段光缆重新开缆熔接。

(4) 接续光缆应在整洁的环境中进行。

严禁在多尘及潮湿的环境中露天操作，光缆接续部位及工具、材料应保持清洁，不得让光纤接头受潮，准备切割的光纤必须清洁，不得有污物。切割后，光纤不得在空气中暴露过长时间，尤其是在多尘、潮湿的环境中。

(5) 选用精度高的光纤端面切割器加工光纤端面。

光纤端面的好坏直接影响到熔接损耗的大小，切割的光纤应为平整的镜面，无毛刺，无缺损。光纤端面的轴线倾角应小于 1°，高精度的光纤端面切割器不但可以提高光纤切割的成功率，也可以提高光纤端面的质量。这对 OTDR 测试不着的熔接点(即 OTDR 测试盲点)和光纤维护及抢修尤为重要。

(6) 熔接机的正确使用。

熔接机的功能就是把两根光纤熔接到一起，所以正确使用熔接机也是降低光纤接续损耗的重要措施。根据光纤类型应正确合理地设置熔接参数、预放电电流、时间及主放电电流、主放电时间等，并且在使用中和使用后及时去除熔接机中的灰尘，特别是夹具、各镜面和 V型槽内的粉尘和光纤碎末的去除。每次使用前应使熔接机在熔接环境中放置至少 15 分钟，特别是在放置与使用环境差别较大的地方（如冬天的室内与室外）。根据当时的气压、温度、湿度等环境情况，熔接机需重新设置放电电压及放电位置，以及复位 V 型槽驱动器复位等。

3) 光纤接续点损耗的测量

光损耗是度量一个光纤接头质量的重要指标，有几种测量方法可以确定光纤接头的光损耗，如使用光时域反射仪(OTDR)或熔接接头的损耗评估方案等。

(1) 熔接接头损耗评估。

某些熔接机会使用一种光纤成像和测量几何参数的断面排列系统。通过从两个垂直方向观察光纤来获取图像，用计算机处理并分析该图像以确定包层的偏移、纤芯的畸变、光纤外径的变化和其他关键参数，使用这些参数来评价接头的损耗。依赖于接头和它的损耗评估算法求得的接续损耗可能和真实的接续损耗有相当大的差异。

(2) 使用光时域反射仪(OTDR)。

光时域反射仪(Optical Time Domain Reflectometer，OTDR)又称背向散射仪，其原理是：往光纤中传输光脉冲时，由于在光纤中散射的微量光，返回光源侧后，可以利用时基来观察反射的返回光程度。由于光纤的模场直径影响它的后向散射，因此在接头两边的光纤可能会产生不同的后向散射，从而遮蔽接头的真实损耗。如果从两个方向测量接头的损耗，并求出这两个结果的平均值，便可消除单向 OTDR 测量的人为因素误差。然而，多数情况是操作人员仅从一个方向测量接头损耗，其结果并不十分准确。事实上，由于具有失配模场直径的光纤引起的损耗可能比内在接头损耗自身大 10 倍。

① 光纤机械拼接技术。机械拼接技术也是一种较为常用的拼接方法，它通过一根套管将两根光纤的纤芯校准，以确保连接部位的准确吻合。机械拼接有两项主要技术：一是单股光纤的微截面处理(Single fibre capillary)技术，二是抛光加箍技术(Polished ferrule)。

② 光纤端接技术。光纤端接与拼接不同，它是使用光纤连接器件对于需要进行多次插拔的光纤连接部位的接续，属活动性的光纤互连，常用于配线架的跨接线以及各种插头与应用设备、插座的连接等场合，对管理、维护、更改链路等方面非常有用。其典型衰减为0.5 dB/接头。

4) 光纤的端接

光纤端接主要要求插入损耗小、体积小、装拆重复性好、可靠性好及价格便宜。光纤端接，需配置光纤安装单元和光纤环存放单元。

光纤连接器的结构种类很多，但大多用精密套筒来对直纤芯，以降低损耗。

综合布线选用的光纤连接器和适配器适用于不同类型的光纤匹配，并使用色码来区分不同类型的光纤。

光纤连接器有 ST、SC、LC、SFF、MIC、ESCON 等类型，并分为单工和双工。例如，ST 连接插头用于光纤的端接，此时光缆中只有单根光导纤维(而非多股的带状结构)，并且光缆以交叉连接或互连的方式连至光电设备上。在所有的单工终端应用中，综合布线均使用 ST 光纤连接器。当该连接器用于光缆的交叉连接方式时，光纤连接器置于 ST 连接耦合器中，而耦合器则平装在光纤互连装置(LIU)或光纤交叉连接分布系统中。

MIC 型是一种双工连接器。它通常接在 FDDI 光缆跳线的两端，用于将 FDDI 装置连接在带有 FDDI/ST 耦合器的设备和信息插座中，并且可用于 FDDI 网的闭环连接或交叉连接。

3. 光纤端接

1) 光纤端接方法

光纤端接比较简单，下面以 ST 光纤连接器为例，说明其端接方法。

(1) 光纤连接器的端接。

光纤连接器的端接是将两条半固定的光纤通过其上的连接器与此模块嵌板上的耦合器互连起来。做法是将两条半固定光纤上的连接器从嵌板的两边插入其耦合器中。

对于交叉连接模块来说，光纤连接器的端接是将一条半固定光纤上的连接器插入嵌板上耦合器的一端中，此耦合器的另一端中插入光纤跳线的连接器；然后，将光纤跳线另一端的连接器插入要交叉连接的耦合器的一端，该耦合器的另一端中插入要交叉连接的另一条半固定光纤的连接器。

交叉连接就是在两条半固定的光纤之间使用跳线作为中间链路，使管理员易于管理或维护线路。

(2) ST 连接器端接的步骤。

在综合布线系统中，应用最多的光纤接头是以 2.5 mm 陶瓷插针为主的 FC、ST 和 SC 型接头，以 LC、VF-45、MT-RJ 为代表的超小型光纤接头应用也逐步增长，如图 6-39 所示。

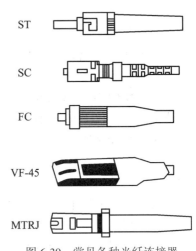

图 6-39 常见各种光纤连接器

① 清洁 ST 连接器。拿下 ST 连接器头上的黑色保护帽，用沾有光纤清洁剂的棉花签轻轻擦试连接器头。

② 清洁耦合器。摘下光纤耦合器两端的红色保护帽，用沾有光纤清洁剂的杆状清洁器穿过耦合器孔擦试耦合器内部以除去其中的碎片，如图 6-40 所示。

③ 使用罐装气，吹去耦合器内部的灰尘，如图 6-41 所示。

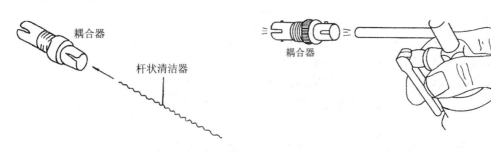

图 6-40 用杆状清洁器除去碎片 　　图 6-41 用罐装气吹除耦合器中的灰尘

④ ST 光纤连接器插到一个耦合器中。将光纤连接器头插入耦合器的一端，耦合器上的突起对准连接器槽口，插入后扭转连接器以使其锁定。如经测试发现光能量耗损较高，则需摘下连接器并用罐装气重新净化耦合器，然后再插入 ST 光纤连接器。在耦合器的两端插入 ST 光纤连接器，并确保两个连接器的端面在耦合器中接触，如图 6-42 所示。

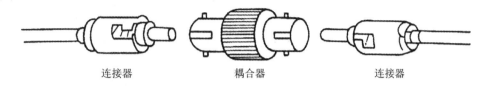

连接器　　　　　　　　耦合器　　　　　　　　连接器

图 6-42　将 ST 光纤连接器插入耦合器

注意：每次重新安装时，都要用罐装气吹去耦合器的灰尘，并用沾有试剂级的丙醇酒精的棉花签擦净 ST 光纤连接器。

⑤ 重复以上步骤，直到所有的 ST 光纤连接器都插入耦合器为止。

注意：若一次来不及装上所有的 ST 光纤连接器，则连接器头上要盖上黑色保护帽，而耦合器空白端或未连接的一端(另一端已插上连接头的情况)要盖上红色保护帽。

2) 光纤端接极性

每一条光纤传输通道包括两根光纤，一根接收信号，另一根发送信号，即光信号只能单向传输。如果收对收，发对发，则光纤传输系统肯定不能工作。因此，保证正确的极性就是在综合布线中所需要考虑的问题。ST 型通过繁冗的编号方式来保证光纤极性，SC 型为双工接头，在施工中对号入坐就完全解决了极性这个问题。

综合布线采用的光纤连接器配有单工和双工光纤软线。

在水平光缆或干线光缆终接处的光缆侧，建议采用单工光纤连接器；在用户侧，采用双工光纤连接器，以保证光纤连接的极性正确。

用双工光纤连接器时，需用锁扣插座定义极性，如图 6-43 所示。

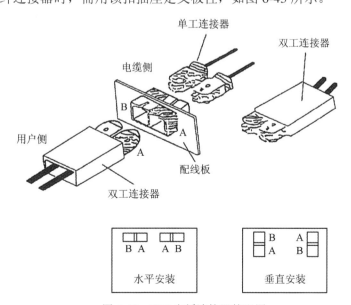

图 6-43　双工光纤连接器的配置

当用一个混合光纤连接器(BFOC/2.5—SC)代替两个单工耦合器时，需用锁扣插座定义极性。

① 双工光纤连接器(SC)。双工光纤连接器与耦合器连接的配置，应有它们自己的锁扣插座，如图 6-43 所示。

② 单工光纤连接器(BFOC/2.5)。单工光纤连接器与耦合器连接的配置，如图 6-44 所示。

③ 混合光纤连接器。单工、双工光纤连接器与耦合器混合互连的配置，如图 6-45 所示。

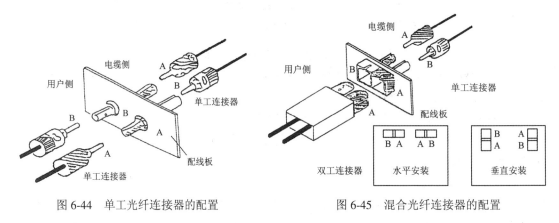

图 6-44　单工光纤连接器的配置　　　　图 6-45　混合光纤连接器的配置

任 务 总 结

本节介绍了物联网工程综合布线施工技术，主要介绍了基于铜缆布线和光缆布线的施工技术、信息模块的端接以及各链路的施工，最后介绍了吹光纤布线系统等新技术。

思 考 与 练 习

(1) 物联网综合布线安装施工要符合哪些技术标准？

(2) 物联网综合布线施工前要做哪些准备工作？

(3) 简述信息插座端接的步骤。

(4) 简述光纤熔接的过程。

项目七　物联网工程布线系统验收与测试

验收是用户对网络工程施工工作的检验，检查工程施工是否符合设计要求和有关施工规范。用户要确认，工程是否达到了原来的设计目标，质量是否符合要求，有没有不符合原设计的地方。

鉴定是对工程施工的水平做评价。鉴定评价来自专家、教授组成的鉴定小组，用户只能向鉴定小组客观地反映使用情况，鉴定小组组织人员对新系统进行全面的考察。鉴定组写出鉴定书提交上级主管部门备案。

验收分两部分进行，第一部分是物理验收；第二部分是文档验收。

鉴定由专家组和甲方、乙方共同进行。

任务一　中国物联网布线系统工程验收规范

过去国内大多数综合布线系统工程采用国外厂商生产的产品，且其工程设计和安装施工绝大部分由国外厂商或代理商组织实施。当时因缺乏统一的工程建设标准，所以不论是在产品的技术和外形结构，还是在具体设计和施工以及与房屋建筑的互相配合等方面都存在一些问题，没有取得应有的效果。为此，我国主管建设部门和有关单位在近几年来组织编制和批准发布了一批有关综合布线系统工程设计施工应遵循的依据和法规。这方面的主要标准和规范有以下内容：

(1) 国家标准《综合布线系统工程设计规范》(GB 50311—2007)根据建设部公告，自 2007 年 10 月 1 日起施行。

(2) 国家标准《综合布线系统工程验收规范》(GB 50312—2007)根据建设部公告，自 2007 年 10 月 1 日起施行。

(3) 国家标准《智能建筑设计标准》(GB 50314—2006)由原建设部和国家质量技术监督局联合批准发布，自 2007 年 7 月 1 日起施行。

(4) 国家标准《智能建筑工程质量验收规范》(GB 50339—2003)由原建设部和国家质量监督检验检疫总局联合发布，自 2003 年 10 月 1 日起施行。

(5) 国家标准《通信管道工程施工及验收规范》(GB 50374—2006)由原信息产业部发布，自 2007 年 5 月 1 日起施行。

(6) 国家标准《建筑电气工程施工质量验收规范》(GB 50303—2002)由原建设部发布，自 2002 年 6 月 1 日起施行。

(7) 通信行业标准《建筑与建筑群综合布线系统工程设计施工图集》(YDD 5082—99)由信息产业部批准发布，自 2000 年 1 月 1 日起施行。

(8) 通信行业标准《城市住宅区和办公楼电话通信设施设计标准》(TD/T 2008—930)由建设部和原邮电部联合批准发布，自 1994 年 9 月 1 日起施行。

(9) 通信行业标准《城市住宅区和办公楼电话通信设施验收规范》(YDD 5048—97)由原邮电部批准发布，自 1997 年 9 月 1 日起施行。

(10) 通信行业标准《城市居住区建筑电话通信设计安装图集》YD 5010—95 由原邮电部准发布，自 1995 年 7 月 1 日起施行。

(11) 通信行业标准《通信电缆配线管道图集》(TD 5062—98)由信息产业部批准发布，自 1998 年 9 月 1 日起施行。

(12) 中国工程建设标准化协会标准《城市住宅建筑综合布线系统工程设计规范》(CECSII9：2000)为推荐性标准，由协会下属通信工程委员会主编，经中国工程建设标准化协会批准，自 2000 年 12 月 1 日起施行。

当工程技术文件、承包合同文件要求采用国际标准时，应按要求采用适用的国际标准，但不应低于本规范规定。此外，在综合布线系统工程施工中，还可能涉及本地电话网，因此，还应遵循我国通信行业标准《本地电话网用户线路工程设计规范》(YDD 5006—95)、《本地电话网通信管道与通道工程设计规范》(YDD 5007—95)和《本地网通信线路工程验收规范》(YDD 5051—97)等规定。

以下国际标准可供参考：

《用户建筑综合布线》TSO/IEC 11801；

《商业建筑电信布线标准》EIA/TIA568；

《商业建筑电信布线安装标准》EIA/TIA569；

《商业建筑通信基础结构管理规范》EIA/TIA606；

《商业建筑通信接地要求》EIA/TIA607；

《信息系统通用布线标准》EN50173；

《信息系统布线安装标准》EN50174。

任务二　物联网工程布线系统工程验收

内容一　验收阶段

1. 概述

工程的验收工作对于保证工程的质量起到了重要的作用，也是工程质量四大要素(产品、设计、施工、验收)的一个组成内容。工程的验收体现于新建、扩建和改建工程的全过程，就综合布线系统工程而言，它与土建工程密切相关，而且还涉及到与其他行业间的接口处理。验收阶段分随工验收、初步验收、竣工验收等几个阶段，每一阶段都有其特定的内容。

2. 随工验收

在工程中，为了随时考核施工单位的施工水平和施工质量，对产品的整体技术指标和质量有一个了解，部分的验收工作应该在随工中进行(比如布线系统的电气性能测试工作、隐蔽工程等)。这样可以及早地发现工程质量问题，避免造成人力和器材的大量浪费。

随工验收应对工程的隐蔽部分边施工边验收，在竣工验收时，一般不再对隐蔽工程进行复查，而由工地代表和质量监督员负责。

3. 初步验收

对所有的新建、扩建和改建项目，都应在完成施工调测之后进行初步验收。初步验收的时间应在原定计划的建设工期内进行，由建设单位组织相关单位(如设计、施工、监理、使用等单位人员)参加。初步验收工作包括检查工程质量，审查竣工资料，对发现的问题提出处理的意见，并组织相关责任单位落实解决。

4. 竣工验收

综合布线系统在接入电话交换系统、计算机局域网或其他弱电系统后，在试运转后的半个月内，由建设单位向上级主管部门报送竣工报告(含工程的初步决算及试运行报告)，并请示主管部门接到报告后，组织相关部门按竣工验收办法对工程进行验收。

工程竣工验收为工程建设的最后一个程序，对于大、中型项目可以分为初步验收和竣工验收两个阶段。

一般综合布线系统工程完工后，尚未进入电话、计算机或其他弱电系统的运行阶段，应先对综合布线系统进行竣工验收，验收的依据是在初验的基础上，对综合布线系统各项检测指标认真考核审查，如果全部合格，且全部竣工图纸资料等文档齐全，也可对综合布线系统进行单项竣工验收。

内容二　工程验收

1. 验收的目的

工程验收是为了全面考核工程的建设工作，检验设计和工程质量。

2. 验收的要求

(1) 综合布线系统工程的验收工作，是对整个工程的全面验证和施工质量的评定，因此，必须按照国家规定的工程建设项目竣工验收办法和工作要求实施。

(2) 在综合布线系统工程施工过程中，施工单位必须重视质量，必须按照《建筑与建筑群综合布线系统工程验收规范》的有关规定，加强自检和随工检查等技术管理措施。建设单位的常驻工地代表或工程监理人员必须按照工程质量规定检查工作，力求消灭一切因施工质量不好而造成的隐患。所有随工验收和竣工验收的项目内容和检验方法等均应按照《建筑与建筑群综合布线系统工程验收规范》的规定办理。

(3) 由于智能化小区的综合布线系统既有屋内的建筑物主干布线子系统和水平布线子系统，又有屋外的建筑群主干布线子系统。因此，对于综合布线系统工程的验收，除应符合《建筑与建筑群综合布线系统工程验收规范》(GB/T 50312—2007)外，与综合布线系统衔接的城市电信接入网设施尚应符合国家现行的《本地网通信线路工程验收规范》(YD5051—1997)、《通信管道工程施工及验收技术规范》(YDJ39—1997)、《电信网光纤数字传输系统工程施工及验收暂行技术规定》、《市内通信全塑电缆线路工程施工及验收技术规范》等有关的规定。其中建筑群主干布线系统的屋外线路施工要求，可参照与上述类同的标准执行。

(4) 由建设单位负责组织现场检查、资料收集与整理工作。设计单位，特别是施工单位都有提供资料和竣工图纸的责任。

(5) 在竣工验收之前，建设单位为了充分做好准备工作，需要有一个自检阶段和初检阶段。

3. 验收的范围

对综合布线系统工程而言，验收的主要内容有：环境检查、器材检验、设备安装检验、缆线敷设和保护方式检验、缆线终接和工程电气测试等，验收标准为《建筑与建筑群综合布线系统工程验收规范》(GB/T50312—2007)。

4. 验收的依据

(1) 技术设计方案；

(2) 施工图设计；

(3) 设备技术说明书；

(4) 设计修改变更单；

(5) 现行的技术验收规范。

5. 验收组织

按综合布线行业国际惯例，大中型综合布线工程主要由中立的、有资质的第三方认证服务提供商来提供测试验收服务。

国内目前有以下几种验收组织：

施工单位自己组织验收；

施工监理机构组织验收；

第三方测试机构组织验收，包括质量监察部门提供验收服务和第三方测试认证服务提供商提供验收服务。

6. 竣工决算和竣工资料移交

首先要了解工程建设的全部内容，掌握项目发生、发展、完成的全部过程，并以图、文、声、像的形成进行归档。

应当归档的文件，包括项目的提出、调研、可行性研究、评估、决策、计划、勘测、设计、施工、测试、竣工的工作中形成的文件材料。其中竣工图技术资料是工程使用单位长期保存的技术档案，因此必须做到准确、完整、真实，必须符合长期保存的归档要求。竣工图必须做到以下几点：

(1) 必须与竣工的工程实际情况完全符合。

(2) 必须保证绘制质量，做到规格统一，字迹清晰，符合归档要求。

(3) 必须经过施工单位的主要技术负责人审核、签认。

内容三　检验的具体项目

对综合布线系统工程而言，验收的主要内容有：环境检查、器材检验、设备安装检验、线缆敷设和保护方式检验、线缆终接和工程电气测试等。

1. 工程检验项目及内容

(1) 检验要求。

综合布线系统工程的验收包括建筑物、建筑群与住宅小区几个部分的内容验收，但每一个单项工程应根据所包括的范围和性质编制相应的检验项目和内容，不要完全照搬。

(2) 检验内容。

综合布线系统工程检验项目及内容如表 7-1 所示。

表 7-1　综合布线系统工程检验项目及内容

阶段	验收项目	验收内容	验收方式
一、施工前检查	1. 环境要求	土建施工情况：地面、墙面、门、电源插座及接地装置； 土建工艺：机房面积、预留孔洞； 施工电源； 地板铺设	施工前检查
	2. 设备材料检验	外观检查； 形式、规格、数量检查； 电缆电气性能测试； 光纤特性测试	施工前检查
	3. 安全、防火要求	消防器材； 危险物的堆放； 预留孔洞防火措施	施工前检查
二、电光缆布放	1. 交接间、设备间、设备机柜、机架	规格、外观； 安装垂直、水平度； 油漆不得脱落，标志完整齐全； 各种螺丝必须紧固； 抗震加固措施； 接地措施	随工检查
	2. 配线部件及 8 位模块式通用插座	规格、位置、质量； 各种螺丝必须拧紧； 标志齐全； 安装符合工艺要求； 屏蔽层可靠连接	随工检查

续表一

阶段	验收项目	验 收 内 容	验收方式
三、电光缆布放（楼内）	1. 电缆桥架及线槽布放	安装位置正确； 安装符合工艺要求； 符合布放线缆工艺要求； 接地	随工检查
	2. 缆线暗敷(包括暗管、线槽、地板等方式)	缆线规格、路由、位置； 符合布放线缆工艺要求； 接地	随工检查
四、电、光缆布放（楼内）	1. 架空缆线	吊线规格、架设位置、装设规格； 吊线垂度； 缆线规格； 卡、挂间隔； 缆线的引入符合工艺要求	随工检查
	2. 管道缆线	使用管孔孔位； 缆线规格； 缆线走向； 缆线的防护设施的设置质量	隐蔽工程签证
	3. 埋式缆线	缆线规格； 敷设位置、深度； 缆线的防护设施的设置质量； 回土夯实质量	隐蔽工程签证
	4. 隧道缆线	缆线规格； 安装位置、路由； 土建设计符合工艺要求	隐蔽工程签证
	5. 其他	通信线路与其他设施的间距； 进线室安装、施工质量	随工检验或隐蔽工程签证
五、缆线终接	1. 8 位模块式通用插座	符合工艺要求	随工检查
	2. 配线部件		
	3. 光纤插座		
	4. 各类跳线		

续表二

阶段	验收项目	验收内容	验收方式
六、系统测试	1. 工程电气性能测试	连接图； 长度； 衰减； 近端串音(两端都应测试) 设计中特殊规定的测试内容	竣工检验
	2. 光纤特性测试	衰减； 长度	
七、工程总验收	1. 竣工技术文件	清点、交接技术文件	
	2. 工程验收评价	考核工程质量、确认验收结果	

注：系统测试内容的验收亦可在随工中进行。

2. 环境要求

(1) 地面、墙面、天花板内、电源插座、信息模块座、接地装置等要素的设计与要求。

(2) 设备间、管理间的设计。

(3) 竖井、线槽、打洞位置的要求。

(4) 施工队伍以及施工设备。

(5) 活动地板的敷设。

3. 设备材料检验

(1) 施工材料的检查。

① 双绞线、光缆是否按方案规定的要求购买。

② 塑料槽管、金属槽是否按方案规定的要求购买。

③ 机房设备如机柜、集线器、接线面版是否按方案规定的要求购买。

④ 信息模块、座、盖是否按方案规定的要求购买。

(2) 设备安装的检查。

① 机柜与配线面板的安装。

(a) 在机柜安装时要检查机柜安装的位置是否正确；规定、型号、外观是否符合要求。

(b) 检查跳线制作是否规范，配线面板的接线是否美观整洁。

② 信息模块的安装。

(a) 信息插座安装的位置是否规范。

(b) 信息插座、盖安装是否平、直、正。

(c) 信息插座、盖是否用螺丝拧紧。

(d) 标志是否齐全。

(3) 线缆的敷设及保护方式。

① 桥架和线槽安装。

(a) 位置是否正确。

(b) 安装是否符合要求。

(c) 接地是否正确。

② 线缆布放。

(a) 线缆规格、路由是否正确。

(b) 对线缆的标号是否正确。

(c) 线缆拐弯处是否符合规范。

(d) 竖井的线槽、线固定是否牢靠。

(e) 是否存在裸线。

(f) 竖井层与楼层之间是否采取了防火措施。

③ 室外光缆的布线。

(a) 架空布线。架空布线要检验以下几项：架设竖杆位置是否正确；吊线规格、垂度、高度是否符合要求；卡挂钩的间隔是否符合要求。

(b) 管道布线。管道布线要检验以下几项：使用管孔、管孔位置是否合适；线缆规格；线缆走向路由；防护设施。

(c) 挖沟布线(直埋)。挖沟布线要检验以下几项：光缆规格；敷设位置、深度；是否加了防护铁管；回填土复原是否夯实。

4. 线缆端接检验

(1) 线缆端接的一般要求。

① 线缆在端接前，必须核对线缆标识内容是否正确。

② 线缆中间不允许有接头。

③ 线缆端接处必须牢固、接触良好。

④ 电缆与插接件连接应认准线号、线位色标，不得颠倒和错接。

(2) 电缆芯线端接应符合相关要求。

端接时，每对线应保持扭绞状态。双绞线在与信息模块相连时，必须按色标和线对顺序进行卡接。屏蔽电缆的屏蔽层与接插件处屏蔽罩必须保持 360° 圆周接触，接触长度不小于 10 mm。

(3) 光缆芯线端接应符合相关要求。

① 采用光纤连接盒对光纤进行连接、保护，在连接盒中光纤的弯曲半径应符合安装工艺要求；

② 光纤熔接处应加以保护和固定，使用连接器以便于光纤的跳接；光纤连接盒面板应有标志；

③ 各类跳线标志齐全，一般电缆跳线不应超过 5 m，光缆跳线不应超过 10 m；

④ 要通过工程电气测试。

任务三　布线工程现场测试

一个优质的综合布线工程，不仅要求设计合理，选择的布线器材优质，还要有一支素质高、经过专门培训、实践经验丰富的施工队伍来完成工程施工任务。但在实际工作中，业主往往更多地注意工程规模、设计方案，而经常忽略了施工质量。由于我国普遍存在着工程领域的转包现象，所以施工阶段漏洞甚多。其中不重视工程测试验收这一重要环节，把组织工程测试验收当作可有可无事情的现象十分普遍。往往等到建设项目需要开通业务时，发现问题累累，麻烦事丛生，才后悔莫及。

内容一　测试类型

现场测试工作，是综合布线系统工程进行过程中和竣工验收阶段始终要抓的一项重要工作，业主、设计、监理、施工等部门都应给以足够重视。把握好施工器材的抽样测试、施工进行过程中的随工验证测试、工程阶段竣工的工程质量认证测试这三个技术质量至关重要。

1. 抽验器材

启动工程，批量器材进入工程现场之后，工程监理组织对综合布线所用器材进行核查验收；按照国家和行业标准要求，针对线缆、接插件进行抽样测试(测试应委托具备测试条件和测试能力的、公正的第三方机构进行)；在出具检验合格证书后，准予使用。在整个工程进行过程中，适当地安排器材的抽测，这是确保工程质量的重要环节之一。如果经过抽测不合格，则应按照工程监理"施工中甩用材料及设备的质量控制"处理原则进行处理。

2. 验证测试

施工过程中的验证测试环节必不可少。验证测试是施工人员在施工过程中边施工边做的测试，目的是确保综合布线安装、打线的正确性。通过此项工作，可以了解安装工艺水平，及时发现施工安装过程中的问题，并得到相应修正，不至于等到工程完工时再发现问题，重新返工，耗费大量的、不必要的人力、物力和财力。验证测试不需要使用复杂的测试仪，只要购置检验布线图是否正确和测试长度的测试仪就可以了。因为在工程竣工检查中，发现信息链路不通、短路、反接、线对交叉、链路超长的情况，往往占整个工程发现问题的 80%。这些问题在施工初期都是非常容易解决的事，调换一下缆线、修正一下路由即可。如果到了布线后期才发现，就非常难解决了。

3. 认证测试

综合布线系统的认证测试是所有测试工作中最重要的环节，也称为竣工测试。综合布线系统的性能不仅取决于综合布线方案设计、施工工艺，同时取决于在工程中所选的器材的质量。认证测试是检验工程设计和工程质量总体水平行之有效的手段，所以对于综合布线系统必须要求进行认证测试。

认证测试通常分为自我认证测试和第三方认证测试两种类型。

1) 自我认证测试

自我认证测试由施工方自己组织进行，要按照设计施工方案对工程中的每一条链路进行测试，确保每一条链路都符合标准要求。如果发现未达标链路，应进行修改，直至复测合格；同时编制成准确的链路档案，写出测试报告，交业主存档。测试记录应当做到准确、完整，以便使用查阅。由施工方组织的认证测试，可以由设计、施工多方共同进行，工程监理人员也可参加。

认证测试是设计、施工方对所承担的工程进行的一个总结性质量检验，为工程结束划上一个初步句号，这在工程质量管理上是必须的一道程序，也是最基本的步骤。

施工单位承担认证测试工作的人员应当具备哪些条件呢？应当是经过正规培训(仪表供应商通常负责仪表培训工作)、学习、考试合格的，即熟悉计算机技术，又熟悉布线技术且有责任心的人员。

为了日后更好地管理维护布线系统，甲方(业主单位)应派遣熟悉该工序的、了解布线施工过程的人员，参加施工、设计单位组织的自我认证测试，以便了解整个测试全过程。

2) 第三方认证测试

由于综合布线系统是一个复杂的计算机网络基础传输媒体，工程质量将直接影响业主计算机网络能否按设计要求开通，能否保证使用质量，这是业主最为关心的问题。支持千兆以太网的 5 类、增强 5 类及 6 类双绞线综合布线系统的推广应用，和光纤到桌面的大量推广使用，使得工程施工工艺要求越来越严格。越来越多的业主，既要求布线施工方提供布线系统的自我认证测试，同时也委托第三方对系统进行验收测试，以确保布线施工的质量。这是对综合布线系统验收质量管理的规范化做法。

目前采取的做法有以下两种：

(1) 对工程要求高、使用器材类别多、投资大的工程，除要求施工方要做自我认证测试外，还应邀请第三方对工程做全面验收测试。(事先与施工方签订协议，测试费从工程款中开支。)

(2) 业主在要求施工方做自我认证测试的同时，请第三方对综合布线系统链路做抽样测试，抽样点数量要能反映整个工程的质量。

现场测试是评价、衡量工程可用性的最重要的途径。

衡量、评价一个综合布线系统的质量优劣，唯一科学、有效的途径就是进行全面现场测试。目前，综合布线系统在工程界，是少有的已具有完备的全套验收标准的、可以通过验收测试来确定工程质量水平的项目之一。

内容二　物联网工程布线系统认证测试涉及的标准

综合布线系统作为建筑智能化的重要环节，由于推广应用时间早、技术要求高，国际上 1995 年就颁布了相应技术标准。美国 EIA/TIA 委员会 1995 年推出了《非屏蔽双绞线(UTP)布线系统的传输性能测试规范》(TSB-67)，它是国际上第一部综合布线系统现场测试的技术规范，它叙述和规定了电缆布线的现场测试内容、方法和对仪表精度的要求。TSB-67规范包括以下内容：

(1) 定义了现场测试用的两种测试链路结构；

(2) 定义了 3、4、5 类链路需要测试的传输技术参数(具体说有 4 个参数：接线图、长度、衰减、近端串扰损耗)；

(3) 定义了在两种测试链路下各技术参数的标准值(阈值)；

(4) 定义了对现场测试仪的技术和精度要求；

(5) 现场测试仪测试结果与实验室测试仪器测试结果的比较。

TSB-67 涉及的布线系统，通常是在一条缆线的两对线上传输数据，可利用最大带宽为 100 MHz，最高支持 100Base-T 以太网。

从 1998 年以来，国际标准化组织加快了标准修订和对新标准研究的速度。事实上，面对网络快速发展和新技术对综合布线系统不断提出的新要求，过去几年，布线产品性能和链路性能都有了非常明显的提高。一个支持 1000Bas-TX 局域网的 5 类(cat.5)和 6(Cat.6)类布线标准 EIA/TIA-568B 已经于 2002 年推出。

我国对综合布线系统专业领域的标准和规范的制定工作也非常重视。

1996 年以来，先后颁布的国家标准和行业标准如下：

序号	标准编号	标准名称
1	GB/T 50311—2007	《建筑与建筑群综合布线系统工程设计规范》
2	GB/T 50312—2007	《建筑与建筑群综合布线系统工程验收规范》
3	YD/T 926—1~3(2000)	《大楼综合布线总规范》
4	YD/T 1013—1999	《综合布线系统电气特性通用测试方法》
5	YD/T 1019—2000	《数字通信用实心聚烯烃绝缘水平对绞电缆》

上述五个标准，作为综合布线领域的实用性标准，相互补充，相互配合。其中，标准 YD/T 1013—1999 是专门为我国综合布线系统现场测试和工程验收编制的。该标准弥补了 TSB-67 的不足，除了定义 3、5 类链路外，还定义了增强型 5 类(5E)和宽带链路(6 类)及光纤链路，定义了上述链路所需要测试的技术参数、测试连接方式、各技术指标的测试原理、仪表的选择使用及布线系统测试报告应包括的内容和链路验收测试的判定准则等，是综合布线系统验收测试工作的重要指导性文件。

其他标准则可以作为数字通信线缆、器材、生产、检测、工程设计及验收的依据。

网络电缆及对应的标准如表 7-2 所示，不同标准所要求的测试参数如表 7-3 所示。

表 7-2　网络电缆及对应的标准

电 缆 类 型	网 络 类 型	标　　准
UTP	令牌环 4 Mbps	IEEE 802.5 for 4Mbps
UTP	令牌环 16 Mbps	IEEE 802.5 for 16Mbps
UTP	以太网	IEEE 802.3 for 10Base-T
RG58/RG58 Foam	以太网	IEEE 802.3 for 10Base2
RG58	以太网	IEEE 802.3 for 10Base5
UTP	快速以太网	IEEE 802.12
UTP	快速以太网	IEEE 802.3 for 10Base-T
UTP	快速以太网	IEEE 802.3 for 100Base-T4
URP	3，4，5 类电缆现场认证	TIA 568，TSB-67

表 7-3　不同标准所要求的测试参数

测试标准	接线图	电阻	长度	特性阻抗	近端串扰	衰减
EIA/TIA 568[a]，TSB-67	*		*		*	
10base-T	*		*	*	*	*
10Base2		*	*	*		
10Base5		*	*	*		
IEEE 802.5 for 4Mbps	*		*	*	*	*
IEEE 802.5 for 16Mbps	*		*	*		*
100Base-T	*		*	*	*	*
IEEE 802.12 100Base-VG	*		*	*	*	*

内容三　物联网工程布线链路分类及测试链路分类模型

1. 布线链路

本节涉及到的综合布线链路，系指在综合布线系统中占 90% 比例的水平布线链路。下面分别对双绞线水平布线链路和光纤水平布线链路进行介绍。垂直主干链路和建筑群之间的链路，由于目前尚无测试标准，在整个工程中所占数量和比例不大，在此不做介绍。

1) 双绞线水平布线链路

按照用户对数据传输速率的不同需求，根据不同的应用场合，现对链路分类如下：

(1) 3 类水平链路。3 类水平链路是使用 3 类双绞数字电缆及同类别或更高类别的器材 (接插硬件、跳线、连接插头、插座)进行安装的链路。3 类链路的最高工作频率为 16 MHz。

(2) 5 类水平链路。5 类水平链路是使用 5 类双绞数字电缆及同类别或更高类别的器材 (接插硬件、跳线、连接插头、插座)进行安装的链路。5 类链路的最高工作频率为 100 MHz。

(3) 增强型 5 类水平链路(TIA/EIA568B 标准中的 5 类事实上就是增强型 5 类)。增强型 5 类水平链路是使用增强型 5 类双绞数字电缆(又称超 5 类)及同类别或更高类别的器件(接插硬件、跳线、连接插头、插座)进行安装的链路。增强 5 类链路的最高工作频率为 100 MHz。同时使用 4 对芯线时，支持 1000BaseT 以太网工作。

(4) 6 类水平链路。6 类水平链路是使用 6 类双绞数字电缆及同类别或更高类别的器件 (接插硬件、跳线、连接插头、插座)进行安装的链路。6 类链路的最高工作频率为 250 MHz。同时使用 2 对芯线时，支持 1000Base-T 或更高速率的以太网工作。最高工作频率指链路传输的工作带宽。

2) 光纤水平布线链路

水平布线长度超过 100 m，或传输速率在 100 Mb/s 以上应用，或有高质量传输数据要求，以及布线环境处于电磁干扰严重的情况时，可考虑采用光纤水平布线链路。

楼宇内光纤水平布线也常被称为光纤到桌面，一般使用多模光纤，也可使用单模光纤。根据不同需求可以选择的多模光纤为 62.5/125 μm 和 50/125 μm 两种。使用模式带宽分别为 200 MHz·km 和 500 MHz·km(参见 GB/T 50311—2000)。当使用 1000Base-sx 局域网进行数据传输时，它们分别可以支持最大 220 m 和 500 m 长度的水平链路使用。

2. 布线测试连接及定义

1) 双绞线水平线连接方式

双绞线水平布线链路方式，根据测试的不同需求，定义了三种测试连接方式供测试者选择。

(1) 基本链路方式(Basic Link)。基本链路方式包括最长 90 m 的端间固定连接水平缆线和两端的接插件。一端为工作区信息插座，另一端为楼层配线架、跳线板插座及连接两端接插件的两条 2 m 测试线。基本链路方式如图 7-1 所示。

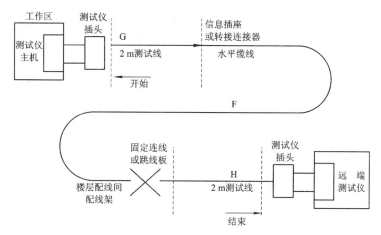

F：信息插座与跳线板间水平线缆≤90 m；G、H：测试设备连线(共4 m)

图 7-1 基本链路方式

(2) 通道链路方式(Channel)。通道链路方式用以验证包括用户终端连接线在内的整体通道的性能。通道连接包括最长 90 m 的水平线缆、一个信息插座、一个靠近工作区的可选的附属转接连接器、在楼层配线间跳线架上的两处连接跳线和用户终端连接线，总长不得长于 100 m。通道链路方式如图 7-2 所示。

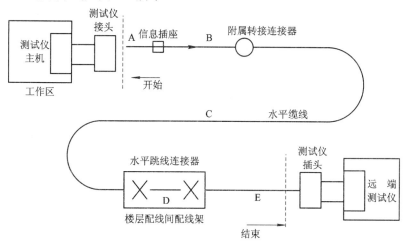

A：用户终端连接线；B：用户转接线；C：水平缆线；
D：跳线架连接跳线B＋C≤90 m；E：跳线架到通信设备连接线A＋D＋E≤10 m

图 7-2 通道链路方式

(3) 永久链路方式(Permanent Link)。永久链路又称固定链路，在国际标准化组织 ISO/IEC 所制定的增强 5 类、6 类标准及 TIA/EIA568B 中，定义了永久链路测试方式，它将代替基本链路方式。永久链路方式供工程安装人员和用户用以测量所安装的固定链路的性能。永久链路连接方式由 90 m 水平电缆和链路中相关接头(必要时增加一个可选的转接/汇接头)组成。与基本链路方式不同的是，永久链路不包括现场测试仪插接线和插头，以及两端 2 m 测试电缆，电缆总长度为 90 m，而基本链路包括两端的 2 m 测试电缆，电缆总计长度为 94 m。永久链路方式如图 7-3 所示。

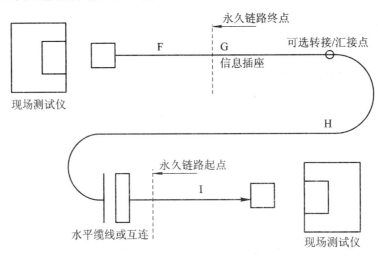

F：测试设备跳线，2 m；G：信息插座；H：可选转接/汇接点及水平电缆；
I：测试设备跳线，2 m；H的最大长≤90 m

图 7-3　永久链路方式

永久链路测量方式，排除了测量连线在测量过程中本身带来的误差，从而使测量结果更准确、合理。当测试永久链路时，测试仪表应能自动扣除 F、I 和 2m 测试线的影响。

在实际测试应用中，选择哪一种测量连接方式应根据需求和实际情况决定。使用通道链路方式更符合使用的情况，但它包含了用户的设备连线部分，测试较复杂，所以一般工程验收测试建议选择基本链路方式或永久链路方式进行。

2) 水平光缆布线测试连接方式

水平光缆布线测试连接方式如图 7-4 所示。

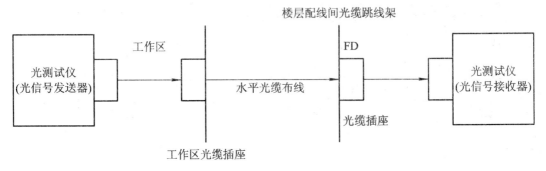

图 7-4　水平光缆布线测试连接方式

3) 楼宇内垂直主干布线测量链路

楼宇内垂直主干布线使用的铜缆有：3 类、5 类大对数对称双绞数字电缆，光缆可能是多模光纤，也可能是单模光纤，测试起始点可以安排在楼层配线架上(FD)，测试终点在楼宇总配线架上(BD)。

由于目前对大对数数字电缆尚无测试标准，所以测试时只能测试各线对有无短路、开路、交叉，布线长度及传输衰减等有关标准的测试，目前正在研究当中。

内容四　物联网工程布线系统测试电气特性参数和技术指标

1. 双绞线水平布线链路测试参数

本节的测试参数标准值主要参考 TIA/TIA568B 和 ISO11801 2000 草案。

(1) 接线图。

接线图是测试布线链路有无端接错误的一项基本检查，测试的接线图可以显示出所测每条线缆的 8 条芯线与接线端子的实际连接状态。正确的线对组合为 1/2、3/6、4/5、7/8。布线过程中，可能在接线图上发生的错误情况见布线连接图测试状态分项图例列表 7-4。

表 7-4　布线连接图测试状态分项图例列表

连接图类型	显示标准	缆线实际状况	说　　明
正确连接	连接图 RJ45　　PIN 1 2 3 4 5 6 7 8 S | | | | | | | | | 1 2 3 4 5 6 7 8 S 通过	1——1　　2——2 3——3　　4——4 5——5　　6——6 7——7　　8——8	S:屏蔽层(非屏蔽线缆 S 互不连接)
线条交叉	连接图 RJ45　　PIN 1 2 3 4 5 6 7 8 S | | | | | | | | | 1 2 3 4 5 6 7 8 S 失败	1——1 2　　2 ╳ 3　　3 6——6	1，2 线对中的线与 3，6 线对中的线条发生交叉，形成一不可识别之回路
反向线对	连接图 RJ45　　PIN 1 2 3 4 5 6 7 8 S ╳╳| | | | | | | 2 1 3 4 5 6 7 8 S 失败	1　　1 ╳ 2　　2	同一线对中线 1 和线 2 交叉

连接图类型	显示标准	缆线实际状况	说　明
叉线对	连接图 RJ45　　PIN 1 2 3 4 5 6 7 8 S × × × ∣ ∣ × ∣ ∣ ∣ 3 6 1 4 5 2 7 8 S 失败		1，2线对和3，6线对交叉
短路	连接图 RJ45　　PIN 1 2 3 4 5 6 7 8 S ∣ ∣ ∣ ∣ ∣ ∣ ∣ ∣ ∣ 1 2 3 4 5 6 7 8 S 失败		线1和线3短路
开路	连接图 RJ45　　PIN 1 2 3 4 5 6 7 8 S ○ ∣ ∣ ∣ ∣ ∣ ∣ ∣ ∣ 1 2 3 4 5 6 7 8 S 失败		线1断开
串绕线对	连接图 RJ45　　PIN 1 2 3 4 5 6 7 8 S ∣ ∣ ∣ ∣ ∣ ∣ ∣ ∣ ∣ 1 2 3 4 5 6 7 8 S 失败		1，2线对与3，6线对相串绕

　　注：表中"显示标准"的方式不是唯一的，各种测试仪规定不同。此表仅用来表示接线图的常见7种状态，而未包含全部接线可能的状态。

　　根据综合布线的需求，我们可以使用以下两种连接插座和布线排列方式：A型(T 568A)和B型(T 568B)。二者有着固定的排列线序，不能混用和错接，如图7-5和图7-6所示。接线图可能出现下述8种正确和不正确的情况：

① 正确连接；

② 线对交叉；

③ 反向线对；

④ 交叉线对；

⑤ 短路；

⑥ 开路；

⑦ 串绕线对；

⑧ 其他接线错误。

①～⑦所列各连接状态在布线连接图测试状态分项图例列表中予以定义；⑧所列错误接线状态未给出具体定义，在此只是将综合布线中可能出现的接线图①～⑦之外的错误类型全部包含在这一项。

当出现不正确连接，即发生②～⑧情况时，测试仪指示接线有误，测试仪显示接线图测试失败。

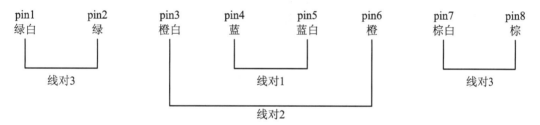

图 7-5 A 型(T-568A)RJ45 连接插座接线排列和线对颜色对应图

图 7-6 B 型(T-568B)RJ45 连接插座接线排列和线对颜色对应图

(2) 布线链路长度。

布线链路长度系指布线链路端到端之间电缆芯线的实际物理长度。由于各芯线存在不同绞距，在布线链路长度测试时，要分别测试 4 对芯线的物理长度，测试结果会大于布线所用电缆长度。

布线线缆链路的物理长度由测量到的信号在链路上的往返传播延迟 T 导出，如下式：

$$L = T(s) \times (NVP \times C) \, (m/s)$$

$$NVP = 信号传输速度(m/s)/光速 \, c \, (m/s)$$

式中：c 为光在真空中传播的速度，$c = 3 \times 10^8$ m/s。

为保证长度测量的准确度，进行此项测试前通常需对被测线缆的 NVP 值进行测量。

① 用长度不小于 15 m 的测试样线确定 NVP 值，测试样线愈长，测试结果愈精确。

② 该值随不同线缆类型而异。通常，NVP 范围为 60%～90%。

链路长度测量原理图如图 7-7 所示。

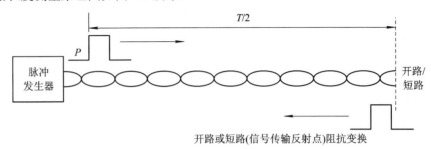

图 7-7　链路长度测量原理图

电缆长度测量值在"自动测试"和"单项测试"中自动显示，根据所选测试连接方式不同分别报告标准受限长度和实测长度值。测试结果标注"通过"或"失败"，如图 7-8 所示。

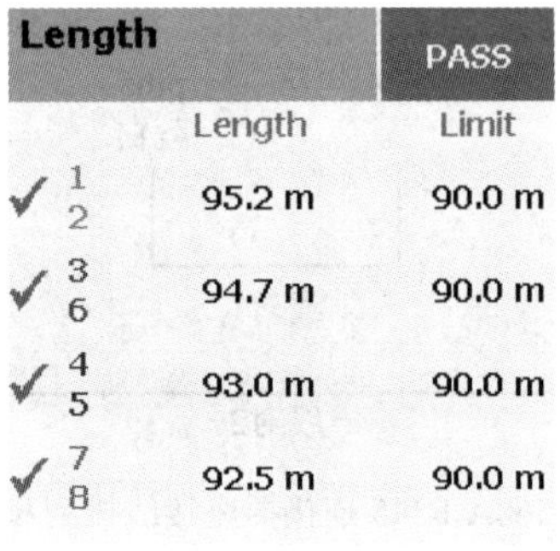

Length		PASS
	Length	Limit
✔ 1 2	95.2 m	90.0 m
✔ 3 6	94.7 m	90.0 m
✔ 4 5	93.0 m	90.0 m
✔ 7 8	92.5 m	90.0 m

图 7-8　长度测试结果

不同型电缆的 NVP 值不同，电缆长度测试值与实际值之间存在着较大误差。由于 NVP 值是一个变化因素，不易准确测量，故通常多采取忽略 NVP 值影响、对长度测量极值安排 +10% 余量的做法。在综合布线实际应用中，布线长度略超过标准，在不影响使用时，也是可以允许的。

表 7-5 列出了通道链路方式、基本链路方式和永久链路方式所允许的综合布线极限长度。

表 7-5　综合布线连接方式的允许极限长度

被测连接方式	综合布线极限长度
通道链路方式	100 m
基本链路方式	94 m
永久链路方式	90 m

(3) 直流环路电阻。

无论 3 类、4 类、5 类、5e 类或宽带线缆，在通道链路方式或基本链路方式下，线缆每个线对的直流环路电阻在 20℃～30℃ 环境下的最大值：3 类链路不超过 170 Ω，3 类以上链路不超过 40 Ω。该测试项，通常是作为评判布线质量的参考项，测试仪只标注出测试数值，不标注"通过"或"失败"。

(4) 衰减。

由于集肤效应、绝缘损耗、阻抗不匹配、连接电阻等因素，信号沿链路传输会损失能量，该损失能量就称为衰减。传输衰减主要用来测试传输信号在每个线对两端间的传输损耗值，及同一条电缆内所有线对中最差线对的衰减量，相对于所允许的最大衰减值的差值。对一条布线链路来说，衰减量由下述各部分构成：

① 每个连接器对信号的衰减量；

② 构成通道链路方式的 10 m 跳线或构成基本链路方式的 4 m 设备接线对信号的衰减量；

③ 布线电缆对信号的衰减。

布线链路对信号的总衰减：

$$A链路 = \sum A连接器 + \sum A电缆长度$$

式中，

$$A电缆长度 = \left(布线长度 + \frac{连接线}{100}\right) \times 衰减电缆100\,m + 连线衰减修正量$$

其中，A 电缆长度为布线链路线缆总衰减(包括链路线缆和跳线衰减)；布线长度布线 + 连接线为综合布线的线缆总长；衰减电缆 100 m 为 100 m 线缆标准衰减值。

链路衰减标准值的推算依据：

增强 5 类：

通道链路：$1.05 \times (1.9108f + 0.0222f + 0.2f) + 3 \times 0.04f$

永久链路：$0.9 \times (1.9108f + 0.0222f + 0.2f) + 3 \times 0.04f$

6 类：

通道链路：$1.05 \times (1.82f + 0.017f + 0.25f) + 4 \times 0.02f$

永久链路：$0.9 \times (1.82f + 0.017f + 0.25f) + 3 \times 0.02f$

表 7-6 列出了不同类型线缆在不同频率、不同链路方式情况下每条链路最大允许衰减值。

表 7-6　不同连接方式下允许的最大衰减值一览表

频率 /MHz	3 类/dB		4 类/dB		5 类/dB		5 类 E/dB		6 类/dB	
	通道链路	基本链路	通道链路	基本链路	通道链路	基本链路	通道链路	永久链路	通道链路	永久链路
1.0	4.2	3.2	2.6	2.2	2.5	2.1	2.4	2.1	2.2	2.1
4.0	7.3	6.1	4.8	4.3	4.5	4.0	4.4	4.0	4.2	3.6
8.0	10.2	8.8	6.7	6.0	6.3	5.7	6.8	6.0	—	5.0
10.0	11.5	10.0	7.5	6.8	7.0	6.3	7.0	6.0	6.5	6.2
16.0	14.9	13.2	9.9	8.8	9.2	8.2	8.9	7.7	8.3	7.1
20.0	—	—	11.0	9.9	10.3	9.2	10.0	8.7	9.3	8.0
25.0	—	—	—	—	11.4	10.3	—	—	—	—

续表

频率/MHz	3 类/dB		4 类/dB		5 类/dB		5 类 E/dB		6 类/dB	
	通道链路	基本链路	通道链路	基本链路	通道链路	基本链路	通道链路	永久链路	通道链路	永久链路
31.25	—	—	—	—	12.8	11.5	12.6	10.9	11.7	10.0
62.5	—	—	—	—	18.5	16.7	—	—	—	—
100	—	—	—	—	24.0	21.6	24.0	20.4	21.7	18.5
200	—	—	—	—	—	—	—	—	31.7	26.4
250	—	—	—	—	—	—	—	—	32.9	30.7

注：表中数值为 20℃温度下的标准值；实际测试时，根据现场温度，对 3 类缆和接插件构成的铁路，每增加 1℃，衰减量增加 1.5%。对于 4 类及 5 类缆和接插件构成的链路，温度变化 1℃，衰减量变化 0.4%；线缆的高频信号走向靠近金属芯线表面时，衰减量增加 3%。5 类以上修正量待定。

按图 7-9 所示使用扫描仪在不同频率上发送 0 dB 信号，用选频电平表在链路远端测试各特定频率点接收电平 dB 值，即可确定衰减量。

图 7-9　衰减量测试原理图

测试标准按表 7-7 规定，测试内容应反映表中所列各项目指出测试的线对最差频率点及该点衰减数值(以 dB 表示)。

在"自动测试"和"单项测试"中自动显示被测线缆中每一线对的衰减参数标准值和测试值。

表 7-7　衰减量测试结果的报告项目及说明

报告项目	测试结果报告内容说明
线对	与结果相对应的电缆线对，本项测试显示线对：1，2，4，5，3，6，7，8
衰减量/dB	如测试通过，该值是所测衰减值中最高的值(最差的频率点的值)；如测试失败，该值是超过测试标准最高的测量衰减值
频率/Hz	如测试通过，该频率是发生最高衰减值的频率值；如测试失败，该频率是发生最严重不合格值处的频率
衰减极限/dB	给出在所指定的频率上所容许的最高衰减值(极限标准值)，取决于最大允许缆长
余量/dB	最差频率点上极限值与测试衰减值之差，正数据表示测量衰减值低于极限值，负数据表示测量衰减值高于极限值
结果	测试结果判断：余量测试为正数据表示"通过"，余量测试为负数据表示"失败"

(5) 近端串扰损耗(NEXT)。

一条链路中，处于线缆一侧的某发送线，对于同侧的其他相邻(接收)线对通过电磁感应所造成的信号耦合，即为近端串扰。定义近端串扰值(dB)和导致该串扰的发送信号(参考值定为 0dB)之差为近端串扰损耗。NEXT 值越大近端串扰损耗越大，这是我们所希望的。

近端串扰与线缆类别、连接方式和频率值有关。

近端串扰损耗为

$$\text{NEXT}(f) = -20 \lg \sum_{i=1}^{n} 10 - \frac{N_i}{20}$$

式中，N_i 为频率为 f 处串扰损耗的 i 分量；n 为串扰损耗分量总个数。

通道链路方式下的串扰损耗：

$$\text{NEXT 通} \geq 20 \lg(10 - \text{NEXTcable}20 + 2 \times 10 - \text{NEXTcon}20) \text{ dB}$$

基本链路方式下的串扰损耗：

$$\text{NEXT 基} \geq 20 \lg(10 - \text{NEXTcable}20 + 2 \times 10 - \text{NEXTcon}20) \text{ dB}$$

式中，NEXTcable = NEXT(0.772) − 15 lg(*f*/0.772)；NEXTcable 为线缆本身的近端串扰损耗；NEXTcon 为布线连接硬件的串扰损耗；NEXTcon ≥ NEXT(16) − 20 lg(*f*/16)；NEXT(16) 为频率 f 为 16 MHz 时，NEXT 的最小值。

表 7-8 列出了不同类线缆在不同频率、不同链路方式情况下，允许最小的近端串扰损耗值。

表 7-8　最小近端串扰损耗一览表

频率 /MHz	3 类/dB		4 类/dB		5 类/dB		5 类 e/dB		6 类/dB	
	通道链路	基本链路	通道链路	基本链路	通道链路	基本链路	通道链路	永久链路	通道链路	永久链路
1.0	39.1	40.1	53.3	54.7	>60.0	>60.0	63.3	64.2	65.0	65.0
4.0	29.3	30.7	43.4	45.1	50.6	51.8	53.6	54.8	63.0	64.1
8.0	24.3	25.9	38.2	40.2	45.6	47.1	48.6	50.0	58.2	59.4
10.0	22.7	24.3	36.6	38.6	44.0	45.5	47.0	48.5	56.6	57.8
16.0	19.3	21.0	33.1	35.3	40.6	42.3	43.6	45.2	53.2	54.6
20.0	—	—	31.4	33.7	39.0	40.7	42.0	43.7	51.6	53.1
25.0	—	—	—	—	37.4	39.1	40.4	42.1	50.0	51.5
31.25	—	—	—	—	35.7	37.6	38.7	40.6	48.4	50.0
62.5	—	—	—	—	30.6	32.7	33.6	35.7	42.4	45.1
100	—	—	—	—	27.1	29.3	30.1	32.3	39.9	41.8
200	—	—	—	—	—	—	—	—	34.8	36.9
250	—	—	—	—	—	—	—	—	33.1	35.3

NEXT 的测量原理是测试仪从一个线对发送信号，当其沿电缆传送时，测试仪在同一侧的某相邻被测线对上捕捉并计算所叠加的全部谐波串扰分量，并计算出其总串扰值。

NEXT 的测量原理如图 7-10 所示。

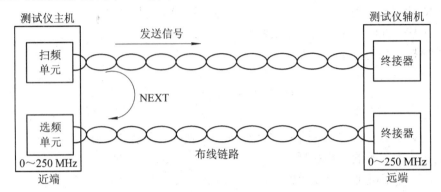

图 7-10　近端串扰损耗(NEXT)测量原理图

人们总是希望被测线对的被串扰程度越小越好，某线对受到的串扰越小意味着该线对对外界串扰具有越大的损耗能力，这就是为什么不直接定义串扰，而定义成串扰损耗的原因所在。

近端串扰损耗是随频率增加而减小的量，测试结果应反映表 7-9 中所列各项目。

表 7-9　近端串扰损耗测试项目及测试结果说明

报告项目	测试结果报告内容说明
线对	与测试结果相对应的两个相关线对：1、2-3、6，1、2-4、5，1、2-7、8；3、6-4、5，3、6-7、8，4、5-7、8
频率/MHz	显示发生串扰损耗最小值的频率
串扰损耗/dB	所测规定线对间串扰损耗(NEXT)最小值(最差值)
近端串扰极限值/dB	各频率下近端串扰损耗极限值，取决于所选择的测试标准
余量/dB	所测线对的串扰损耗值与极限值的差值
结果	测试结果判断：正余量表示"通过"，负余量表示"失败"

(6) 远方近端串扰损耗(RNEXT)。

与 NEXT 定义相对应，在一条链路的另一侧，发送信号的线对向其同侧其他相邻(接收)线对通过电磁感应耦合而造成的串扰，定义为串扰损耗。

远方近端串扰损耗值技术指标见表 7-8，对一条链路来说，NEXT 与 RNEXT 可能是完全不同的值，测试需要分别进行。

(7) 相邻线对综合近端串扰(PSNEXT)。

在 4 对型双绞线的一侧，3 个发送信号的线对向另一相邻接收线对产生串扰的总和近似为 $N_4 = N_{21} + N_{22} + N_{23}$。$N_{21}$、$N_{22}$、$N_{23}$ 分别为线对 1、线对 2、线对 3 对线对 4 的近端串扰值。

相邻线对综合近端串扰限定值如表 7-10 所示。

表 7-10 相邻线对综合近端串扰限定值一览表

频率/MHz	5e 类线缆/dB		6 类线缆/dB	
	通道链路	基本链路	通道链路	永久链路
1.0	57.0	57.0	62.0	62.0
4.0	50.6	51.8	60.5	61.8
8.0	45.6	47.0	55.6	57.0
10.0	44.0	45.5	54.0	55.5
16.0	40.6	42.2	50.6	52.2
20.0	39.0	40.7	49.0	50.7
25.0	37.4	39.1	47.3	49.1
31.25	35.7	37.6	45.7	47.5
62.5	30.6	32.7	40.6	42.7
100.0	27.1	29.3	37.1	39.3
200.0	—	—	31.9	34.3
250	—	—	30.2	32.7

相邻线对综合近端串扰测量原理就是测量 3 个相邻线对对某线对近端串扰总和，如图 7-11 所示。

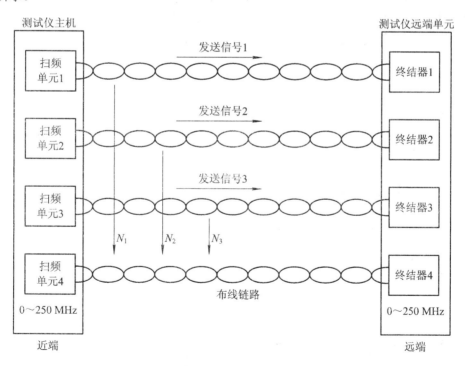

图 7-11 相邻线对综合近端串扰测试原理图

图 7-11 中，在同一链路中 3 个线对上同时发送 0～250 MHz 信号，在第 4 个线对上同时统计 N_1、N_2、N_3 串扰值，并进行项目四任务一内容八中规定的 N_4 求和运算。

测量结果应反映表 7-11 中所列各项目内容，测试标准见表 7-10。

该项为宽带链路应测技术指标。

表 7-11　相邻线对综合近端串扰(PSNEXT)测试项目及测试结果说明

报告项目	测试结果报告内容说明
线对	与测试结果相对应的各线对：1，23，64，57，8；需测试 4 种组合
频率/MHz	显示发生最接近标准限定值的 PSNEXT 频率点
功率和值/dB	所测线对 PSNEXT 最小值(最差值)
功率和极限值/dB	各频率下 PSNEXT 极限值(标准值)
余量/dB	所测线对 PSNEXT 与极限值的差值
结果	测试结果判定：正余量表示"通过"，负余量表示"失败"

(8) 串扰衰减比(ACR)。

串扰衰减比定义为：在受相邻发信线对串扰的线对上，其串扰损耗(NEXT)与本线对传输信号衰减值(A)的差值(单位为 dB)，即

$$ACR(dB) = NEXT(dB) - A(dB)$$

一般情况下，链路的 ACR 通过分别测试 NEXT(dB) 和 A(dB)，可以由上面的公式直接计算出。通常，ACR 可以被看成布线链路上信噪比的一个量；NEXT 被认为是噪声；ACR = 3 dB 时所对应的频率点，可以认为是布线链路的最高工作频率(即链路带宽)。

对于由 5 类、高于 5 类线缆和同类接插件构成的链路，由于高频效应及各种干扰因素，ACR 的标准参数值不能单纯从串扰损耗值 NEXT 与衰减值 A 在各相应频率上的直接代数差值导出，其实际值与计算值略有偏差。通常可以通过提高链路串扰损耗 NEXT 或降低衰减来改善链路 ACR。表 7-12 给出了 5 类和 6 类布线链路在各工作频率下的 ACR 最小值，其他类的链路 ACR 精确标准参数值在制订中。

表 7-12　串扰衰减比(ACR)最小限定值

频率/MHz	ACR 最小值/dB	
	5 类	6 类
1.0	—	70.4
4.0	40.0	58.9
10.0	35.0	50.0
16.0	30.0	44.9
20.0	28.0	42.3
31.25	23.0	36.7
62.5	13.0	—
100	4.0	18.2
200	—	3.0

注：该表 5 类数据参照 ISO11801—1995 标准 6.2.5 中 classD 级链路给出。6 类数据为 ISO11801 (2000.5.8 修改版提供，仅供参考)。

测试仪所报告的 ACR 值，是由测试仪对某被测线对分别测出 NEXT 和线对衰减 A 后，在各预定被测频率上计算 NTXT(dB) 和 A(dB) 的结果。

ACR、NEXT 和 A 三者的关系表示如图 7-12 所示。该项目为宽带链路应测技术指标。

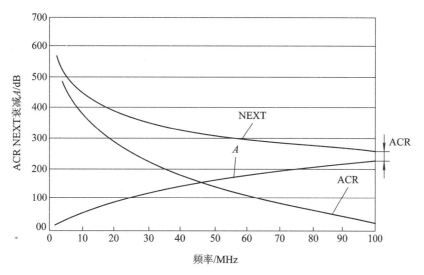

图 7-12 ACR、NEXT 和 A 的关系曲线

串扰衰减比测试项目及测试结果说明如表 7-13 所示，测试标准应符合表 7-12。

表 7-13 串扰衰减比(ACR)测试项目及测试结果说明

报告项目	测试结果报告内容说明
串扰对	做该项测试的受扰电缆线对：1、2-3、6，1、2-4、5，1、2-7、8，3、6-4、5，3、6-7、8，4、5-7、8
ACR/dB	实测最差情况下的 ACR。若未超出标准，该值指最接近极限值的 ACR 值；若已超出标准，该值指超出极限值最多的那一个 ACR 值
频率/MHz	发生最差 ACR 情况下的频率
ACR 极限值/dB	发生最差 ACR 频率处的 ACR 标准极限数值，取决于所选择的测试标准
余量	最差情况下测试 ACR 值与极值之差，正值表示最差测试值高于 ACR 极限值，负值表示实测最差 ACR 低于极限值
结果	测试结果判定：正余量表示"通过"，负余量表示"失败"

(9) 等效远端串扰损耗(ELFEXT)。

等效远端串扰损耗是指某对芯线上远端串扰损耗与该线路传输信号衰减差，也称为远端 ACR。从链路近端线缆的一个线对发送信号，该信号沿路经过线路衰减，从链路远端干扰相邻接收线对，定义该远端串扰损耗值为 FEXT。可见，FEXT 是随链路长度(传输衰减)而变化的量。

等效远端串扰损耗为

$$ELFEXT(dB) = FEXT(dB) - A(dB)$$

式中，*A* 为受串扰接收线对的传输衰减。

等效远端串扰损耗最小限定值如表 7-14 所示。

表 7-14 等效远端串扰损耗 ELFEXT 最小限定值

频率 /MHz	5 类/dB		5e 类/dB		6 类/dB	
	通道链路	基本链路	通道链路	基本链路	通道链路	永久链路
1.0	57.0	59.6	57.4	60.0	63.3	64.2
4.0	45.0	47.6	45.3	48.0	51.2	52.1
8.0	39.0	41.6	39.3	41.9	45.2	46.1
10.0	37.0	39.6	37.4	40.0	43.3	44.2
16.0	32.9	35.5	33.3	35.9	39.2	40.1
20.0	31.0	33.6	31.4	34.0	37.2	38.2
25.0	29.0	31.6	29.4	32.0	35.3	36.2
31.25	27.1	29.7	27.5	30.1	33.4	34.3
62.5	21.5	23.7	21.5	24.1	27.3	28.3
100.0	17.0	17.0	17.4	20.0	23.3	24.2
200.0	—	—	—	—	17.2	18.2
250.0	—	—	—	—	15.3	16.2

等效远端串扰损耗测量就是远端串扰损耗与线路传输衰减比的测量，其原理图如图 7-13 所示。该参数为宽带链路应测技术指标。测试标准应符合表 7-14 所示的规定。

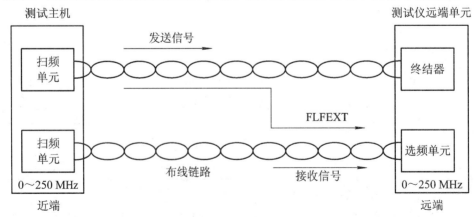

图 7-13 远端串扰损耗与线路衰减比的测量原理图

(10) 远端等效串扰总和(PSELEFXT)。

表 7-15 列出了线缆远端受干扰的接收线对上所承受的相邻各线对对它的等效串扰损耗 ELFEXT(dB)总和与该线对传输信号衰减值之差(dB)的限定值。

表 7-15 远端等效串扰总和 PSELFEXT 限定值

频率 /MHz	5 类/dB	5e 类/dB		6 类/dB	
		通道链路	基本链路	通道链路	永久链路
1.0	54.4	54.4	55.0	60.3	61.2
4.0	42.6	42.4	45.0	48.2	49.1
8.0	36.4	36.3	38.9	42.2	43.1
10.0	34.4	34.4	37.0	40.3	41.2
16.0	30.3	30.3	32.9	36.2	37.1
20.0	28.4	28.4	31.0	34.2	35.2
25.0	26.4	26.4	29.0	32.3	33.2
31.25	24.5	25.4	27.1	30.4	31.3
62.5	18.5	18.5	21.1	24.3	25.3
100.0	14.4	14.4	17.0	20.3	21.2
200.0	—	—	—	14.2	15.2
250	—	—	—	12.3	13.2

(11) 传播时延(Delay)。

表 7-16 列出了在通道链路方式下，时延在不同频率范围和特征频率点上的标准值(引自 ISO11801 2001 草案版本)。

表 7-16 传输时延不同连接方式下特征点最大限值

频率 /MHz	CalssC (3 类)/ns	CalssD(5 类)/ns		ClassE(6 类)/ns	
		通道链路	基本链路	通道链路	永久链路
1.0	580	580	521	580	521
10.0	555	555	—	555	
16.0	553	553	496	553	496
100.0	—	548	491	548	491
250.0	—	—	—	546	490

(12) 线对传输时延差(Delay skew)。

以同一缆线中信号传播时延最小的线对的时延值作为参考，其余线对与参考线对时延差值在通道链路方式下规定极限值为 50 ns，在永久链路下规定极限值为 44 ns。若线对间时延差超过该极限值，在链路高速传输数据和 4 个线对同时并行传输数据时，将有可能对所传输数据帧结构造成严重破坏。

该项目为 5 类和宽带链路需测技术指标。传播时延测试及结果说明如表 7-17 所示。

表 7-17 传输时延测试及结果说明

报告项目	测试结果报告内容说明
线对	测试传播时延参数的相关线对
传播时延/ns	测试线对的实际传播时延
时延差值/ns	实测各线对传输时延与参考时延值差值
最大时延差极限值/ns	各线对时延值与参考时延值最大差值的极限定值
结果	若测得某线对最大时延值小于标准值或时延差值小于差值极限规定值判"通过"，反之判"失败"

(13) 回波损耗(RL)。

回波损耗是由线缆与接插件构成链路时，由于特性阻抗偏离标准值导致功率反射而引起的。

RL 由输出线对的信号幅度和该线对所构成的链路上反射回来的信号幅度的差值导出，表 7-18 列出了不同链接方式下回波损耗极限值。

表 7-18 回波损耗在不同链路下极限值

频率 /MHz	CalssD(5 类)		ClassE(6 类)	
	通道链路	基本链路	通道链路	永久链路
1～10	17	19	19	21
16	17	19	$24 - 5\log(f)$	$26 - 5\log(f)$
20	17	19		
20＜f＜40	$30 - 10\log(f)$	$32 - 10\log(f)$		
100			$32 - 10\log(f)$	$34 - 10\log(f)$
200				
250				

回波损耗(RL)的测量原理是使用高频电桥，根据电桥平衡原理，按所测链路阻抗，选择与其阻抗相匹配的扫频设备、选频设备、高频阻抗电桥等构成，如图 7-14 所示。(选频仪输入阻抗和高频电桥的阻抗值 Z、扫频信号发生的输出阻抗 Z，均为 $100\,\Omega$。)。

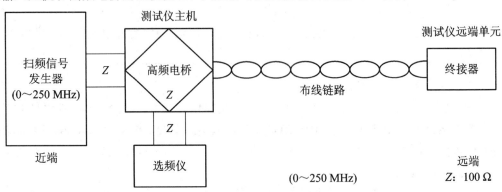

图 7-14 回波损耗测试原理图

测试标准如表 7-18 规定，该项目为 5 类和宽带链路需测技术指标。回波损耗测试项目及测试结果说明如表 7-19 所示。

表 7-19　回波损耗(RL)测试项目及测试结果说明

报告项目	测试结果报告内容说明
线对	所测线缆的线对号
RL/dB	最差情况 RL 值，若未超标准，该值指最接近于极限值的 RL 测量值；如实测 RL 值超过有限值，则显示超出极限值最多的那一个 RL 值
频率/MHz	发生最差 RL 情况下的频率
RL 极际值/dB	发生最差 RL 频率处的 RL 规定标准极限值
余量/dB	最差 RL 情况下，实测值与极限值之差，正值表示测试结果优于极限值，负值表示测试结果未达到标准
结果	按余量判定，正值为"通过"，负值为"失败"

注：测试结果提供表 7-18 中要求的全部数据；根据需求，提供 RL 随频率变化曲线；需要在近、远端分别做 RL 测试。

(14) 链路脉冲噪声电平。

大功率设备间断性的启动给布线链路带来了电冲击干扰，布线链路在不连接有源器件和设备的情况下，高于 200 mV 的脉冲即为脉冲噪声。布线链路用于传输数字信号，为了保证数字脉冲信号可靠传输，根据局域网的安全，要求限制网上干扰脉冲的幅度和个数。两分钟内脉冲噪声个数不应大于 10。该参数在验收测试时，只在整个系统中抽样几条链路进行测试。

(15) 背景杂讯噪声。

由一般用电器工作带来的高频干扰、电磁干扰和杂散宽频低幅干扰称为背景杂讯噪声。综合布线链路在不连接有源器件及设备情况下，杂讯噪声电平应不大于 30 dB。该指标也应抽样测试。

(16) 综合布线系统接地测量。

接地自成系统，与楼宇地线系统接触良好，并与楼内地线系统联成一体，构成等压接地网络。接地导线的电阻不大于 1 Ω。(其中包括接地体和接地扁钢，在接地汇流排上测量。)

(17) 屏蔽线缆屏蔽层接地两端测量。

链路屏蔽线屏蔽层与两端接地电位差应小于 1 Vr.m.s。

对于上述参数，3～5 类链路测试时，仅测试(1)～(7)的参数；5 类(用于开通千兆以太网使用)、增强 5 类和 6 类测试时，需测试(1)～(14)的参数；(15)～(18)的参数在工程测试中为抽样测试。

2. 光纤传输链路测试技术参数

(1) 楼宇内布线使用的多模光纤，其主要的技术参数为衰减和带宽。光纤工作在 850 nm、1300 nm 双波长窗口。

在 850 nm 下满足工作带宽 160 MHz·km(62.5 μm)、400 MHz·km(50 μm)；

在 1300 nm 下满足工作带宽 500 MHz·km(62.5 μm，50 μm)。

在保证工作带宽的条件下，传输衰减是光纤链路最重要的技术参数。

$$A_{光} = aL = 10 \log \left(\frac{p_1}{p_2} \right)$$

式中，a 为衰减系数；L 为光纤光度；p_1 为光信号发生器在光纤链路始端注入光纤的光功率；p_2 为光信号接收器在光纤链路末端接收到的光功率。

光纤链路衰减计算：

$$A_{总} = L_c + L_s + L_f + L_m$$

式中，L_c 为连接器衰减，$L_c \leqslant 0.5 \ dB \times 2$；$L_s$ 为连接头衰减：$L_s \leqslant 0.3 \ dB \times 2$；$L_f$ 为光纤衰减，$L_f \leqslant 3.5 \ dB/km(850 \ nm)$，$L_f \leqslant 1.2 \ dB/km(1300 \ nm)$；$L_m$ 为余量，由用户选定。

一般情况下，楼宇内光纤长度不超过 2 km 时，在设定测试标准时，$A_{总}$ 应为

850 nm 下(衰减不大于 3.5 dB)：

$$(0.5 \times 2) + (0.3 \times 2) + (3.5 \ dB/km \div 2) + 余量 = 3.5 \ dB \ (余量 = 0.15 \ dB)$$

1300 nm 下(衰减不大于 2.2 dB)：

$$(0.5 \times 2) + (0.3 \times 2) + (1.2 \ dB/km \div 2) + 余量 = 2.2 \ dB \ (余量 = 0 \ dB)$$

(2) 光纤链路测试测量仪表设备。

① 主机。测试系统包含一个检波器、光源模块接口、发送和接收电路。主机通常使用水平链路测试仪。主机配以光接收器，可以在测试中作为光功率计使用。

② 光源模块。它包含发光二极管(LED)，可在 850 nm、1300 nm、1550 nm 波长上(通过切换)发出预选波长的光功率，发送功率可以预置。

(3) 测试前校准工作。

测试前需要对测试系统进行校准，校准可以排除测试系统带来的偏差。因为在实际测试光链路衰减较小的情况下，系统本身的偏差可能会导致测试结果出现数值不合理。光纤测试的校准按图 7-15 所示的连接方法进行。

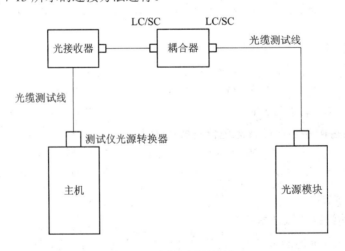

图 7-15 光纤测试的校准

(4) 光纤链路的测试。

① 测试光纤链路的目的是要了解光信号在光纤路径上传输衰减，该衰减与光纤链路的

长度、传导特性、连接器的数目、接头的多少有关。

　② 光纤链路衰减的测量按图 7-16 所示进行连接。

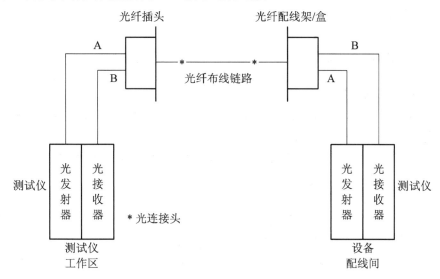

图 7-16　光纤链路衰减测量

　③ 测试连接前应对光连接的插头、插座进行清洁处理，防止由于接头不干净而带来的附加损耗，造成测试结果不准确。

　④ 向主机输入测量损耗标准值。

　⑤ 操作测试仪，在所选择的波长上分别进行 A→B、B→A 两个方向的光传输衰耗测试。

　⑥ 报告在不同波长下不同方向的链路衰减测试结果("通过"或"失败")。

　单模光纤链路的测试同样可以参考上述过程进行，但光功率计和光源模块应当换为单模的。

内容五　测试环境要求

为保证综合布线系统测试数据准确可靠，对测试环境有着以下严格规定：

1. 无环境干扰

综合布线测试现场应无产生严重电火花的电焊、电钻和产生强磁干扰的设备作业，被测综合布线系统必须是无源网络，测试时应断开与之相连的有源、无源通信设备，以避免测试受到干扰或损坏仪表。

2. 测试温度

综合布线测试现场的温度宜在 20℃～30℃左右，湿度宜在 30%～80%，由于衰减指标的测试受测试环境温度影响较大，当测试环境温度超出上述范围时，需要按有关规定对测试标准和测试数据进行修正。

3. 防静电措施

我国北方地区春、秋季气候干燥，湿度常常在 10%～20%，验收测试经常需要照常进行。但湿度在 20%以下时，静电火花时有发生，这不仅影响测试结果的准确性，甚至可能使测试无法进行或损坏仪表，这种情况下一定注意，测试者和持有仪表者要采取防静电措施，如人身辅接接地手链等。

内容六　测试仪表的使用

1. 仪表设置的有关项目

现场测试中每条链路的测试数据报告是自动生成的，因此测试前应首先对测试仪的工作文档进行编辑，通常通过对仪表进行设置来完成。仪表设置包括下述内容：

(1) 选择与测试链路相一致的测试标准，测试仪中有一组测试标准供选择设置。

(2) 根据你所做的测试链路类型选择，基本连接方式、通道连接方式、或永久连接方式。

(3) 输入报告编辑的有关信息：测试单位、被测单位、测试人姓名、测试地点名称。上述信息将出现在每条链路自动生成的测试数据报告的上方。

(4) 设置测试链路自动递增标识。由于测试是顺序进行的，所以该项设置将会对测试的链路自动排序(按字母或数字递增)。

(5) 设置测试日期和时间，便于日后存档。

(6) 设置远端辅助测试仪指示灯，蜂鸣器。由于测试是远、近端测试仪相互配合进行的，所以该功能可使远端测试者了解该链路主机一侧的测试结果。

(7) 测试仪表使用的语种和长度测试单位通常设置为英语和米，如不设置可能会是其他语种或英尺长度，这会使最后打印的报告不规范。

2. 测试程序

在开始测试之前，应该认真了解综合布线系统的特点、用途和信息点的分布情况，确定测试标准，在选定合适的测试仪后按下述程序进行测试：

(1) 测试仪测试前自检，确认仪表是正常的。

(2) 选择测试连接方式。

(3) 选择线缆类型及测试标准。

(4) NVP 值核准(核准 NVP 使用缆长不短于 15 m)。

(5) 设置测试环境温度。

(6) 根据要求选择“自动测试”或“单项测试”。

(7) 测试后存储数据并打印。

(8) 若发生问题，修复链路后复测。

(9) 测试中出现“失败”时查找故障。

3. 测试中需注意的问题

(1) 认真阅读测试仪使用操作说明书，正确使用仪表。

(2) 测试前要完成测试仪主机、辅机充电工作并观察充电是否达到 80%以上。不要在电压过低的情况下测试，因为中途充电可能会造成已测试数据丢失。

(3) 熟悉布线现场和布线图，测试过程也同时可对管理系统现场文档、标识进行检验。

(4) 链路测试结果为"失败"可能有多种原因，应进行复测再次确认。

(5) 测试仪存储测试数据和链路数有限，应及时将测试结果转存到自备计算机中；之后，测试仪可在现场继续使用。

4. 测试仪表的计量和校准

为保证测试仪表在使用过程中的精度水平，测试仪表应定期进行计量。测量仪表的使用和计量校准应按国家计量法实施细则有关规定进行。因为使用频次多，使用中应注意自校对，发现异常时应及时送厂家进行核查。

任 务 总 结

本节介绍了物联网工程综合布线系统的各种测试标准及模型，详细讲解了各认证测试参数，最后完成工程的整体验收。

思考与练习

(1) 简述认证测试的内容及其作用。

(2) 试分析基本链路、通道链路和永久链路的异同点。

(3) 简述长度测试的工作原理。

项目八 物联网工程网络综合布线工程案例

本项目列举了三个典型的工程设计案例，以便读者理解综合布线系统的设计过程及要点，掌握综合布线工程方案编制的技巧。

任务一 方案综述

一、工程概况

××有限公司位于合肥新站综合开发试验区天水路以北，厂区主要由研发办公楼、一期厂房、二期厂房(暂未建设)、倒班宿舍楼等建筑群组成。

二、设计内容

以××有限公司的特色及特殊的行业情况为背景，设计使用先进的智能化技术方案达到与特殊行业的功能及艺术的完美结合。××有限公司的弱电智能化系统建设目标是：

(1) 要真正体现出信息化、自动化，追求高效率的办事原则；

(2) 为将来的使用管理提供基于计算机网络集成的管理平台；

(3) 综合本公司在企业行业中的多年设计施工经验，紧密结合××有限公司的需求特点，将本弱电智能化系统设计分为 10 个子系统：

- 综合布线系统；
- 计算机网络系统；
- 电话语音系统；
- 安全防范系统；
- 红外报警系统；
- 背景音乐系统；
- 一卡通(考勤、门禁、消费)系统；
- 电子巡更系统；
- 有线电视系统；
- 机房&UPS 系统(装修、防雷接地、UPS 及精密空调)。

三、设计依据

××有限公司整个建筑的弱电智能化系统以我司和甲方的需求以及图纸为基础，并严格遵循以下国家关于弱电系统的规范和标准的设计依据：

- 《民用建筑电气设计规范》JGJ/T16—92；
- 《高层民用建筑设计防火规范》GB50045—95；
- 《安全防范工程程序与要求》GA/T75—94；
- 《民用闭路电视系统工程技术规范》GB50198－94；
- 《低压配电设计规范》GB 50054—95；
- 《智能建筑设计标准》GB/T50314—2000；
- 《自动化仪表安装工程质量检验评定标准》GBJ 131—90；
- 《建筑智能化系统工程实施及验收规范》DB32/366—1999 浙江省标准；
- 《建筑智能化系统工程检测规程》DB32/365—1999 浙江省标准；
- 《建筑与建筑群综合布线系统工程设计规范》GB/T50311—2000；
- 《建筑与建筑群综合布线系统工程验收规范》GB/T50312—2000；
- 《民用闭路监控电视系统工程技术规范》GB02198－94；
- 《30 MHz～1 GHz 声音和电视信号的电缆分配系统》GB6510—86；
- 《计算机软件开发规范》GB8566—88；
- 《电子计算机机房设计规范》GB50174—93；
- 《防盗报警控制器通用技术条件》GB12663—90；
- 《火灾自动报警系统施工以及验收规范》GB50166—92；
- 《火灾自动报警系统设计规范》GB50116—98；
- 《建筑设计防火规范》GBJ16—87；
- 《商用建筑电气设计规范》JGJ/T16—92；
- 《商用建筑物电信布线标准》EIA/TIA—568；
- 《商用建筑布线系统管道及空间位置标准》EIA/TIA—569；
- 《工业企业通信设计规范》GBJ42—81；
- 《工业企业通信接地设计规范》GBJ115—87；
- 《中华人民共和国公共安全行业标准》GA38—92；
- 《中国电器装置安装工程施工及验收规范》GBJ232—90.92；
- 《建筑物防雷设计规范》GB50057—94；
- 《以太网 10BASE-T 标准》IEEE802.3；
- 《以太网 100BASE-T 标准》IEEE802.3U；
- 《大楼通信综合布线系统》YD/T926.1—97；
- 《综合业务数字网基本数据速率接口标准》CCITT ISDN；
- 《城市住宅区与办公楼电话通讯设施设计规范》YD/T2008—93；
- 《CATV 行业标准》GY/T121—95；
- 《电气装置安装工程施工及验收规范》GB50254～50259—1996；
- 《彩色电视图像质量主观评估方法》GB7401—1987；
- 《工业共用天线电视系统设计规范》GBJ120—1988；
- 《卫星广播图像质量要求》GY28—1984；
- 《彩色电视图像传输标准》GB1583—1979；

- 《工业企业通讯接地设计规范》GBJ79—1985；
- 《会议系统电视及音频的性能要求》GB/T15381—94；
- 《通信系统机房设计》GBKJ—90。

注：某些技术规范，是国家未统一规范的，是以地方及行业标准设计的。

其他设计规范及标准见相关资料。

四、指导思想

建设应按照"先进、适用"要求，结合××有限公司的行业特点，坚持"全面规划、打牢基础、分步应用"的原则，充分利用现代化语音、数据、图像技术和现有资源，设计生产、业务和行政等管理系统，建设现代化的高科技企业，为建立生产管理、业务管理和办公自动化体系搭建现代化的信息平台。

组织实施上，根据本项目特点，利用国内外大型弱电项目组织管理的经验和技术，采用科学的项目组织和管理方法，确保本项目一次性成功。

五、设计原则

整个系统的设计，要能够满足构建完整的综合信息处理平台、并适应未来发展的要求，既要有较好的全局观，又要有一定的前瞻性。它必须具有实用性、先进性、成熟性、开放性、标准性、可移植性、可扩充性、安全性、保密性和统一性。

实用性：根据业务的特点，结合行业的现状，设计既能够满足实际要求，又能够适应行业现状的弱电系统。

先进性和成熟性：弱电系统的设计和开发应充分考虑行业的实际情况，采用先进而成熟的产品与技术。

开放性、标准化和可移植性：系统的设计应完全基于国际、国内相关各子系统的现行标准及规范，本着开放性的总体设计原则，做到最大限度的兼容性和可移植性，以便于进行系统的升级和扩充。

安全性和保密性：从操作系统、数据库、应用系统三层进行权限设置，同时通过数据签名、认证、加密、存储控制等技术的采用，确保系统在数据存储、数据传输、数据处理等多方面的安全性和保密性。

可扩充性：采用模块化、层次化设计方案，保证系统的通用性和后期工程的可扩充性。

统一性：在系统的建设过程中，遵循统一的标准原则，实现统一规范、统一接口、统一基本信息以及其他数据接口标准和数据交换平台。

任务二 综合布线系统

一、需求分析

综合布线系统由数据和语音组成。根据我司与甲方的多次沟通，甲方综合布线总体要求数据和语音水平区域布线都采用超 5 类双绞线，从而达到弱电综合布线的数字和语音相互备份的要求。数据和语音点位分布情况如表 8-1 所示。

表 8-1 数据和语音点位分布情况

楼 层	位 置	网络点	语音点	备 注
研发中心 一楼	小型会议室 8 个	8	—	每个会议室 1 个
	中型会议室 3 个	9	—	每个会议室 3 个
	贵宾接待室	4	—	—
	陈列室	3	—	—
	培训室	4	—	—
	接待室 4 个	4	—	每个接待室 1 个
	前台	1	1	—
	值班室	4	1	—
	经理室	1	1	—
	行政库	2	1	—
	一楼大厅考勤点	1	—	—
研发中心 二楼	敞开办公区	44	44	—
	经理室	4	4	—
	财务室	5	5	—
	秘书室	1	1	—
	总经理室	1	1	—
	总经理接待室	1	1	—
	总经理休息室	1	1	—
	行政库	2	2	—
一期厂房	办公区	21	21	—
	会议室	2	2	—
	包装清洁办公区	5	5	—
	磨边区	1	1	—
	QRE	2	2	—
	耗材统一办公区	4	4	—
	配电室	—	1	—
	机电室	—	1	—
	锅炉室	—	1	—
	门卫室	—	2	—
	厂房门口考勤点	1	—	—
倒班宿舍楼	食堂办公室	4	4	—
	食堂消费点	4	—	—
	一楼小卖部消费点	1	1	—
	一楼门口考勤点	1	—	—
	一楼网吧	0	0	—
	宿舍房间每层 32 个	0	0	每层 32 个房间，共 5 层
总计	—	146	108	

二、设计方案

经详细查看设计图纸，并结合我司的工程经验，为××有限公司的综合布线系统做出如下规划：

为充分体现××有限公司的特点，为业主实现办公自动化及计算机管理创造良好的硬件环境，并根据甲方的要求，综合布线系统主干采用光纤电缆，支持多媒体通讯、ATM 网、千兆以太网数据传输，语音主干采用大对数电缆，保证语音传输的质量。数据采用快接式超 5 类配线架，语音采用 110 配线架，该配线架除具有优异传输性能，满足超 5 类标准的特性外，还具有造价低的特点。数据、语音水平线缆采用超 5 类 4 对 UTP。数据、语音信息出口采用超 5 类模块，做到数据和语音相互备份的效果，一旦数据线出现问题，只要在后端机房把语音跳线跳到网络交换机上，即可保证数据网络的通畅性。

本次方案设计包括五个子系统：工作区子系统、水平子系统、干线子系统、设备间子系统、建筑群子系统。

1. 工作区设计

工作区布线子系统由终端设备连接到信息插座的连线组成，它包括装配软线、适配器和连接所需的扩展软线，并在终端设备和 I/O 之间搭桥。

为了保证计算机网络系统的正常运转，数据信息插座每个信息插口都是一个标准的超 5 类信息插口，可以支持 100 MHz 的信息传输。不同型号的计算机和终端可以通过 RJ45 屏蔽或非屏蔽的标准跳线方便地连接到电脑信息插座上。

电话线用的 RJ11-6P 插头(电话机一般都配有这种电缆)可以直接插入电话模块插座内。

在面板上，可以安装自己打印的面板纸，一旦信息点编号更换，可从正面拆下有机玻璃标签盖板，取出面板纸更换。

RJ45 埋入式信息插座与其旁边电源插座间距应保持 20 cm，信息插座的底边离地板水平面 30 cm，如图 8-1 所示。

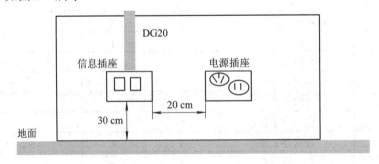

图 8-1　信息插座的安装位置

说明：

本系统所用面板为北讯提供的单孔或双孔型号面板；

施工时，根据现场具体情况可选用不同颜色的面板；

部分面板在实际应用中可以更改为地插。

2. 水平子系统

水平子系统用来解决布线系统的水平连接问题，它将干线子系统延伸到工作区。数据、语音采用超 5 类非屏蔽双绞线。

水平走线方式采用电缆桥架敷设，机房内的配线架采用金属线槽敷设到房间外走廊吊顶内，用工程 PVC 管沿墙暗敷设至工作区各信息点。任何改变系统的操作(如增减用户、用户地址改变等)都不影响整个系统的运行，这为系统的重新配置和故障检修提供了极大的方便。

按《建筑与建筑群综合布线系统工程设计规范》GB/T50311—2007，最大水平距离不超过 90 m。依据甲方提供的图纸，每栋建筑物的厂房、宿舍楼、办公楼水平长度不会超过 90 m，故在厂房办公区内和宿舍楼 4 楼分别设置一个分配线间作为分机房，再从分配线间布线到工作区。水平电缆标记示意图如图 8-2 所示。

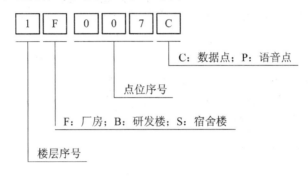

图 8-2　水平电缆标记示意图

3. 干线子系统

垂直主干采用 3 类大对数和室内多模光缆，将分配线间管理区(IDF)与主配线管理区(MDF)用星型结构联接起来，作为信息传递的主干道。

(1) 线缆。多模光纤的优点有：光耦合率高，纤芯对准要求相对较宽松。当计算机数据传输距离超过 100 m 时，用光纤作为主干将是最佳选择，其传输距离相对较远，并具有超 5 类电缆无法比拟的高带宽和高保密性、抗干扰性。

(2) 数据。考虑到××有限公司对于数据传输的稳定性和可靠性要求较高，我们采用室内多模光纤传输高速数据信号，以确保网络系统的稳定、可靠。

(3) 语音。采用 3 类大对数传输语音时，每个信息点至少有一对的主干支持，并有大于 2%的冗余。

4. 设备间子系统

由于各分配线间至工作区的水平线缆距离不能超过标准传输距离(90 m)，故在一期厂房办公区、倒班宿舍楼 4 楼弱电间设立两个设备间。

设备间子系统主要用于汇接各个工作区线缆，并放置楼层交换机及配线架等接入设备。

在各 IDF 中均采用标准型机柜，所有信息点线缆汇接在一起后均通过一定的编码规则和颜色规则标识，同时在机柜外侧用示意图将各配线架路由描述清楚，以方便用户的使用和管理。

设备间子系统由交连、互连和配线架及相关跳线组成，为连接其他子系统提供连接手段。交连和互连允许你将通信线路定位或重定位到建筑物的不同部分，以便容易地管理通信线路。通过卡接或插接式跳线，交叉连接允许你将端接在配线架一端的通信线路与端接于另一端配线架上的线路相连。插入线为重新安排线路提供了一种简易的方法，而且不需要安装跨接线时使用的专用工具。

数据配线架全部采用 48 或 24 口超 5 类快接式模块化配线架。

数据点线缆在此子系统中完成跳线接入网络交换机的过程，语音点通过跳线接入专用的语音配线架。

5. 建筑群子系统

建筑群子系统将一个建筑物中的电缆延伸到建筑群的另外一些建筑物中的设备和装置上。它是整个布线系统的一部分(包括传输介质)，并支持提供楼群之间通信设施所需的硬件，其中包括导线电缆、光缆和防止电缆的浪涌电压进入建筑物的电气保护。

本次设计方案是××有限公司的弱电系统。在本期工程建筑群子系统的设计上，我司设计项目组充分考虑后期工程的需求，为××有限公司后期工程扩充提供保障，主要体现在管线进户方面考虑了足够冗余。

具体设计为：从研发中心主机房布 1 根室外多模 6 芯光缆和 2 根 100 对 3 类大对数线缆到倒班宿舍楼的分机房；从研发中心主机房布 1 根室外多模 6 芯光缆和 1 根 50 对的 3 类大对数电缆到一期厂房办公区分配线间。

三、产品选型

在产品选型上，我司综合了当前布线产品的性能、价格以及其在市场上的应用情况，我们建议采用东方公司的超 5 类布线产品。根据我们的市场分析和长期应用，东方公司在布线产品上具有独特的性能和服务优势：东方公司是国内最大的通讯设备制造公司，具备领先世界潮流的技术研发和更新能力，在布线方面具有独特的优越性和技术后盾，在中国已经形成了庞大而成熟的市场和强大的技术响应力。东方公司能为用户提供布线产品的二十年质保。

四、系统图

本次设计方案的系统图如图 8-3 所示。

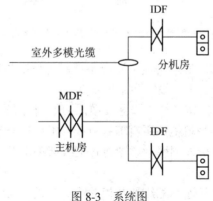

图 8-3　系统图

五、配置清单

本次设计方案的配置清单如表 8-2 所示。

表 8-2　配　置　清　单

序号	设 备 名 称	规　格	品牌	单位	数量
工作区子系统					
1	超五类 RJ45 模块	NORMCAT5EAF	—	个	150
2	双孔面板	NORMS8602A	—	个	140
3	单孔面板	NORMS8601A	—	个	10
水平子系统					
4	超五类 4 对双绞线	NOR1051004	—	箱/305	20
垂直子系统					
5	三类 100 对室外电缆	NOR1031100	—	轴	1
6	三类 50 对室外电缆	NOR1031050	—	轴	1
7	6 芯多模室外光纤	6 芯	—	米	400
管理区					
8	24 口超五类配线架	NORPS5M-24A	—	个	2
9	110 系列 100 对配线架	NORPS110D-100	—	个	4
10	110-5 对连接块	NORPS110C5	—	包	4
11	24 口机架式光纤配线架	—	—	个	2
12	ST 多模耦合器		—	个	12
13	光纤尾纤	ST	—	条	12
14	光纤跳线	ST-SC	—	条	12
15	标准机柜	1.2M	—	个	2
16	110-RJ45 语音跳线	—	—	条	140
17	RJ45-RJ45 超五类跳线	NORDC5#2	—	条	150
设备间					
18	48 口超五类配线架	NORPS5M-24A	—	个	3
19	110 系列 100 对配线架	NORPS110D-100	—	个	4
20	110-5 对连接块	NORPS110C5	—	个	4
21	24 口机架式光纤配线架	—	—	个	1
22	ST 多模耦合器		—	个	12
23	光纤尾纤	ST	—	条	12
24	光纤跳线	ST-SC	—	条	12
25	标准机柜	19" 42U	—	个	1
26	服务器机柜	19" 42U	—	个	1

任务三　计算机网络系统

一、系统概述

××有限公司要建立一个技术先进、扩展性强、能覆盖所有功能区域的主干网络，将××有限公司的各种 PC 机、工作站、终端设备和局域网连接起来，能让独立网络与有关广域网相连，形成结构合理、内外沟通的计算机网络系统，并在此基础上建立能满足××有限公司业务和管理需要的软硬件环境，开发各类信息库和应用系统，为在××有限公司内工作的各类工作人员提供充分的网络信息服务。

二、设计目标

方案设计建设一个以办公自动化、计算机辅助办公、现代计算机办公自动化为核心，以现代网络技术为依托，技术先进、扩展性强、能覆盖××有限公司的智能主干网络。其主要内容有以下几点：

(1) 实现信息资源和软硬件资源共享，提供丰富的网络信息服务，带动周边地区的发展。

(2) 为大楼内各个研发部门、后勤部门等管理提供一个优质的数据通信系统，并实现多媒体办公连接内部各部分。

(3) 实现智能化通讯系统、办公自动化系统以及大楼内的自动控制管理系统的资源联网，以联动控制整个大楼的智能系统。

(4) 授权用户可在智能化网络外以各种身份透明地进入大楼开放的计算机系统部分。

(5) 满足各种 ERP 系统、财务系统、监控网络传输等多媒体办公的应用。

(6) 与 Internet、CERNET 网、卫星广播等大楼以外的其他网连接。

(7) 实用、经济、高速、安全、可扩容。

(8) 提供 100 M 到桌面、1000 M 主干的系统能力。

三、需求分析

根据甲方的需求，××有限公司网络结构采用三层拓扑结构，整个网络要求具有完善的网络管理、备份冗余以及多级安全认证措施。整个网络实现有线无线一体覆盖，电子资料与数据统一管理，建设完备的用户上网行为控制与网络设备管理软件。网络安全的建设包括网络防火墙、VLAN 及策略路由。网络整体分为二个层次：核心层和接入层。

四、系统设计

系统设计的拓扑图如图 8-4 所示。

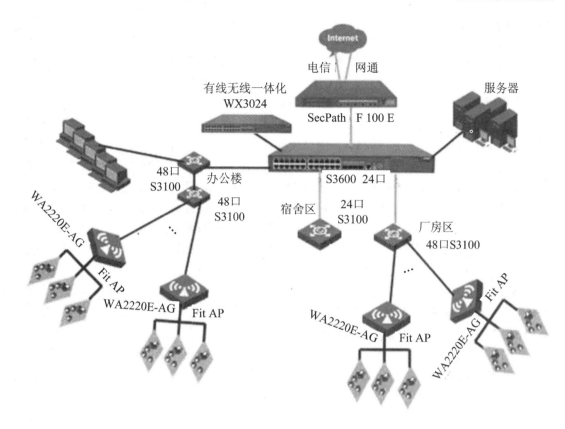

图 8-4　系统拓扑图

五、总体设计

　　××有限公司网络与外部网络的链接出口采用双备份方式，使用网御神州防火墙 SecGate 3600 F3-2643 分别接入中国电信及网通来连接因特网，S3600 作为核心交换机，下连接到服务器区、办公大楼区、宿舍区和厂房区。

　　××有限公司研发中心办公楼，大约有 100 个信息接入点，共两个楼层，故每层安置 3 个 WA2220E-AG 无线 AP，服务器区直接接到 S3600 核心上，在食堂内设置一个 24 口 S3100，通过光纤上连到核心层 S3600。随着集团的发展，在未来的 5～10 年内，××有限公司信息接入点最少发展到 200 个以上。

　　接入层就是接入交换机的每个楼层，接入层交换机的选择仍然非常重要，考虑到接入层交换机对于终端用户接入的控制起着非常重要的作用，因此建议采用安全性、控制性较高的设备，我们在此建议采用华三公司的 H3C S3100-52TP-SI 交换机。

　　无线网络已经是一种发展的趋势，针对××有限公司网络建设，我们在公司办公区或一期厂房配置 H3C 无线 AP 可以为移动办公人员提供无线网络的接入。WA2220E-AG 系列产品支持 Fat/Fit 两种工作模式的特性，有利于将客户的 WLAN 网络由小型网络平滑升级到大型网络，从而很好地保护用户的投资。

六、整体网络安全

一个完整的网络离不开一套优秀的网络管理软件。H3C 不但可以为用户提供全系统网络硬件产品，还可以为用户提供一整套软件解决方案，以帮助××有限公司更好地管理与维护网络设备、审计用户行为、对非法用户进行控制。

据 IDC 报告，70% 的安全损失是由企业内部原因造成的，也就是说企业中不当的资源利用及员工上网行为往往是"罪魁"，间谍软件、恶意程序、计算机病毒、端对端文档分享等不当的上网行为，导致了企业机密资料被窃、网络资源浪费、企业运作不畅等损失。FBI 和 CSI 调查显示，超过 85% 的安全威胁来自企业内部，威胁源头包括内部未授权的存取、专利信息被窃取、内部人员的财务被骗等。在国内，诸如设计方案被窃取、关键客户名单和销售数据丢失等事件屡见不鲜，这给企业造成了非常大的经济损失。

针对内部泄密的问题，我公司推荐使用绿盾信息安全管理软件，该软件整合文件透明加密、远程监控、设备限制，从三大方面来减少内部泄密的可能。

通过使用业内领先的 IPS 深度防御系统，摒弃原有 IDS 的弊端，实现整网的安全深度防护功能。该系统可实现 DOS、DDOS 等防护，对内网可实现 P2P、蠕虫病毒等防护，并且提供数字疫苗功能，通过每周自动下载最新数字疫苗，实现对最新病毒的防护功能。

使用 IPS 的旁路保护功能，可以保证 IPS 在电源掉电情况下继续稳定、安全地工作，以保护网络的持续运行。

网络安全采用网御神州 SecGate 3600 F3-2643 防火墙。

七、主产品介绍

1. 核心层交换机

××有限公司的核心层骨干设备对整个网络的运行起了关键作用，因此对设备的可靠性、处理能力、安全、可维护性等要求较高。

选取节点设备时通常必须遵循以下几个原则：高扩展性保护投资、智能弹性架构、完备的安全控制策略、多重可靠性保护、多业务支持能力、高可靠性设计、出色的管理性。其中，设备的可靠性对企业数据网来说至关重要，核心设备的任何故障对于整个网络来说都可能引起严重的后果，要保证企业数据网平台的可靠性，必须要选用具备电信级可靠性的网络设备进行组网，才能使网络具有自动恢复能力，从而降低人工维护工作量，达到电信级的可靠运行。

1) 高扩展性保护投资

随着用户端速度不断提高，用户最终会使集群千兆链路达到饱和，而能够拥有多条集群 10GE 链路将是我们的未来发展方向。H3C S5500-EI 系列交换机支持两个扩展槽位，每个槽位支持最大两端口的 10GE 扩展模块及两端口的 CX4 扩展模块，在实现千兆汇聚或接入时保留进一步支持 10GE 的扩展能力，从而尽力保护用户投资。

IPv4 到 IPv6 的演变是以太网发展的大势所趋，网络设备对于 IPv6 的支持不仅是简单的可用就行，而是需要达到商用的标准，S5500-EI 已经通过了国际最权威的 IPv6 Ready 第二阶段认证，而且通过了信息产业部严格的 IPv6 入网测试。这个系列产品是基于硬件的

IPv4/IPv6 双栈平台，支持丰富的 IPv4 和 IPv6 三层路由协议、组播协议和策略路由机制，实现 IPv4 到 IPv6 的平滑升级。

2) 智能弹性架构

H3C S3600 系列交换机支持 IRF2(第二代智能弹性架构)技术，就是把多台物理设备互相连接起来，使其虚拟为一台逻辑设备，也就是说，用户可以将这多台设备看成一台单一设备进行管理和使用。IRF 可以为用户带来以下好处：

简化管理：IRF 架构形成之后，可以连接到任何一台设备的任何一个端口就可以登录统一的逻辑设备，通过对单台设备配置达到管理整个智能弹性系统以及系统内所有成员设备的效果，而不用物理连接到每台成员设备上分别对它们进行配置和管理。

简化业务：IRF 形成的逻辑设备中，运行的各种控制协议也是作为单一设备统一运行的，例如路由协议会作为单一设备统一计算，随着跨设备链路聚合技术的应用，它可以替代原有的生成树协议，这样就可以省去设备间大量协议报文的交互，简化了网络运行，缩短了网络动荡时的收敛时间。

弹性扩展：可以按照用户需求实现弹性扩展，保证用户投资，并且设备加入或离开 IRF 架构时可以实现"热插拔"，不影响其他设备的正常运行。

高可靠性：IRF 的高可靠性体现在链路、设备和协议三个方面。成员设备之间物理端口支持聚合功能，IRF 系统和上、下层设备之间的物理连接也支持聚合功能，这样通过多链路备份提高了链路的可靠性；IRF 系统由多台成员设备组成，一旦 Master 设备故障，系统会迅速自动选举新的 Master，以保证通过系统的业务不中断，从而实现了设备级的 1：N 备份；IRF 系统会有实时的协议热备份功能负责将协议的配置信息备份到其他所有成员设备，从而实现 1：N 的协议可靠性。

高性能：对于高端交换机来说，性能和端口密度的提升会受到硬件结构的限制。而 IRF 系统的性能和端口密度是 IRF 内部所有设备性能和端口数量的总和，因此，IRF 技术能够轻易地将设备的交换能力、用户端口的密度扩大数倍，从而大幅度提高了设备的性能。

3) 完备的安全控制策略

H3C S3600 系列交换机支持 EAD(端点准入防御)功能，配合后台系统可以将终端防病毒、补丁修复等终端安全措施与网络接入控制、访问权限控制等网络安全措施整合为一个联动的安全体系，通过对网络接入终端的检查、隔离、修复、管理和监控，使整个网络变被动防御为主动防御、变单点防御为全面防御、变分散管理为集中策略管理，提升了网络对病毒、蠕虫等新兴安全威胁的整体防御能力。

H3C S3600 系列交换机采用了 H3C 公司创新的 IRF(Intelligent Resilient Framework)智能弹性技术，与传统组网技术相比，它在扩展性、可靠性、分布性方面具有强大的优势。

扩展性：IRF 技术允许交换机利用互联电缆实现多台设备的扩展，最大可扩展至 384 个 10/100 M 端口，具有即插即用、单一 IP 管理的特点，从而大大降低了系统扩展的成本。

可靠性：通过专利的路由热备份技术，在整个堆叠架构内可实现控制平面和数据平面所有信息的冗余备份和无间断三层转发，极大地增强了堆叠架构的可靠性和性能，同时消除了单点故障，避免了业务中断。

分布性：通过分布式链路聚合技术，可实现多条上行链路的负载分担和互为备份，从而提高了整个网络架构的冗余性和链路资源的利用率。

4) 多重可靠性保护

当前的园区网面临着越来越多的安全威胁和挑战，如何实现安全的接入控制，防止"病从口入"，如何对攻击源进行定位和反查，如何监控网络中的各种流量并进行分析控制，H3C S3600 系列交换机在安全策略方面为用户提供了全新的技术特性和解决方案。

传统交换机对端口的镜像功能都是基于本地实现的，镜像数据流无法穿越网络在核心实现统一采集、监控和分析；H3C S3600 支持跨交换机的远程端口镜像功能(RSPAN)，可以将接入端口的流量镜像到核心交换机(例如 S9500/7500)上，在核心上启动网流分析(Netstream)功能，配合 XLOG 系统对监控端口的业务和流量进行监控、优化部署和恶意攻击监控。

传统行业和园区网采用 DHCP 技术后极大简化了网络地址的分配和管理。但同时，在一个不安全的园区网中(如校园网)，仍存在恶意地址欺骗、擅自修改 IP 地址、私设 DHCP Server 等安全隐患。H3C S3600 系列交换机提供了 DHCP Snooping(侦听)功能，通过建立和维护 DHCP Snooping 绑定表实现侦听接入用户的 MAC 地址、IP 地址、租用期、VLAN-ID 接口等信息，解决了 DHCP 用户的 IP 和端口跟踪定位问题。同时对不符合绑定表项的非法报文(ARP 欺骗报文、擅自修改 IP 地址的报文)直接丢弃，保证 DHCP 环境的真实性和一致性。同时利用 DHCP Snooping 的信任端口特性可以保证 DHCP Server 的合法性。

H3C S3600 系列交换机还支持特有的 ARP 入侵检测功能，可有效防止黑客或攻击者通过 ARP 报文实施日趋盛行的 "ARP 欺骗攻击"，对不符合 DHCP Snooping 动态绑定表或手工配置的静态绑定表的非法 ARP 欺骗报文直接丢弃。同时支持 IP Source Check 特性，防止包括 MAC 欺骗、IP 欺骗、MAC/IP 欺骗在内的非法地址仿冒，以及大流量地址仿冒带来的 DoS 攻击。

5) 多业务支持能力

业务类型大致分为数据、语音、视频、多媒体等，不同的业务对基础网络的要求不同，比如带宽、优先级、延时、端到端的 QoS 保证等。如果这些都需要手工进行设置和调整，那么网络的适应能力无从谈起，因此 IToIP 的基础网络应该是对业务变化自动感知和自动适应的系统，对业务需要的网络参数能够自动生成、自动下发、自动调整和自动优化。

例如，对于语音业务来说，大量的 IP Phone 的部署需要配置和远程供电，H3C S3600 系列交换机通过支持 Voice VLAN 技术和智能 POE 技术很好地解决了该类设备的智能检测、供电和优先级的调整问题。

Voice VLAN 技术是指交换机通过识别端口的语音流，将对应的接入端口加入 Voice VLAN(专用语音 VLAN)中，为语音流量提供专门通道，并通过自动下发优先级规则保证语音流的优先传输来保证通话质量。同时通过设置 Voice VLAN 安全特性，只允许语音流量通过，可以有效防止突发数据流量对 Voice VLAN 内的语音流量的冲击。

PoE(Power over Ethernet)技术是指通过以太网对所连接的设备(如 IP Phone、Wireless AP 等)进行远程供电，从而不必在使用现场为设备部署单独的电源系统，能够极大地减少部署终端设备的布线和管理成本。PoE 技术符合 802.3af 标准，通过以太网电口对外供电，采用数据线提供 −48 V 直流电源。PD 设备插到端口上后，交换机将自动对 PD 设备进行检测，进行功率分类，并根据当前剩余电源、端口供电优先级的配置、端口最小功率配置等参数，决定是否对此设备供电以及分配功率。通过 PoE 技术和 Voice VLAN 技术的结合可以提供完整的语音设备管理方案。

6) 高可靠性设计

H3C S3600 系列交换机除了支持高可靠性的 IRF 技术以外，还支持传统的 STP/RSTP/MSTP 和 Smart Link 二层链路保护技术，极大地提高了链路的冗余备份，提高了容错能力，保证了网络的稳定运行。

H3C S3600 系列交换机支持 VRRP 虚拟路由冗余协议，与其他三层交换机构建 VRRP 备份组。构建故障时的冗余路由拓扑结构，保持了通讯的连续性和可靠性，有效保障网络稳定。

H3C S3600 系列交换机支持 ECMP(等价路由)，通过配置多条等值路径实现上行路由的冗余备份和负载分担。

H3C S3600 系列交换机采用交流/直流双输入设计，设备既可以采用交流电源输入，也可以采用直流电源输入，二者之间热备份。

7) 出色的管理性

H3C S3600 系列交换机支持 VCT(Virtual Cable Test)电缆检测功能，便于快速定位网络故障点。

H3C S3600 系列交换机支持 DLDP(Device Link Detection Protocol，设备连接检测协议)，可以监控光纤的链路状态。如果发现单向链路存在，DLDP 协议会根据用户配置，自动关闭或通知用户手工关闭相关端口，以防止网络问题的发生。

H3C S3600 系列交换机支持 SNMP V1/V2/V3，可支持 Open View 等通用网管平台，以及 iMC 智能管理中心。它还支持 CLI 命令行、Web 网管、Telnet、HGMP 集群管理，使设备管理更方便。通过各种开放的标准 MIB 和扩展 MIB 的支持可以提供完善的基于 SNMP 的第三方管理能力。

2. 接入层交换机

楼层的接入交换机是每个楼层网络的交换中心，它必须具备先进的体系结构、大容量高密度端口线速交换、高可靠性设计、精细化用户管理等特性，对于不同信息点数量的楼层分别可以采用相应的产品进行组网，既满足业务需求，又节省用户投资。所以本次采用华三 S3100-26TP-EI 系列交换机作为楼层大容量接入交换机。H3C S3100 系列以太网交换机具有以下特点：

1) 千兆上行、线速交换

H3C S3100 系列千兆交换机具有 19.2 Gb/s 的总线带宽，有为所有端口提供二层线速交换的能力，同时支持千兆上行，可满足当前多业务融合对高带宽的需求。

2) 完备的安全控制策略

H3C S3100 系列千兆交换机支持 802.1x 认证，在用户接入网络时完成必要的身份认证，支持 MAC 地址和端口等多元组绑定、广播风暴抑制和端口锁定功能，可保证接入用户的合法性。

H3C S3100 系列千兆交换机支持跨交换机的远程端口镜像功能(RSPAN)，可以将接入端口的流量镜像到核心交换机(例如 S9500/7500)上，在核心上启动网流分析(Netstream)功能，对监控端口的业务和流量进行监控、优化部署和恶意攻击监控。

3) QoS 能力

H3C S3100 系列千兆交换机支持每个端口 4 个输出队列，支持 2 种队列调度算法：WRR 调度算法和 HQ + WRR 调度算法，可以以不同的优先级将报文放入端口的输出队列。它还支持端口双向限速，限速的控制粒度最小可达 64 Kb/s，可满足用户多业务识别、分类、资源调度的需要。

4) 简单易用的管理和维护

H3C S3100 系列千兆交换机采用无风扇静音设计，特别适合在楼道和办公室使用。它支持 VCT(Virtual Cable Test)电缆检测功能，便于快速定位网络故障点。

H3C S3100 系列千兆交换机支持堆叠功能，通过增加设备来扩展端口数量和交换能力，多台设备之间的互相备份增强了设备的可靠性，从而保证了网络的平滑升级并能降低扩建成本；同时对多台设备统一管理，降低了管理成本。

H3C S3100 系列千兆交换机通过 FTP、TFTP 实现设备的远程升级，支持 HGMP 集群管理系统和故障诊断，实现了设备的集中管理和维护。

H3C S3100 系列千兆交换机支持 SNMP，可支持 HP OpenView 等通用网管平台以及 H3C iMC 网管系统。它支持 CLI 命令行、Web 网管、TELNET，HGMP 集群管理，使设备管理更方便。

3. 有线无线一体化交换机

H3C WX3000 系列有线无线一体化交换机如图 8-5 所示。

图 8-5　H3C WX3000 系列有线无线一体化交换机

H3C WX3000 系列有线无线一体化交换机是杭州华三通信技术有限公司(以下简称 H3C 公司)自主研发的集成无线控制器和千兆以太网交换机功能的产品。H3C WX3000 系列有线无线一体化交换机提供纯千兆以太网有线接入口，支持 PoE+供电，每端口最大提供 25 W 的功率，同时兼容 802.11a/b/g/n 协议。其中，WX3024 后面板提供两个 10GE 接口插槽，解决了 WLAN 网络核心的传输瓶颈。H3C WX3000 系列有线无线一体化交换机提供一体化的有线无线接入控制功能，定位于中小型企业网和大型企业分支机构的一体化接入，是中、小企业以及大企业分支机构实现有线无线一体化接入最理想的一体化交换机。

H3C WX3000 系列有线无线一体化交换机目前包含 H3C WX3008、H3C WX3010 和

H3C WX3024 三款型号,配合 H3C 公司自主研发的 Fit AP (H3C WA1208E/WA2110/WA2200/WA2600 系列)可以满足中、小型企业和大型企业一体化移动网解决方案等无线场景的典型应用。其主要特点有:

(1) 提供对 802.11n AP 的管理。H3C WX3000 系列有线无线一体化交换机在支持传统 802.11a/b/g AP 管理的同时,还可以与 H3C 基于 802.11n 协议的 WA2600 系列 AP 配合组网,从而提供相当于传统 802.11a/b/g 网络 6 倍以上的无线接入速率,能够覆盖更大的范围,使无线多媒体应用成为现实。

(2) 提供灵活的数据转发方式。H3C WX3000 系列有线无线一体化交换机支持集中式转发和分布式转发。对于单一的集中式转发,有线无线一体化交换机(US,Unified Switch)虽然能对报文进行全面控制,但所有的无线业务流都要到 US 进行统一处理,使得 US 的转发能力很容易成为瓶颈。特别是当通过广域网方式转发时,AP 作为数据接入设备部署在分支机构,而 US 部署在总部,所有用户数据由 AP 发送到 US,再由 US 进行集中转发,导致转发效率低下。其至当 802.11n 出现时,一个 AP 的业务报文流量高达 300M 之多,US 的处理性能更加成为无线系统的瓶颈。当采用分布式转发时,报文在 AP 上直接转化为有线格式的报文,并不经过 US,能够实现无线报文的宽带接入。

H3C WX3000 系列有线无线一体化交换机支持两种转发方式,用户可以根据需要给 SSID 设置转发的类型。

(3) 提供基于 AP 位置的用户接入控制。出于安全性或计费等考虑,系统管理员可能希望控制无线用户接入到网络中的位置。H3C WX3000 系列有线无线一体化交换机支持基于 AP 位置的用户接入控制。当无线用户接入网络时,可以通过认证服务器向 US 下发允许用户接入的 AP 列表,在 US 上进行接入控制,从而达到限制无线用户只能接入到指定位置 AP 的目的。

(4) 提供精细的无线用户管理。基于 MAC 的认证接入控制方式,不但可以使得客户在 AAA 服务器上对用户组进行权限的配置和修改,同时支持对具体用户的权限的配置,这种精细的用户权限控制大大增强了无线网络的可用度,网管人员可以轻松地通过该方式对不同级别的人或人群进行接入权限分配。

基于 MAC 的 VLAN 同样也是 H3C WX3000 系列有线无线一体化交换机的一大特色,在控制策略上,管理员可以把相同性质的用户(MAC)划分到同一个 VLAN,同时在 US 上基于 VLAN 配置安全策略,这样做既可以简化系统配置,又可以做到用户级粒度的精细管理。

(5) 提供内置 802.1x 认证服务和内置 Portal 认证服务。H3C WX3000 系列有线无线一体化交换机内置 802.1x 认证服务,支持 TLS、PEAP、MD5 等多种 802.1x 的认证方式。在中小型企业用户不需要计费功能,而只需接入控制和数据加密要求时,可利用内置的 Radius 服务直接在设备上完成 802.1x 认证功能,免去了复杂的 AAA 服务器部署过程,既经济又省事。H3C WX3000 系列有线无线一体化交换机还提供内置的 Portal 服务器,解决了不便于安装客户端用户的安全认证问题。

(6) 提供 User Profile。在基于用户授权方式的网络管理中,用户通过认证,即可获得访问网络的权限。授权包括控制用户可访问的网络范围,以及用户可获得的网络服务质量,如访问带宽、访问优先级。在用户移动的网络或大型网络中，为了方便网管人员开展日常的管理工作，User Profile 特性提供了一种更模块化、更简单的管理方式。

管理人员将一组基于用户群或特殊用户定制的策略配置在各个用户的 profile 中，并且为每个用户群或特殊用户预先分配各自的 profile。当用户认证上线时，在用户上线的端口动态下发 profile 配置，使该用户能动态获得其可以访问的网络范围、访问带宽以及访问优先级；当用户下线时，取消该用户在这个端口上的配置，可自动关闭该端口的特殊访问权限。

User Profile 中可以下发的配置包括 ACL、QoS(优先级、带宽限速、802.1p 和 DSCP 标记)和 VLAN。

八、无线网络设计

为实现更多的功能和获得更大的作用范围，可以插入接入点并将其作为星型拓扑的中心，还可以将其作为与以太网连接的桥接设备。

在建筑物内部，无线功能既可支持移动计算，也可支持连接计算。通过安装在笔记本电脑或手持 PC 上的 PC 卡客户机适配器，用户可以在整个设施内自由移动，同时维持对网络的访问能力。

将无线 LAN 技术应用于桌面系统可以为一个组织提供传统 LAN 所不能提供的灵活性。桌面客户机系统可以被放置在不可能进行或不适于进行布线的地方。桌面 PC 可以根据需要在设施内的任何地方进行重新部署，这一特性使无线方案成为临时工作组或快速成长组织的理想选择。

1. 实施原则

无线局域网(WLAN)技术于 20 世纪 90 年代逐步成熟并投入商用，既可以作传统有线网络的延伸，在某些环境也可以替代传统的有线网络。部署 WLAN 网络实现数据传输应遵照以下原则：

简易性部署：采用的 WLAN 网络传输系统及设备应安装简单快速，集中管理无线 AP 配置调试。

灵活性：部署的无线网络应使 WLAN 设备可以灵活地进行安装并调整位置，使无线网络达到有线网络不易覆盖的区域。

扩展能力强：采用目前先进的并且较成熟的无线控制器+FITAP 结构实现 WLAN 网络，系统支持多种拓扑结构及平滑扩容，可以十分容易地从小容量传输系统平滑扩展为中等容量传输系统。

安全性：采用的技术和设备应使无线网络具有高安全性，包括用户安全、系统安全、用户身份认证。用户安全部分主要通过 MAC 地址过滤、SSID 管理、WEP 加密等实现；系统安全通过 RF 扫描对入侵 AP 检测；同时无线技术和设备应具备身份认证的机制。

高可用性：采用的技术和设备应考虑到无线控制器的动态冗余，防止控制器故障导致无线网络瘫痪；支持 QoS 设置，保证实时业务具有最高的优先级；支持三层漫游，并支持快速漫游，漫游切换时间小于 50 ms，满足对切换时间要求苛刻的业务。

2. 无线需求

无线网建设的总体目标是：利用无线网络技术进一步扩展网络的覆盖范围，提高网络的用户自适应性，在无线的覆盖范围内实现关键业务的无线传输，并且可实现三层漫游，使无线局域网和有线网成为一个整体，提供安全的无线接入。

本工程具体的建设目标是：

采取通行的网络协议标准。目前无线局域网普遍采用 802.11g 系列标准，因此无线局域网将主要支持 802.11g(54M 带宽)标准以提供可供实际应用的相对稳定的网络通讯服务。

建设全面的无线网络支撑系统(包括无线安全、无线 QOS 等)，以实现无线网络的高可用性。

保证网络访问的安全性，支持用户多种接入方式认证机制，包括基于 802.1X(要另外配置认证系统软件)、MAC 等认证，支持外置的 AAA 服务器系统。

满足安全、认证和管理要求。为了阻止非授权用户访问无线网络，以及防止对无线局域网数据流的非法侦听，无线网络要具有相应的安全手段，主要包括物理地址(MAC)过滤、服务区标识符(SSID)匹配、AES 加密等。

满足无线网网络结构要求。无线接入所需布设的 AP 通过接入设备接入到 IP 网中，在接入层提供相应的接口给 AP 使用。

本次设计在研发中心办公楼和一期厂房设计了无线 AP 接入无盲区的覆盖，设备选用华为的无线 AP 覆盖设备。

3. 无线布局

由于每层的 AP 点较分散，如果采用交换机负责 AP 的供电会增加交换机数量，故采用本地供电方式拉电源到每个 AP 安装位置。本工程中，AP 点的分布情况如表 8-3 所示。

表 8-3 AP 点的分布情况

序号	车间	层数	每层 AP	合计
1	办公楼	2	3	6
2	厂房	1	4	4
3	总计	—	—	10

4. 频率规划与负载均衡

1) 频率规划

802.11g 使用开放的 2.4 GHz ISM 频段，可工作的信道数为欧洲标准信道数 13 个。由于其支持直序扩频技术，从而造成相邻频点之间存在重叠。对于真正相互不重叠信道只有相隔 5 个信道的工作中心频点。因此对于 802.11g 在 2.4 GHz 的工作频段，理论上只能进行 3 信道的蜂窝规划，实现对需要规划热点的无缝覆盖。此外，由于功率模板是否能做到符合邻道、隔道不干扰也非常影响频率规划的效果。

针对如何进行 802.11g 的频率规划，我们做了大量的实验。实验证明：3 载频也可以实现蜂窝对需要覆盖的区域进行无缝覆盖，并提供更高的服务带宽，从而提高了服务质量，实现了高带宽业务的开展。

频率规划需要配合使用的功能包括：AP 支持 13 个信道设置；AP 支持最大 100 mW 功

率以及多级功率控制；AP 支持外置天线以及定向天线。

2）负载均衡

AP 上通过负载均衡的部署，可实现在一个热点内将用户平均分配到所部署的所有 AP 上，达到在一个服务区 AP 接入用户数和流量的平衡，为用户提供更高的服务质量。具体可部署的负载均衡策略有：

对所有 AP 设置基于用户数的负载均衡功能，AP 通过对接入用户数的统计，与设定 AP 接入用户数量阈值比较，若达到阈值，则不允许新的用户接入。

对所有 AP 设置基于流量的负载均衡功能，AP 通过对接入用户流量的统计，与设定 AP 上流量漏桶阈值上沿比较，若达到阈值，则不允许新的用户接入，若少于阈值下沿，则可允许新用户接入。

九、VLAN 规划

根据公司的应用情况和规划及甲方的需求，我们将 VLAN 划分为三个网段：研发中心办公区、一期厂房办公区为一个网段，各个会议室、培训室等外来人员接入为一个网段，倒班宿舍楼、食堂等为一个网段。各个网段之间不能相互访问。

我们规划 VLAN 从 10 开始，如表 8-4 所示。

表 8-4　VLAN 规划

VLAN 序号	VLAN Name	VLAN 描述
10	BanGongQu	研发办公楼办公区、厂房办公区
11	QiTa	会议室、培训室等
12	SUSHE	倒班宿舍楼
13	PUB	公用网段
14	Internet	上网专用

××有限公司的网络建设是全新的网络结构，没有老的网络来影响，因此我们在网络 IP 地址规划的时候，考虑到××有限公司内的信息点的数量，决定使用 C 类网络地址对×× 有限公司的网络做规划。IP 地址规划如表 8-5 所示。

表 8-5　××有限公司网络建设的 IP 地址规划

序号	IP 地址	子网掩码	VLAN 号	网关地址
1	192.168.10.0	255.255.255.0	10	192.168.10.1
2	192.168.11.0	255.255.255.0	11	192.168.11.1
3	192.168.12.0	255.255.255.0	12	192.168.12.1
4	192.168.13.0	255.255.255.0	13	192.168.13.1
5	192.168.14.0	255.255.255.0	14	192.168.14.1

十、设备配置清单

该网络建设所需设备配置清单如表 8-6 所示。

表8-6　设备配置清单

序号	设备名称	规格/型号	品牌	单位	数量
防火墙					
1	防火墙(带路由)	F3-2643	网神	台	1
核心交换机					
2	核心交换机	LS-3600-28TP-SI	H3C	个	1
3	光模块-SFP-GE-多模模块	SFP-GE-SX-MM850-A	H3C	台	4
接入层交换机					
5	交换机	LS-3100-52TP-SI-H3	H3C	台	3
6	交换机	LS-3100-26TP-SI-H3	H3C	台	1
无线					
8	无线 AP	EWP-WA2220E-AG-FIT	H3C	台	10
9	定向天线	TQJ-2458XTJ1	H3C	台	20
10	射频电缆	CAB-RF-1.83m-(N+RG8+SMA)	H3C	个	20
11	WX3024-PoEP 有线无线一体化机	EWP-WX3024-POEP-H3	H3C	台	1
12		LIS-WX-12	H3C	台	1
网络服务器					
13	网络服务器	425342C	IBM	台	1

任务四　语音电话系统

一、系统概述

在智能建筑中，广大用户都把通信和信息业务作为生存和发展的基础。由于社会的发展，科学技术的进步，特别是计算机技术与通信技术相结合，各种新兴的通信业务应运而生，为智能建筑的用户提供了更为广泛的信息服务。用户对信息的要求不仅仅是普通电话，而且还需要视觉信息(文字、图形、图像等)和计算机信息的非话音信息业务，如数据传输、可视电话、会议电视、信息存储转发和多媒体通信等。智能建筑中的通信系统与办公自动化系统(OAS)有着密切的关系。

随着智能建筑中办公自动化系统的不断扩展，通信系统对用户在业务活动中运用话音、数据、图像的传输日益重要。它最终把话音、数据、图像等转换成数据形式，进行本地的和外地的多媒体通信。随着网络带宽性能的提高和语音压缩技术的成熟，在保证语音质量的前提下，利用企业已有数据网络建立企业内部语音通讯网已经成为可能。利用数据网络的剩余带宽解决企业多节点间的语音互通，可以帮助企业降低广域网络的通信费用和运行成本。先进的 VoIP 技术，为企业组建了覆盖全国的语音通讯网络，真正实现了"数据网络延伸到哪里，电话就通到哪里"。

二、需求分析

(1) 语音电话通讯中心建在研发中心办公楼一楼的机房内。

(2) 具有多种用户及中继接口，满足各种通信协议。

(3) 提供全面的数字程控交换机用户功能，并根据用户的具体需求作相应的设备配置和功能设定。可提供多种先进的增值业务。

(4) 外线端口目前设计 16 个，内线分机端口 269 个。

(5) 为主要研发中心办公区域、厂房区域和盗版宿舍楼房间安装内线电话，组成统一的内线电话，并可以分组管控，实现限制呼叫等功能。

三、系统设计

本语音电话系统充分运用了当前的计算机技术和通信技术，将话音通讯、计算机局域网的数据传输、视频会议等有效结合起来，进行统一集成设计，充分满足通信自动化与办公自动化的需求。

程控交换机系统的结构由以下几个部分组成：电信端局入出中继电路接入系统、程控交换机及入出跳线架管理系统、垂直干线及水平分支线系统、楼宇跳线架和工作区插座。

1. 布线设计

电话语音系统综合布线连接示意图如图 8-6 所示。

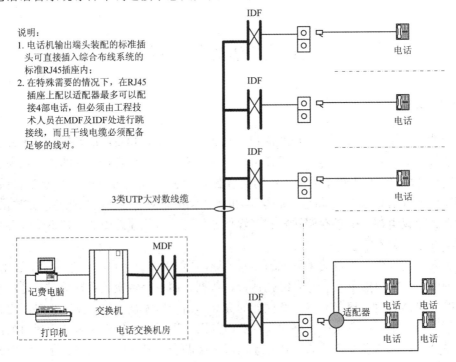

图 8-6　电话语音系统综合布线连接示意图

2. 配线架设计

程控交换机用户接口是电信端局的入出中继电路和程控交换机分机的接口通道，这些线路在进入程控交换机之前必须经过跳线架进行端接及防雷处理。

电话跳线架一般分四个打线区，首先应考虑电信端局入出中继电缆进线挂线部分，以方便外线进线部分的端接及维护，同时，对电信端局的入出中继电路应加装电话防雷排进行防雷处理。

电话语音系统的配线架设计如图 8-7 所示。

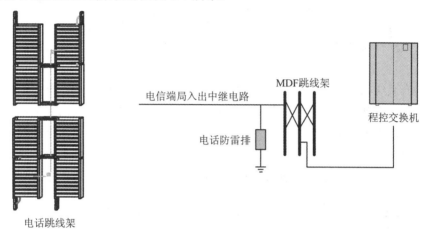

图 8-7　电话语音系统的配线架设计

电话跳线架同时可作为内线分机线路的分配枢纽，通过不同的跳接线确定或改变各个房间的电话号码及连线。一般将程控交换机接口电路板连接的线架(已经在程控交换机内编号)称为主线架，连接到用户分机的线架称为辅线架，主、辅线架之间通过跳线连接。主、辅线架应有编号表，便于查询及维护。电话跳线架同时应提供故障电话转移分机接线区，使程控交换机在系统故障时自动将外线转移到某些重要的办公电话上。程控交换机电话跳线架的分布图如图 8-8 所示。

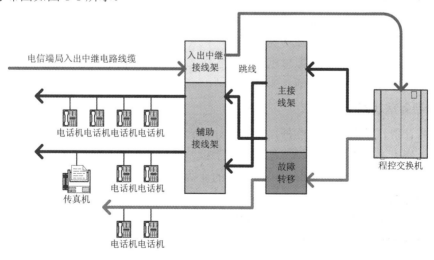

图 8-8　程控交换机电话跳线架分布图

系统故障电话转移功能是程控交换机的一个重要特点。其作用是在程控交换机系统故障的情况下将来自电信端局的中继电路转移到某些重要的分机上，以最大限度地保证电话通讯的畅通。

3. 设计说明

电话插座安装的数量按每个办公区工作人员的数量配置。按综合布线设计规范标准要求，结合"翰博高新材料有限公司"办公楼各房间的具体功能，电话插座配置按如下标准配置：普通办公室每张办公桌一个电话插座，特殊办公室根据具体情况安排电话插座；采用普通插座，可按工作区的需求情况进行安装。当今比较流行的综合布线系统，一般将电脑及电话系统综合起来考虑设计及施工，其目的是为办公人员提供从数字到语音的全方位服务。

电话语音系统布线方式一般采用大对数主干加水平分支线的结构。垂直干线到水平分支线之间应安装管理跳线架，以方便管理及维护，扩容也方便。如果只作电话通话使用，大对数主干及水平分支电缆采用普通电话电缆即可；如果考虑今后更高级别的应用，则应考虑更高传输率的电缆，如超 5 类非屏蔽双绞线、6 类非屏蔽双绞线。

为了便于今后拓展，在本次设计中我们建议电话布线使用超 5 类非屏蔽双绞线。

四、产品选型

本系统采用性能稳定、价格适中、功能全面的中联通信设备有限公司生产的 DK1208 数字集团电话，本电话系统内线最多可扩展到 384 线。

1. 办公管理功能

分组功能(32 组)	音频抢拨及遇忙转总机	内线来话转接
环路等位拨号	征询转接	语音信箱
外线服务	分机连选	遇忙回叫
出局也可设延	代拨外线	离位转移
帐号漫游	强插、强拆功能	忙时代接
外线限拨	群呼功能	代接来话
字头管理	虚拟总机	自录语音
中继呼入方式	电话会议	夜服功能

2. 计费管理功能

除帐号计费、押金计费功能外，本机在计费管理上还具有以下功能：

多种计费方式，灵活费率设置与调整，手机、传呼、IP 电话能实现单独计费。

四套计费参数，不同的中继可采用不同的计费方式。

多时段计费。

按不同的时段灵活设置不同的折价幅度，并适应电信新业务计费要求。

内部电话计费：可设月租费与通话费。

主机可存储 5000～10000 张话单，在脱机时也可保证话单不丢失。

3. 话务管理软件

本交换机能实时监控每路电话的接机、通话、打进、打出、挂机等状态，对于可疑用户能进行有效的话务和话单监视与控制，彻底杜绝恶意透支及作弊行为。

本交换机具有强大而完善的功能、全中文菜单提示与在线帮助，整个系统操作极为简单、方便、舒适，只需双击鼠标就能修改相应的参数设置。

任务五　安全防范系统

一、系统概述

安全防范系统属于公共安全管理范畴，它可以在人们无法或不宜直接观察的场合，实时、形象、真实地反映被监视控制对象的画面及状态。随着社会经济的发展和高科技技术的日新月异，以防盗报警及闭路电视监控为主的安全防范系统日益成为智能大楼、智能化小区、会展中心、文体场馆等公共设施智能化工程的重要组成部分，是智能建筑内加强管理和安全防范的一项重要措施。

本方案将针对××有限公司进行安全防范系统的设计，并采用防盗报警系统作为安全防范的辅助手段。本方案将根据不同防范区域的防范要求，本着因地制宜、积极稳妥、注重实效、严格要求及保密的原则，着眼于实际，为切实提高工作效率、创造安全环境、实现"科技管理"的目标而设计××有限公司的安全防范系统。

二、需求分析

根据具体需求，系统应采用先进、成熟的技术，使系统可靠、实用、独具特色，同时引入集中与分散的控制管理模式，力求最大程度地为管理者提供方便。因此系统不仅应具备开放性、可扩展性及兼容性，而且还是一个高可靠、容错的系统，从而可减轻管理者的压力。另一方面，从系统投入上考虑，系统设计过程中应努力提高性价比。

本安全防范系统将按以下两个子系统为主设计：

视频监控系统：主要监控厂房出入口大门、厂区内主要道路、厂区围墙四周、办公楼、宿舍楼、食堂、一期厂房内部等重要区域。

红外报警系统：主要布防在四周围墙、档案室、财务室等重要地方。

三、系统设计

本方案将严格按照既定设计原则和安防系统发展的趋势进行设计(留有扩展余地)，并努力提高系统性价比。在系统设备的配置上，选型总体定位为中高档，关键性器材均选用国际和国内知名品牌产品。

整个安全防范系统由监控、报警等子系统组成，系统设计还包括各子系统间的联动控制。

本方案所设计的安防系统通过视频摄像、监视及录像，与红外对射等设备紧密结合，对各主要出入口、重要房间等重要部位和区域进行全天候图像监控和红外探测，实时地、直观地、大范围地观察并掌握控制区域现场情况和势态，使整个大楼及周边区域处在严密监控之中。

在监控系统的设计中，系统将数字硬盘录像主机对前端各种快球、云台等多种设备具备灵活的控制功能；而多路数字硬盘录像主机不仅具备数字录像、多画面分割显示等功能，而且拥有强大的联网功能，它可作为数字视频服务器为 TCP/IP 局域网客户机提供强大的视频服务功能。

报警系统采取信号联动的方式与电视监控系统相结合应用。系统除接收和响应前端探测器的报警信号外，同时联动监控设备(如联动监视系统所对应的画面自动突出显示，并自动录像等)实现综合、实时的监控防盗控制功能。

1. 监控系统设计

1) 前端摄像机设计

(1) 摄像机的分布。

根据已获得的图纸、设计要求，监控系统主要监控厂房出入口大门、厂区内主要道路、厂区围墙四周、办公楼、宿舍楼、食堂、一期厂房内部等重要区域。主要区分为四大区域：

① 研发中心办公楼：一楼大厅、二楼办公区、财务室、档案室、机房等；

② 倒班宿舍楼：食堂大厅、食堂操作间、宿舍楼道、宿舍大门等；

③ 一期厂房：生产车间、仓库、仓库大门、休息室和更衣室门口等；

④ 厂区外部：厂区出入大门、停车场、主要道路、周界围墙等。

(2) 摄像机布点表。

摄像机的布点如表 8-7 所示。

表 8-7　摄像机的布点

分区	楼　　层	红外半球	红外枪机	球机	备　　注
一区	办公楼一楼大厅	—	—	1	吸顶球机
	机房	—	—	1	吸顶球机
	办公楼二楼办公区	—	—	2	吸顶球机
	办公楼二楼财务室	1	—	—	—
	办公楼二楼档案室	1	—	—	—
	小计：6	2	—	4	—
二区	食堂大厅	3	—	—	—
	食堂操作间	2	—	—	—
	宿舍每层楼道 2 个	10	—	—	—
	宿舍楼大门	1	—	—	—
	小计：16	16	—	—	—

	一期厂房(见图纸)	—	—	8	壁装球机
	仓库	—	3	1	—
三区	仓库大门	—	2	—	—
	员工休息室	1	—	—	—
	更衣室	1	—	—	—
	小计：16	2	6	13	
	主干道	—	3	—	
四区	围墙	—	6	—	
	停车场	—	2	—	
	大门出入口	—	2	—	
	小计：13	—	13	—	

(3) 摄像机选用原则。

前端摄像机是整个安全防范系统的原始信号源，摄像部分的好坏及它产生图像信号的质量将影响整个系统的质量，结合设计任务书提出的要求，我们在选择摄像机时按照以下原则进行：快球摄像机电视水平线≥480线，照度≤0.1LUX/F1.2；固定摄像机电视水平线≥480线，照度≤0.1LUX/F1.2。

2) 中间传输线路设计

中间传输线路是指将前端设备的信号传输至中心控制设备的各类线路，这部分的造价虽小，但关系到整个电视监控系统的图像质量和使用效果，因此要选择经济、合理的传输方式。本系统同时采用以下两种方式来传输。

光缆传输：由于厂区面积大，所以监控点分布多而远，但相对集中。利用综合布线原有的网络基础，我们设计部分距离监控中心主控制室距离远的、但距离分机房(一期厂房分机房和宿舍楼分机房)较近的监控点先用视频线缆将信号传送到分机房，再由分机房统一将所有的视频信号直接送到监控中心主机房。

视频线缆传输：部分离监控中心主机房近的监控点，直接采用SYV75-5型同轴电缆将视频信号传输到监控中心机房。水平电源线采用RVV2*1.0型电缆，快球、云台摄像机控制线采用RVVP2*0.75型非屏蔽线缆。

系统采用集中供电方式，室外采用前端供电，摄像机电源由监控机房提供。

3) 系统后端设备设计

(1) 控制。

控制部分是整个安全防范系统的核心部分，是实现整个系统功能的指挥中心，主要实现的功能有：视频信号的放大及分配，图像信号的校正与补偿，图像信号的切换与记录，摄像机(包括云台)的控制等。

闭路电视监控系统控制中心设在研发中心办公楼的一楼值班室，另在董事长办公室内设置一级控制，可控制显示公司内部所有的监视图像。同时在主门卫处、一期厂房、食堂同步显示本区域内的监控图像。

系统有 51 个摄像机输入，需要 4 台 16 路数字硬盘录像机对全部视频录像，因此系统需配置 4 台数字硬盘录像主机。

本设计中，系统前端摄像机信号首先通过传输线路输入数字硬盘录像主机，由数字主机、矩阵进行多画面分割显示、切换显示和 24 小时录像；系统还可通过操作人员资料管理系统，根据操作员级别分设密码、授权范围、生效日期/时间及权限，非常利于管理。整个系统与报警子系统设置接口，接收来自报警系统的触发信号，完成联动控制，包括自动切换报警画面、自动录像等。

(2) 显示。

在一楼值班室设置一组四联的操作台，4 台液晶显示器用于多画面监视和 24 小时录像的数字硬盘录像主机的信号输出；另外在主门卫、食堂、一期厂房分别设置 1 台 21 寸监视器，对本区域内的监控图像实时查看。

(3) 记录和查询。

记录和查询是电视监控系统最重要的一部分。整个闭路电视监控系统共 51 路视频输入，系统共设置 4 台海康品牌 16 路数字硬盘录像主机，对所有视频进行多画面分割监视和 24 小时录像。每台数字硬盘录像主机安装 4 块 1000 G 硬盘，可使所有录像文件保存一个月。

2. 监控系统功能

(1) 摄像机分布于公司的主要出入口、周界、办公楼、宿舍楼、食堂、厂房等处，范围涉及内部的主要区域和重要场所部位。

(2) 通过设置控制中心的显示器，可以对任意摄像机的内容进行直观、实时的监视及全画面录像，便于第一时间掌握控制区域现场情况。

(3) 所有视频全天候 24 小时连续录像。

(4) 多终端控制：采用多种终端，用户可控制定速和变速球形摄像机、云台、电动镜头、辅助输出和多个预置点。

(5) 系统可通过简单的图形操作界面来控制整个系统，具有电子地图功能，可通过鼠标的点击，对各硬件设备进行参数设定，能实时调看任一细节的电子地图并显示活动的图像信息。报警时，具有不同报警图像显示，并具有语音提示功能。

(6) 所有的操作和所发生的事件都将保存在历史数据库中，可对该数据库进行备份处理。

(7) 支持经过授权的用户，实现远程网络、IE 访问、浏览、控制监控图像的功能。

3. 报警系统设计

报警系统是安全防范系统中的一个重要组成部分，是一种先进的通用的现代化安全防范系统。系统通过安装在现场的各类报警探测器获取报警信号，经过各种方式传入控制设备，经处理后输出相应的报警信息。

根据图纸和报警系统的相关设计标准，本方案防盗报警系统采用 248 个防区的总线制防盗报警系统主机，报警探测器设置在办公楼二层财务室和档案室。另外在室外周界设置 10 对红外对射。同时考虑到不同区域内配置本地设防、撤防，在财务室和档案室设置了分控键盘，以控制本防区内的探测器。

系统与安全防范系统紧密配合，采取信号联动的方式。当所对应的监视范围有报警信号进入时，联动监视系统所对应的画面将自动切换显示并自动录像。

另外，本系统具有防破坏功能，链路上的断路、短路都将导致系统报警，系统本身所具有的后备电源，可确保系统在断电情况下正常工作。

1) 前端报警探测器部分

(1) 探测器的布置。

在安防系统的探测器设置中，系统共设置壁挂装双鉴防盗探测器 4 个，主要分布于研发中心办公楼二楼财务室和档案室，每个房间 2 个。室外周界共设置 10 对红外对射。

(2) 探测器的选用。

报警探头是系统的前端，是整个系统的报警信号采集器，需安装在需要被监视的场所。根据所需防范场所的范围，应选择不同范围的、不同种类的报警探测器进行防范。报警探测器作为整个系统的原始信号源，其应用将影响整个系统的可靠性，因此我们在选择报警探测器时须按照以下原则进行：① 采用双技术的报警探头；② 误报率低，具有良好的性价比。

本方案所涉及的探测器主要有防盗双鉴报警探测器。双鉴报警器我们采用 FOCUS 壁挂型，探测范围约为直径 15 m 范围。红外对射选用 FOCUS 的双光束对射产品。

2) 中间传输线路的设计

系统采用集中供电方式，报警输入远程模块和探测器均由控制机房集中供电。

报警输入模块信号传输及供电原则上采用总线型拓扑结构，各终端探测器通过挂接在总线上的报警输入模块接入系统，上述结构易于扩展，布线简洁。

传输线路采用 RVV4 × 1.0(4 根 1 mm^2 的铜芯软电缆)型护套线。由于探测器报警信号传输速率低，电源电流小，探测器电源及信号线均由报警输入模块引出，报警输入模块至探测器信号线采用 RVV4 × 0.5(4 根 0.5 mm^2 的铜芯软电缆)型护套线，可同时传输报警信号及 12 V 探测器所需的电源。

3) 系统后端设备设计

(1) 控制部分。

控制部分是整个防盗报警系统的核心部分，是实现整个系统功能的指挥中心，主要实现的功能有：系统编程设置、报警处理、报警的联动等。

系统核心为一台最多可容纳 248 个防区的 FOCUS FC-7448 报警控制主机，该主机集中接入前端的探测器信号，根据自身对不同防区设定的撤/设防状态，判断系统是否处于报警状态。一旦报警，则可触发声光警示以及联动监控相关设备。

(2) 报警响应部分。

本系统报警响应由声、光及报警组成。声是指报警喇叭，光是指报警灯。我们选用的产品是集声光于一体的报警设备——一体化警号。当报警发生时，报警输出驱动一体化警号，报警喇叭开始鸣叫，报警灯开始闪烁，从而提醒保安人员警情的发生。

报警响应还包括控制分区联动，其分区联动的主要内容是：报警触发闭路安保监控系统，使报警图像自动切换至电视墙上，显示报警图像，通过联动装置驱动录像机自动录像。

(3) 报警处理。

在报警发生后，系统通过各种软、硬件设置完成各项联动功能，包括：

① 自动启动警号、警灯，发出报警信息(在多媒体系统中还可显示报警信号所在的楼层平面图，记录保存并打印报警信息)；

② 对设定的报警联动区域自动打开灯光及相应的摄像机；

③ 启动画面处理系统、录像系统进行自动录像；

④ 启动报警监视器，自动切换显示报警区域内画面；

⑤ 报警打印机自动打印报警时间、报警通道等信息；

⑥ 按设定方式通过公共网络向有关部门发出报警信息。

4. 报警系统功能

(1) 总线制连接方式，可以在大范围内简单地通过两根线将所有探头(或总线扩展模块)连接至主机，并且通过地址码将所有探头——区分出来。

(2) 系统编程键盘为中文可变字符 2 行 16 字符 LCD 显示，夜光，105 mA 电流。

(3) 可单独旁路防区。

(4) 具有电子地图功能。

(5) 警号限时：4，8，12 分钟或无限制。

(6) 对所有使用者的操作均有记录，可以即时传输到报警中心，同时在系统记录器内储存起来，可以通过键盘查询，也可以通过打印机打印出来。记录内容包括操作时间、操作人代码、操作类型等。

(7) 具备 8 个子系统功能，可以把一个主机给 8 个不同的用户共享，使得所有用户可以共用该系统的所有功能，包括无线系统、总线系统、时间控制、继电器输出、事件记录等。所有子系统采用各自键盘对系统布撤防，而不影响其他子系统的状态。而且可以自由设置各子系统操作密码及各自之间的关系，即支持多层级联。

(8) 可以设定多达 3 个公共防区。如果有几个子系统公用一个防区，则其中有一个子系统撤防，该公共防区即撤防；而当所有的子系统都布防后，公共防区才布防，以方便用户使用。

四、系统安放总图

该系统的安放总图如图 8-9 所示。

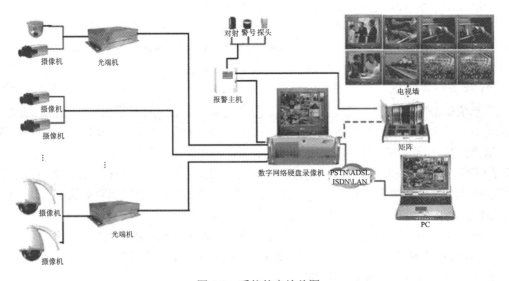

图 8-9　系统的安放总图

五、配置清单

1. 监控系统配置清单

监控系统的配置清单如表 8-8 所示。

表 8-8　监控系统配置清单

序号	设备名称	规格与型号	品牌	单位	数量
前端设备					
1	壁装中速球	JM8009I		套	9
2	吸顶装中速球	JM6107K		套	4
3	红外吸顶半球摄像机	SF-6051SIR		台	20
4	红外彩色枪式摄像机	SF-3056BX		台	18
5	安装支架(定制)			个	18
6	室外立杆	3M		根	8
传输设备					
7	16 路光端机	G&X-16000		对	2
8	8 路光端机	G&X-8000		对	1
9	光纤跳线	SC-ST		跟	6
中心控制设备					
10	16 路数字硬盘录像机	DS-8816HS-S		台	4
11	监控专用硬盘	1000G		块	15
12	液晶显示器				4
13	监控专用电源	12V/24V		个	51
分控显示设备					
14	CRT 监视器	21 寸		台	3
15	分控服务器			台	1
16	监控操作台	4 联		套	1
线缆					
17	控制信号线	RVV2*0.75		米	800
18	电源线	RVV2*1.0		米	1500
19	视频线	SYV75-5-1		米	2000
20	辅材			批	1

2. 报警系统配置清单

报警系统的配置清单如表 8-9 所示。

表 8-9 报警系统配置清单

序号	设备名称	型号	品牌	单位	数量
前端设备					
1	红外对射探头	ABT-80M	FOCUS	对	2
2	红外对射探头	ABT-100M	FOCUS	对	8
3	安装杆及支架	特制	国产	根	20
4	幕帘红外探测器	MD-448	FOCUS	个	2
5	门口红外探测器	DFM-235	FOCUS	个	2
中心设备					
6	开关线性电源	DC-24V-10A	国产	台	1
7	商用报警主机	FC-7448	FOCUS	台	1
8	全息键盘	FC-7448LCD	FOCUS	台	2
9	防区模块	FC-7401	FOCUS	只	14
10	继电器	FC-32B	FOCUS	个	1
11	声光报警器	HC-103	FOCUS	只	1
12	后备电池	12V	国产	个	1
线缆					
13	控制信号线	RVV4*1.0	国产	米	1000
14	电源线	RVV2*1.0	国产	米	500
15	辅材	—	—	批	1

任务六 背景音乐系统

一、系统概述

本系统将设计背景音乐和广播，主要覆盖厂区室外、厂区宿舍楼、研发中心、厂房等区域。其中，厂房和餐厅部分设立独立分控，控制本区域音箱，也可受控于主机房；厂区按照功能和需求区域分为 5 个区域。选用 BGM X1330 系统来控制，可以实现分区播放、远程呼叫、紧急广播、消防联动等背景音乐功能，可掩盖噪声并创造轻松愉快的氛围。扬声器均匀布置，无明显声源方向性，且音量适宜，不影响人群正常交谈，是优化环境的重要手段之一。

二、设计原则

根据该厂区的规划，并依照上述需求所进行的分析，结合我们的工程经验，大楼智能广播系统的设计将遵循以下思想，即我们所坚持的八条原则：

(1) 先进性。本系统选用先进实用的技术、功能完善的产品和一流的设备，在技术上适度超前，整个系统既体现当今广播技术的发展水平，也符合今后的发展趋势，使之在今后相当长的一段时间内可保持其技术的领先地位。

(2) 成熟性与实用性。系统应采用先进的、已使用过并成熟可靠的产品，同时应具有实用性，应充分发挥每一种设备的功能和作用。本系统可充分满足操作方便、维护简单、便于管理的要求。

(3) 灵活性和开放性。在满足业主当前要求的基础上，面向 21 世纪，系统应具有开放性和兼容性，可以与未来扩展的设备具有互联性与互操作性。

(4) 集成性和可扩展性。系统设计中应充分考虑公共广播系统与其他消防系统的集成性，确保系统总体结构的先进性、合理性、可扩展性和兼容性。使用不同厂商、不同类型的先进产品，可以使整个系统随着技术的发展和进步得以不断的充实和提高。

(5) 标准化和模块化。我们应严格按照国家和地区的有关标准进行系统设计和设备配置，并根据系统总体结构的要求，将系统进行结构化和标准化，综合体现当今世界的先进技术。

(6) 安全性与可靠性。必须深刻理解消防系统安全可靠的重要性，因为在设备选择和系统设计中，安全性和可靠性始终是放在第一位的。

(7) 服务性与便利性。为适应公共广播系统功能需要，所采用的系统应能充分体现其安全性、先进性、可靠性、便捷性和高效性。

(8) 经济合理性。设备选型和系统设计要确保满足用户的需求，具有技术上的先进性、可行性和实用性，丢掉附在其上的"泡沫"，并达到功能与经济相统一的优化设计。

三、需求分析

通常的公共广播系统包括三部分：公共区域的背景音乐部分、人工广播部分和紧急事故广播部分。以下我们将贵方具体要求作陈述。

公共广播系统要求实现以下主要功能：

1) 背景音乐

由 CD/MP3 播放机、收音机、数字播音器等提供音源，在不同的时间播放不同内容的背景音乐，能营造一种舒缓、温馨的气氛，能够陶冶情操、净化心灵，可以放松一下紧张的情绪，以提高工作效率。

2) 人工呼叫广播

通过人工呼叫广播可将人们所需的信息传送到厂区广播点的每一个角落，信息内容包括公告、天气预报、国际国内新闻等。当有寻人启事等信息需要分区发布时，可以在任意时间、任意地点对任意区域进行广播讲话或呼叫找人等，进行人工呼叫广播时，由呼叫站提供音源。

3) 紧急广播

由于大楼内人员密集，所以防报警紧急广播就显得十分重要。紧急广播系统是火灾或其他灾害的报警、疏散和指挥的必要设备和措施。本系统控制设备与消防设备可以联动。系统应采用数字技术控制，预置火灾报警的语音合成，显示操作提示，彻底消除人工广播报警可能带来的指挥不当或不及时引起的失误或混乱。

系统控制具有与楼层相对应的火灾报警联动控制端口，与火灾报警设备的各区域报警输出的联动，自动进行启动，并自动进行语音广播。系统分两个阶段进行警报广播动作：第一阶段为预报警；第二阶段为正式报警，并带有警报解除广播动作。这两个阶段构成完整、规范的自动火灾紧急广播控制系统。

通过操作键盘可进行人工警报广播和警报解除广播，也可手动启动紧急广播，由人工进行疏散指挥。

紧急广播操作级别优先于其他音源，可对所需广播楼层规定的区域进行广播，也可以进行全呼操作。紧急广播的启动，不影响非紧急区域广播的正常播放。

四、方案设计

根据系统的需求情况，我们将把背景音乐的主控制室设置在研发中心一楼值班室，在一期厂房和食堂设置 2 个分控室，分别控制本分区内的广播情况，在二楼办公室内设置一个主控，控制所有分区内的广播，同时也受主控制室控制。具体的分区及点位分布如表 8-10 所示。

表 8-10　背景音乐系统的具体分区及点位分布

分区号	楼层	吸顶音箱	草坪音箱	室内音柱	备注
1	办公楼	6	—	—	主控
2	室外草坪	—	10	—	—
3	食堂	8	—	—	分控
4	宿舍楼层	—	—	20	—
5	厂房	—	—	8	分控
总计：		14	10	28	—

1. 系统功能

1) 音乐功能

音乐播放功能主要是播放一些轻音乐，以创造一个舒适的环境。音乐播放可输入 3 路音源，即可进行全区广播，也可以通过系统设置对指定区域进行选区播放背景音乐。

2) 人工广播功能

通过话筒、呼叫站实现来人通知、广播讲话、广播找人等功能。利用呼叫站的键盘进行选区，从呼叫站的话筒进行拾音，经 X1330 主机识别认定所选区域后，再由功率放大器进行放大，最后输出到各区域的音箱。

3) 消防广播功能

消防紧急广播是利用消防控制室发出的联动信号，接入控制输入模块自动触发数字口讯模块和分区继电器模块，使分区继电器系统开启相应的区域，激活并调用预先录制在数字口讯模块中的火灾报警信号，并用中英文两种语言进行自动循环广播，直到值班人员通过紧急呼叫站对报警分区进行人工疏散广播，引导人们安全撤离火灾区，也可通过分区系统设置，对全区进行紧急广播。当消防联动信号通过控制输入模块进入主机时，主机可根据编程自动切换到 $n \pm 1$ 区域进行人工广播或自动广播，或者对全区播放紧急广播。

2. 分区设置

一个公共广播系统通常划分成若干个区域，由管理人员(或预编程序)决定哪些区域须发布广播，哪些区域须暂停广播，哪些区域须插入紧急广播等。

分区方案原则上取决于客户的需要。本系统分为 5 个分区：分别是研发中心办公楼、一期厂房、室外草坪、宿舍楼和食堂大厅。

分区后的音量调节要求：

重要部门或广播扬声器音量有必要由现场人员任意调节的宜单独设区，如办公室、会议室、高档住宅小区等。

总之，分区是为了便于管理。凡是需要分别对待的部分，都应分割成不同的区。但每一个区内，广播扬声器的总功率不能太大，须同分区器和功放的容量相适应。

此套系统可以为厂区内的工作人员提供舒适的环境，其中设有音响广播、消防紧急广播，以确保大楼的正常运作。该项目公共广播系统划分为 5 个广播分区。

3. 系统优点

(1) 系统智能化。输入输出接口采用 CPU 实时控制技术，PC 机可通过 RS232 串口向主机下传设置数据。

(2) 结构模块化。整个系统均采用模块化结构，便于用户根据不同的需要任意组合，以达到比较高的性价比。

(3) 设计人性化。系统的硬件配置和操作界面设计力求以人为本，人机界面亲密无间。

(4) 控制阵列化。系统音源的音频输入和呼叫站的音频输入经过处理后与音频总线相连，音频输出也采用总线结构。音频输入和音频输出设计成阵列化结构，可按需要设置排列。

(5) 功能的全面化。

- 系统可接入 6 个呼叫站，8 个优先级设置；
- 系统可接收 64 路控制输入，8 个优先级设置；
- 系统可接入 6 路音源；
- 输入口音量可调；
- 系统具有 72 分区输出(6×12，每通道 2 路输入 1 路输出)；
- 系统具有 64 路 DC 24 V 控制输出(16×4)；

- 系统具有自动转接电话功能，可实现远程来电选区广播；
- 系统具有口讯录放功能；
- PC 机设置可下传。

(6) 产品集成化。

X1330 智能广播控制系统就集成在 1～3 个 3U 的标准箱体内(460W×440D×132H)，整体美观。

4. 系统特色

(1) 模块化设置；

(2) 一键飞梭设置，方便快捷；

(3) 具有 LCD 显示屏；

(4) 通常公共广播含有服务性广播和业务性广播两个功能；

(5) 服务性广播主要用于公共区域的广播和背景音乐、介绍、指南以及可能需要的内容的播放；

(6) 业务性广播为各楼层通知、找人等寻呼用途。

5. 系统传输方式

公共广播系统分定压式、有源终端式和载波传输式三种。本设计采用定压式。扬声器的功率馈送回路采用两线制，扬声器线路传输电压国际标准一般为 70 V、100 V、120 V 三挡规格，根据规范宜采用低压传输方式并考虑减小线路损耗的原则，我司采用 100 V。

由于系统以 100 V 定压方式传输，所以应选用 100 V 输出的定压功放和与之相匹配的扬声器和音量调节器。

6. 广播机房

公共广播设备主控位于研发中心一楼值班室内，另在一期厂房和食堂内各设一个分控，控制本分区内的广播。

公共广播控制中心机房布置及要求如下：

(1) 机房内设有空调及祛湿装置；

(2) 温度控制范围为 15℃～25℃；

(3) 湿度控制范围为 30%～50%；

(4) 机房内设有防静电地板(架空，离地 300 mm)；

(5) 机房内配有内外通讯联络设备；

(6) 机房内配有稳定电源，统一供给系统用电；

(7) 安装柜可与操作台分开安装；

(8) 机架安装竖直平稳；

(9) 机架侧面与墙、背面与墙距离不小于 0.8 m，以便于检修；

(10) 设备安装于机架内牢固、端正；

(11) 电缆从机架、操作台底部引入，将电缆顺着所盘方向理直，引入机架时成捆绑扎；

(12) 在敷设的电缆两端留有适度余量，并标有标记；

(13) 设置保护接地和工作接地：对单触设置专用装置，接地电阻不大于 4Ω；对接至共同接地网，接地电阻不大于 1Ω。

五、线缆敷设说明

(1) 线缆采用专用的音频线，功放馈送回路采用二线制传送，有音量调节器的线路采用三线制传送；

(2) 广播线路应该独立敷设，不应和其他线路同管和同线槽槽孔敷设，管线敷设应避开强电磁场干扰；

(3) 广播线路采用明敷时应采用金属管或金属线槽保护，并应在金属管或金属线槽上采取防火保护措施，防止火灾发生时消防广播线路中断，造成更大的经济损失；

(4) 采用耐火型绝缘电线，线缆之间的连接必须牢固绞接并刷锡，以确保其在火灾状态下不会失效，在潮湿环境中不被氧化腐蚀；

(5) 有线广播系统中，从功放设备的输出端至线路上最远的扬声器箱间的线路衰耗宜满足以下条件：

① 业务性广播不应大于 2 dB(1000 Hz)；

② 服务性广播不应大于 1 dB(1000 Hz)。

六、设备选型

本项目的公共广播系统采用上海旗胜电器有限公司的 BGM 系列产品。其公司生产的背景音乐系统是专为公共场所提供背景音乐、广播的专业设备，为国内最大著名公共广播厂商之一，多年前已获 ISO9001 国际品质认证、国内品质认证及欧美 CE 品质认证，产品性能稳定可靠，功能齐全，一直以最好的性价比领先与同行之中。

七、设备清单

背景音乐系统的设备清单如表 8-11 所示。

表 8-11　背景音乐系统的设备清单

序号	名称	型号	品牌	单位	数量
厂房分控					
1	话筒	F0211		台	1
2	前置放大器	F0813		台	1
3	定压功放	PA1451-450W		台	1
4	多系统切换器	F0809		台	1
食堂分控					
5	话筒	F0211		台	1
6	混合功放	MA60		台	1
7	多系统切换器	F0809		台	1
办公室分控					
8	呼叫站	M13302		台	1

续表

序号	名称	型号	品牌	单位	数量
中控室					
9	CD/MP3 播放器	F0802		台	1
10	数字调谐器	F0801		台	1
11	呼叫站	M13302		台	1
12	X1330 主机(带软件)	M13300		套	1
13	音乐输入模块	M13322		个	1
14	音乐输出模块	M13323		个	1
15	呼叫站输入模块	M13324		个	1
16	口讯模块	M13325		个	1
17	分区模块	M13326		个	2
18	控制输入模块	M13327		个	1
19	控制输出模块	M13328		个	1
20	定压功放	PA1601-600W		台	1
21	节目定时器	F0811V1		台	1
22	顺序电源启动器	F0818		台	1
23	吸顶音箱	F0301GE-3W		个	14
24	壁挂音箱	CS430-3W		个	20
25	防水音柱	F0341-20W		个	8
26	室外草坪音箱	CP505-15W		个	10
27	线材	RVVP2*1.5		米	2000
28	机柜	1.6M		台	1
29	辅材	—		批	1

任务七　一卡通系统

一、系统概述

随着信息技术的迅猛发展，人们对企业的通信自动化、办公自动化和管理现代化都提出了更高的要求。结合其他智能系统，在企业内采用非接触式 IC 一卡通技术，将大大提高企业的综合管理水平和管理效率，并为员工提供一个安全、便捷的工作环境。

我公司近几年来通过对一卡通技术的开发应用以及智能建筑工程的实践，深感一卡通技术的应用对于工厂、楼宇的智能化有着强烈的推动作用。首先，该技术扩展了智能化系统集成的应用范围，不但可以实现一卡通系统内部各分系统之间的信息交换、共享和统一管理，而且可以实现一卡通系统与建筑物各子系统之间的信息交换、统一管理和联动控制；其次，一卡通技术增强了整个建筑物的总体功能。在智能建筑工程中应用的一卡通系统，目前已经覆盖了人员身份识别、员工考勤、电子门禁、出入口控制、电梯控制、车辆进出管理、员工内部消费管理、人事档案、图书资料卡和保健卡管理、电话收费管理、会议电子签到与表决和保安巡更管理等。由此可见，一张小小卡片，已经渗透到了企业管理和物业管理的各个环节，使得各项管理工作更加高效、科学，为人们日常的工作和生活带来便捷和安全。

二、需求分析

随着信息技术的迅猛发展，人们对企业的通信自动化、办公自动化和管理现代化都提出了更高的要求。结合其他智能系统，本次设计在企业内建设了门禁管理系统、考勤管理系统和消费管理系统等三大子系统，子系统统一了数据库的管理。

公司计划有办公室人员 80 人，车间工作人员约 100 人，IC 卡约 200 张。这些卡将通过一卡通系统统一管理。

具体各个子系统需求如下：

(1) 消费管理系统：在倒班宿舍楼一楼餐厅设置 4 个消费刷卡点，一楼小卖部设置 1 个消费刷卡点；

(2) 考勤管理系统：在研发中心楼一楼前台、一期厂房出入口、倒班宿舍楼一楼门口设置 3 个考勤点；

(3) 门禁管理系统：在研发中心一楼大门、财务室房门、档案室房门、计算机机房等重要房间设置 4 套门禁系统。

三、功能特点

(1) 采用以太网组网方案，通信速度快、实时性强；

(2) 采用 TCP/IP 通讯协议，系统可集成能力强；

(3) 组网方便、灵活，符合现代结构化布线要求，系统扩展性优良，远程控制能力强；

(4) 系统可靠性、稳定性高；

(5) 具备超大规模的数据处理能力；

(6) 数据库性能优良，开放性好；

(7) 保密性能好；

(8) 自由组合的模块化结构体系。

四、系统设计

本方案设计的一卡通系统包括考勤系统、消费系统、门禁系统、电子巡更系统。考勤管理子系统对内部员工实施考勤统计；消费管理子系统对内部员工消费实现统计、查询功能；门禁系统对重要的工作场所进行人员身份的识别；电子巡更系统对重要的场所进行人员出入管理。该系统充分满足××有限公司的需求。

一卡通管理系统建立在内部结构化综合布线系统之上，运用先进的计算机网络技术、通信技术及非接触式 IC 卡技术，为企业及工厂的各项管理功能提供了现代化手段，以提高管理质量和水平。

具体目标为：

● IC 卡各子系统的工作站和上位机居于系统的高速管理信息域，采用以太网，通过路由器可连接企业局域网和广域网，包括 Intranet 和 Internet。

● 通过 RS485 通讯协议与门禁管理主机进行通讯，确保在联机状态下的完全实时性要求。

● 一卡通系统数据库平台用 SQLSERVER2000，支持 ODBC 访问，自控系统集成可通过局域网与其建立通讯连接，并对其数据库进行读、写访问。

1. 考勤管理子系统

1) 概述

考勤管理系统是一卡通系统的子系统之一，它实现了人员上、下班签到功能，方便管理人员统计，方便管理部门查询、考核各部门出勤率，能有效管理、掌握人员流动情况。

2) 系统结构图

考勤系统的标准结构图如图 8-10 所示。

图 8-10　标准考勤系统结构图

3) 考勤系统功能

考勤系统的功能包括以下内容：

数据存储：考勤机将自动记录并存储考勤人员的日期、时间、卡号等相关信息。

参数设置：参数设定包括工作班次设置、公众假日设置、员工班次安排、调整休息日员工请假、类别维护等。

数据采集、处理：提取考勤机或门禁控制器中的刷卡原始数据存入数据库中，根据设置班次等参数对每个人员的数据进行系统处理，给出完整的上、下班记录。

数据维护：当考勤员工需要补办事假、病假等手续时，要求由操作人员手动改更数据，给出正常的考勤报表。

统计报表：统计报表包括查询和打印报表。

2. 消费管理子系统

1) 概述

消费管理系统是一卡通系统的子系统之一，其作用是将充值后的 IC 卡作为单位内部信用卡在消费机上使用，以代替现金流通，实现单位内部消费电子化、制度化。

2) 标准消费机的系统结构图

标准消费机系统的结构图如图 8-11 所示。

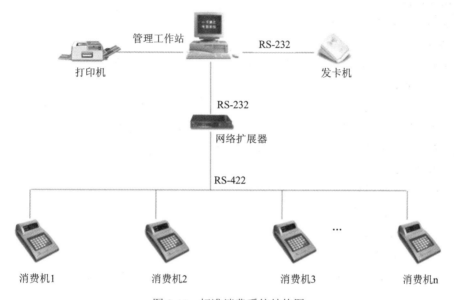

图 8-11　标准消费系统结构图

3) 标准消费机基本功能

标准消费机的基本功能如下：

公司员工持卡由收款机进行消费付款，即从卡内实有金额中扣除实际消费金额。

系统可设置为按固定金额收费和按金额收费两种收费方式。

本系统具有对卡进行挂失和退卡的功能。

收款机与管理电脑实时在线收费，存储容量无限。

系统可根据时间、持卡人卡号等检索方式进行查询、统计，自动计算、扣除卡内金额，并打印出个人消费、充值或卡异常处理的报表。

所有消费行为可实现网络化数据库的存储管理，使每个客户端的业务流程更加快捷。

可针对不同客户端、不同的卡类进行打折设置，让贵宾客户感受到优越感。

根据需要可以设置多种用户类型，每种"用户类型"可以设置不同的 "补贴"及"卡成本费"，具体设置视用户需要而定。

系统采用 SQL2000 数据库，确保智能卡、消费数据安全；对操作人员实行权限控制，并可对人员的操作进行跟踪，让您高枕无忧；系统采用的非接触式智能卡，经过加密处理性能安全可靠。

本软件直接提供原始数据备份及恢复功能，客户不需要进入 SQL SERVER 就可以完成数据备份及恢复。

操作员依据自己的操作权限在管理主机上进行相应设定，如发卡授权、修改持卡人资料、充值、初始化数据库等，有效杜绝了非法充值、非法退款等事件的发生。

当有非法卡消费时，系统将不受理且会警告提示，从而避免造成经济上的损失。

4) 标准消费机主要技术参数

标准消费机的主要技术参数如下：

工作环境温度：−10℃～+70℃；

工作环境湿度：5%～95%；

外部供电电源电压(AC)：220 V ± 15%；

供电电源功率：≤10 W；

双面 LED 显示(mm)：单面 6 位 LED；

脱机信息存贮量：5000 条；

发卡数：60 000 张；

读卡识别时间：≤0.2 s；

感应距离：20～50 mm；

联网方式：RS-485；

抗静电干扰：±15 kV；

外型尺寸(mm)：172 × 295 × 135。

5) 标准消费机的软件功能

标准消费机的软件功能包括以下内容：

键值设置：通过设置消费机上的键值，可以确定定额消费的消费金额和非定额消费的消费单价以及用户单次消费的最高限额。

数据处理：授权后的 IC 卡在消费机上读卡后，消费机中消费数据需提取至数据库中以便处理、查询，当采用充值消费时，数据提取后，还需将新的消费数据下载到消费机中。

可根据人员编号、起始日期查询个人消费记录(每日数据、每月数据)。统计报表包括综合报表、公司日报、公司月报、部门日报、部门月报、人员日报、消费机用户报表、消费机统计报表等。

3. 门禁管理子系统

1) 概述

门禁系统是在建筑物内的主要管理区、出入口、办公室、主要设备控制中心、机房、贵重物品的库房等重要部位的通道口，安装门磁开关、电控锁或读卡机等控制装置，由中心控制室监控，系统采用计算机多重任务的处理，能够对各通道口的位置、通行对象及通行时间等进行实时控制或设定程序控制。

门禁管理系统要求在公司的主要研发中心一楼出入口、财务室出入口、档案室出入口部位设置出入识别装置(智能卡读卡器)和门控装置(门磁开关、电控锁等)，通过对人员准入级别的设定和对进出人员相应进出时间等信息的记录、存储和显示，实现对被控区域出入口的控制和管理。

系统能对设防区域的各出入口、通行对象及通行时间等进行实时控制或设定程序控制。各门禁控制器通过以太网实现与监控中心的通讯。

控制器之间采用现场总线 RS-485 进行通讯，可实时传送读卡等信息，同时保证在管理工作站故障或通讯中断的情况下控制器能维持门禁正常运行。每个控制器同时可控制 4 个单向门或 2 个双向门，即 4 个读卡器。

2) 系统结构图

大型门禁控制系统网络拓扑图如图 8-12 所示。

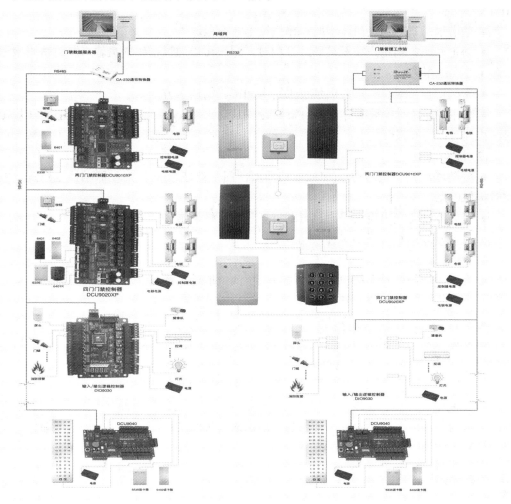

图 8-12 大型门禁控制系统网络拓扑图

3) 门禁系统功能

(1) 基本功能。

● 一个控制器可控制一个或多个读卡器，标准 Wiegand26 接口。

● 可控制各种不同的电控锁。

● 对所有卡实行分级管理，根据其身份确定通行权限。

- 可设置多个时间段，控制门锁启闭，每个时间段起始值任意定义。
- 每张卡均可设置休息节假日，一周内任意定义。
- 非法读卡、强行开门，超时未关门等自动报警，合法卡在授权时间段以外试图开门时，视同非法卡处理。
- 多种信息记录：包括每次开门时间，开门卡编号，非法卡编号，报警原因、位置。
- 开门延时可调。
- 可脱机或联网使用。
- 采用 E²PROM 技术，即使在停电状态下，也不会丢失任何数据，最长保存时间为10 年。
- 防潜返：只有当进门读卡时，出门读卡才有效。
- 胁迫密码：当用户被歹徒胁持开门时，用户可以通过密码键盘输入胁迫密码来通过管理中心实现报警。
- 密码键盘：对有些重要门禁可采用卡加密码的读卡方式。
- 多卡论证：对枪械库等重要门禁采用多卡论证方式，最多可设置 6 张卡(即在规定的时间内同时读完 6 张合法卡，门才能打开)。

(2) 联动功能。

- 安防联动：当开门动作(包括非法闯入，门锁被破坏)时，启动联动监视系统，发出实时报警信息。
- 消防联动：当出现火警时，自动打开相应区域通道。
- 具有硬联动和软联动多种联动方式。

(3) 集中管理。

- 发卡中心统一对人员出入权限设置、更改、取消、恢复。
- 发卡中心可远程控制开门。
- 后台管理工作站可建立统一用户资料库。
- 实时采集每个出入口的进出资料(时间、卡号、是否非法等相关信息)，同时可按各用户进行汇总、查询、分类、打印等。
- 实时监控：在控制中心可以实时监控到每个门的开关状态。
- 控制中心：拥有权限的管理人员，对各门点均可进行直接的开/闭控制；利用 SAG系统独特的电子地图功能，可实现直观、形象的多种联动控制，如对门锁、闭路监控摄像机、消防设备等的控制。

五、设备选型

本系统我们选用"SAG"品牌的产品。多年来深安阁公司的产品和系统以其优越的功能、极高的性价比和可靠性，已经广泛地应用于政府、税务机关、银行、邮电、大型厂矿、部队、智能小区及交通等各个领域，倍受各界用户的青睐。

六、设备配置清单

门禁系统的设备配置清单如表 8-12 所示。

表 8-12 门禁系统的设备配置清单

序号	名称	规格型号	品牌	单位	数量
门禁系统					
1	网络单门控制器	SAG-M5.201	SAG	台	6
2	读卡器	Haut-C3403G	SAG	个	6
3	下插式无温电锁	SAG700	—	个	5
4	出门按钮	—	SAG	个	5
5	门禁专用电源	12V3A	—	个	6
6	TCP/IP 转换器	C2000	SAG	个	4
7	门禁管理软件	—	—	套	1
考勤系统					
8	考勤机	FIRE2000	SAG	台	2
9	考勤机外壳	—	SAG	个	2
10	USB 发卡器	09A-6H10D	SAG	个	1
11	考勤软件	—	SAG	套	1
消费系统					
12	消费机	SURE -T01	SAG	台	5
13	充值机/发卡器	SURE -F201	SAG	个	1
14	数据采集卡	—	SAG	套	1
15	IC 卡	进口 IC	—	张	200
16	消费管理软件	—	SAG	套	1
17	工作站(自备)	P4/256M/40G	—	台	1

任务八　电子巡更系统

一、系统分析

根据××有限公司厂区面积广、楼房多、来往人员复杂的特点，该公司必须有专人巡逻，采用人防与技防相结合的方法，对××有限公司进行 24 小时的定时巡查，以便及时发现并有效阻止各种安全问题的发生。

为保证小区保安人员都能尽职尽责，确保工作严密有效，在小区内设置固定的巡更路线是有必要的，保安人员可在规定的巡逻路线上，按指定的时间和地点到达巡更点并采集巡更点信息，以便控制中心了解巡更线路的情况。

随着现代科技的高速发展，大而笨拙的传统机械式及电子红外巡更设备越来越不适应现代管理要求，而具有小巧、美观、高可靠性优点的不锈钢封装存储芯片(信息钮扣)的问世，推动了新一代无线巡更设备的产生。无线电子巡更管理系统性能可靠、设置简单、使用方便，其优越功能可使警力分配更加充分，巡更管理更加科学，巡更结果及时反馈，安保工作量大大降低，真正实现安保人员的自我约束，自我管理。同时，巡更系统与电视监控系统综合使用，可大大降低整个安全防范系统的成本。

根据我公司多年的施工经验，在本次设计中，小区内的电子巡更系统采用性能良好的深圳 SAG 离线式电子巡更系统。

二、需求分析

××有限公司巡更点按照分布均匀、巡更线路可灵活设置的原则进行设置。安装不用布线，在厂区出入口、主要道路、厂房、宿舍楼各楼层、办公楼等处设置离线巡更点。根据厂区的实际情况，初步定为 30 个巡更点，2 个巡更棒。

三、系统结构

厂区电子巡更系统主要由信息钮、巡更棒、通信器、系统管理软件四部分组成。

厂区电子巡更系统的工作原理是在每个巡更点设一个信息钮，信息钮中储存了能标识巡更点地理位置的信息。巡更保安人员手持巡更棒，按照预计的线路巡查到该处时只需将巡更棒轻触信息钮，即把到达该巡更点的时间、地理位置等数据自动记录在巡更棒上。完成巡更后，保安人员将巡更棒接入通信器，将巡更保安人员的所有巡更记录通过通信器传送到计算机中，系统管理软件能立即显示出该巡更保安人员巡更的线路、到达各巡更点的时间和名称及漏查的巡更点，并可按照设定的要求生成巡更报告。

图 8-13 所示为电子巡更系统的工作原理。

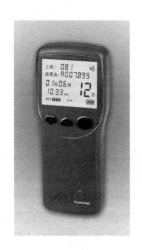

图 8-13　电子巡更系统的工作原理

四、系统功能特点

1. 系统功能

本系统由数据采集器(通常叫巡更棒)、数据变送器(通常叫传输器)、信息钮扣及运行于 Windows 操作系统下的中文管理软件组成。

数据采集器采用压模金属，因此十分坚固、耐用，能保证内部电子设备免受冲击或意外损伤。9 V 碱性电池可以保证正常使用一年而无需更换，内置维护数据用锂电池，可正常使用长达十年以上，因此不必担心系统电源故障。采集器具有 128 KB 内存，可一次性存储 5000 条记录，内置时钟能准确记录每次作业的时间。

数据变送器以 RS232 通讯按口与电脑进行串口通信，传送速率为 19 200 B/s。

信息钮扣内设有随机产生终身不可更改的唯一编码，并具有防水、防腐蚀功能，因此能运用于室外恶劣环境。

上述硬件设备均为深圳公司原装进口产品。本公司为此套系统特别开发的中文管理软件具有巡更人员、巡更点登录、随时读取数据、记录数据(包括存盘、打印、查询)、修改设置等功能。

系统的功能特点包括以下内容：

(1) 本系统采用数化设计，使用与设置更灵活。

(2) 为能清晰表示巡更线路和巡更人员的上下级隶属关系，线路和人员均采用树型结构。

(3) 对每条线路中的地点可以自由排序，并可对每个地点设置停留时间和特殊时间。

(4) 巡更计划按月份制定，并设置为具体的时间段，如：2001-06-21 08:30-2001-06-21 12:50 为一个时间段，就是在此时间段内要对该线路中的每一个地点巡更一次。此时间段可一天划分多次，也可以为几天一次，根据情况灵活设置，并可以设定特殊日期、时间。

(5) 为更好的适应巡更人员的情况，本系统采用两种方式：一种是每个人员加配感应卡的识别方式；另一种是不加配人员卡的方式，而是在排定巡更计划的同时，将相应的人员进行相应的排定。

(6) 巡更结果查询可以进行多条件任意组合。可按月份、时间和人员统计巡更结果。

(7) 为了使系统数据更为安全，由系统管理员赋予操作员管理权限。

2. 系统特点

由于信息钮扣体积小、重量轻、安装方便，并采用 PVC 外壳封装，因此可以适用于较恶劣的室内或室外环境。而且此套系统为无线式，所以巡更点与管理电脑之间无距离限制，应用场所相当灵活。

管理软件为特别设计的中文操作界面，简单易学，同时软件采用中文 Windows 工作平台，可与其他管理软件兼容共享信息，尤其是与我公司的智能小区管理系统集成在一个统一的平台上，既节约了成本，又满足了智能小区综合保安管理的联动需要，且不会干扰其他日常的文书处理工作。

五、设备选型

1. 巡更棒

1) 工作方式

脱机工作，定期提取巡更数据。在记录已满的情况下需将巡更数据提取到管理电脑，否则将无法继续巡更。

2) 主要设备结构及性能参数

(1) 手机锂电池供电，功耗低，金属外壳；

(2) 巡更地点、人名、事件全中文显示；

(3) 智能指引下一个巡更点；

(4) 容量为 10 000 条数据，下载快，掉电不丢失；

(5) 具备远程传输，可通过电话线下传数据到服务器。

2. 巡更点

集成电路芯片密封在外壳内，防水、防腐蚀，坚固耐用，可在各种恶劣环境中使用。每个感应器编号不重码，无需供电。

识读卡次数：> 35 万次

寿命：一体式 > 20 年，卡片式 > 10 年；

环境温度：-40℃～+85℃；

尺寸：公安专用式直径 8.5 cm，厚度 1 cm；

重量：50 g。

六、设备安装

1. 巡更点安装

首先确定安装点(不低于地面 1.5 m)，再拿冲击钻对安装点冲直径为 6 mm 的孔。

记录好每个巡更点所对应的安装地点(所有的安装点应与电脑巡更点设置相对应)。

首先确定安装点(不低于地面 1.5 m)，再拿冲击钻对安装点冲 2 个孔，并嵌入胶塞。

打开封盖，将板用自攻螺丝固定。

重新装上封盖装盒即可。

2. 标准安装方案

根据巡更路线的长短设计巡更点的布置方案：原则上每层楼一个，每视线范围一个，每一百米一个，重要或复杂地段地点必须埋设巡更点。

巡更器的配置：原则上每条巡更路线分三班巡逻，每班一套感应巡更器，该设置可根据实际情况定夺。

正确安装软件，将巡更路线上的每个埋墙式巡更点的八位号码所对应的实际地点描述在软件中，一一对应设置好(注意一定不要设置错误，否则将来统计查询将会出错)。

使用过程中，规定一定的周期下载数据，正常为一星期，如一星期数据大于 2000 条，可缩短周期。

由专门的管理人员处理数据，对巡更数据进行存储备份、将有关查询和统计报表提交管理部门。

七、设备配置清单

巡更系统的设备配置清单如表 8-13 所示。

表 8-13　巡更表系统的设备配置清单

序号	名称	规格型号	品牌	单位	数量
1	巡更采集器	Z-6500	——	台	2
2	巡更员信号卡	T28	——	个	8
3	巡更点卡	T18	——	台	30
4	应用软件	——	——	套	1
5	服务器(自配)	——	——	台	1

任务九　有线电视系统

一、系统概述

CATV 网络已遍布世界各地，它丰富的频谱资源在全球信息化中有着得天独厚的优势。随着科学技术的发展和社会经济状况的提高，有线电视以其传输质量高、系统功能强、信息量丰富、可实时传输声像信号等优点被广泛应用于一些现代化的综合性建筑中，成为智能化建筑中一项不可缺少的硬件设施。同时，这种发展的必然趋势，就是有线电视和通信、计算机网络将会融为一体。在今后的 CATV 网上，人们可以通过电视来实现电话、数据、视频点播、可寻址加解扰、电视会议、可视电话、技术探讨、远程教学等多种交互性功能。

本次方案在××有限公司的餐厅、倒班宿舍楼各房间、总经理休息室、门卫室配置有线电视接口，以便××有限公司内部工作或者管理人员能根据不同的需要收看有线电视节目，能在第一时间内通过本系统接收到外部先进、及时的信息，保证整个××有限公司在信息方面的开放和先进性。

同时××有限公司内部的一些消息和通告的发布或者是内部一些宣传、组织娱乐性节目都可以以自办节目的形式通过有线电视网络达到新大楼内部信息共享的目的，充分丰富了整个新大楼的管理、娱乐手段。

二、需求分析

××有限公司有线电视系统采用 860 MHz 邻频传输方式。接收信号源可以是卫星节目信号、有线电视信号、自办节目、有线音频广播等。

系统要支持 VOD 视频点播并且具有扩展为多功能网络的功能。有线电视系统设计为双向邻频传输系统，带宽为 5～860 MHz，其中上行频段为 5～65 MHz，87～750 MHz 为电视广播信号传输，550～750 MHz 为数据信号传输，卫星电视安排在 450～550 MHz 频段，调频广播频段为 87～108 MHz。系统要求能够支持 100 套电视节目，终端电平要求控制在 68 ± 4 dB。

三、系统设计

CATV 系统由以下四部分组成：接收信号源、前端设备、干线传输系统、用户分配网络。

根据业主需求，CATV 信号来源包括：双向有线电视网、自办、VCD、DVD、录像机、会议、调频广播等节目。

干线传输系统把来自前端的电视信号传送到分配网络，这种传输线路分为传输干线和支线。考虑到目前的情况和以后的长远发展，电视系统按照 860 MHz 带宽有线电视传输系统要求设计，其中 550 MHz 以下留给当地有线电视信号及广播信号的传输和开发，550～750 MHz 为数据信号传输，卫星电视节目安排在 450～550 MHz 频段，调频广播频段为 87～108 MHz。

从传输系统传来的电视信号通过干线和支线到达用户区。系统主要按照分配—分支方式设计，用户分支串接不超过五个。这种设计方法使线路损耗平均，用户端电平接近(约为 68 ± 4 dB)，保证了图像的传输质量，使电视信号在处理和传输过程中不失真，从而使用户获得最佳的收看效果。

对于我们所选节目信号源的接收要留有一定的余量，这样可使系统具有向上扩容性。

1. 系统节目源

(1) 当地有线电视节目；

(2) 自办节目：录像机、DVD、LD、VCR 等。

2. 前端系统

前端设备是整套有线电视系统的心脏，由各种不同信号源接收的电视信号须经再处理为高品质、无干扰杂讯的电视节目，进入混合器混合以后再馈入传输电缆。为了增加传输距离，一般应在满足载噪比指标的前提下，尽量提高前端的输出电平，并使输出端各频道电视信号的电平之间符合一定的要求。

3. 干线传输系统

××有限公司有线电视系统的干线传输设备主要包括：同轴电缆、分支分配器和双向线路放大器。

主干线缆采用 SYWLY-75-9 同轴电缆，室内水平、垂直主干线缆也是采用 SYWLY-75-9，分支分配器引至用户终端原线缆采用 SYWV-75-5。所有的放大器、分支分配器均采用双向传输型号。

4. 终端点位布置

系统的点位主要分布在餐厅、门卫室、倒班宿舍各个房间、总经理休息室等一些功能房间中。具体的有线电视点位布置如表8-14所示。

表8-14　有线电视点位布置

楼层	房间名	TV
办公楼	总经理休息室	1
二楼	办公室	2
二楼	小会议室	1
一楼	大会议室	2
门卫室	门卫室	2
宿舍楼	食堂	2
	宿舍房间	160
总计	—	170

四、设备清单

有线电视系统的设备清单如表8-15所示。

表8-15　有线电视系统设备清单

序号	设备名称	规格	品牌	单位	数量
1	有线电视面板	单孔	松乐	个	170
2	放大器	SLGF860M	松乐	台	2
3	分支器	8路	松乐	个	20
4	分支器	6路	松乐	米	5
5	分支器	4路	松乐	个	4
6	有线电视线	SYWLY-75-9	赛格	米	1000
7	有线电视线	SYWV-75-5(4P)	赛格	米	4000
8	辅材	接头专用耗材			1

任务十　机房及UPS系统

一、系统概述

随着计算机系统技术和设备的不断更新换代，安装计算机设备的场地技术，即机房工程也在不断地推陈出新。采用新材料、设备、工艺和技术是为了更好地保证机房的温度、湿度、洁净度、照度、防静电、防干扰、防震动、防雷电等，能充分满足计算机设备安全可靠地运行，延长了计算机系统的使用寿命，同时又给系统管理员创造了一个舒适、典雅的环境。因此，在设计上要求充分考虑设备布局、功能划分、整体效果、装饰风格，要体现现代机房的特点和风貌。

工程范围包括装修工程、电气工程(机房供配电、UPS)、机房防雷接地保护系统、空调系统。

二、机房要求

机房是由大量的微电子设备、精密机械设备及机电设备组成的。如果环境条件不能满足这些设备对环境的使用要求，就会降低计算机等微电子设备的可靠性，加速元器件及材料的老化，甚至丢失重要的数据和出现误动作等。

针对机房不同功能分区及不同设备对环境的要求不同，GB2887—2000 将机房环境条件分成 A、B 两级来处理，本设计采用 B 级处理。

根据国家标准及国际先进国家提出的机房环境要求，我们认为计算机机房应满足以下条件：

1. 机房环境基本要求

温度：设备 20℃～25℃，最佳 22℃；工作人员 22℃～26℃，最佳 25℃。

湿度：45%～65%，最佳 55%。

温度变化率：小于 5℃/h，并不得结露。

含尘浓度：大于或等于 0.5 μm 的粒子数小于 18 000 粒/升。

噪声：停机时，操作员位小于 68 dB(A)。

主机房内磁场干扰场强应低于 800 A/m。

机房附近无线电波干扰应低于 126 dB($f = 14$ kHz – 1 GHz)。

地板振动加速度：停机时不大于 500 mm/s。

绝缘体静电位：小于 1 kV。

2. 机房接地基本要求

系统接地性能良好会有效抑制电磁场的干扰，使空间电磁场干扰通过地线系统泄漏，保证弱电系统的可靠运行。

系统的接地要求很严格，良好的接地系统是防止外界电磁场干扰和设备间产生电容偶合干扰，提高系统可靠性的必要措施。系统接地电阻应小于 4 Ω。

3. 机房配电基本要求

电源规格必须符合下列标准(该项要求是为了确保系统安全运行而设的，务必按要求进行检查)：

电压：单相交流，220 V +4%，–8%(198～232 V)。

频率：50 Hz ± 0.5 Hz。

瞬间电压波动不能超过 220 V ± 15%，且必须在 25 个周期(0.5 s)内恢复，对于磁盘存储设备则需在 3 个周期内恢复。

总谐波成分不得高于 5%。

如果购置了大型计算机设备，需给每一个计算机机柜由配电柜单独引出一条大于 20 A 的线缆及一套大于 16 A 的插座。

应为每路线缆配相应容量的空气开关并将电缆引至计算机机柜所在的位置的地板下面。

应准备充足的电源线用于连接终端、MODEM 及其他非机柜中设备。

三、机房装修工程

机房地板采用架空地板，为使水泥砂浆地面达到不起尘、不产尘、保证空调送风系统的空气洁净度，地面需要先涮防尘漆，做防尘处理。

活动地板的种类较多，根据板基材料可分为铝合金、全钢、中密度刨花板。它们的表面都粘贴了 PVC 抗静电贴面。我们为本机房选用全钢防静电活动地板，可与地面装饰效果相协调。地板安装高度为 0.3 m。机房大门入口处做踏步铺塑胶地板。机房内部防静电地板要做等电位连接，整个地板通过导线连成一个金属整体，并与室外地极良好连接。防静电地板示意图如图 8-14 所示。

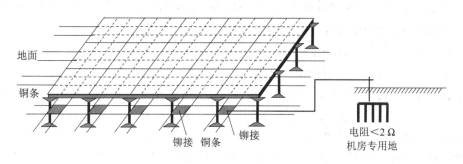

图 8-14　防静电地板示意图

四、电气工程

计算机机房提供电能质量的好坏，将直接影响计算机系统正常、可靠的运行，也影响机房内其他附属设施的正常工作，同时，机房对接地、雷电防护、机房屏蔽等均有特定要求。为了保证计算机的可靠运行，必须建立一个优质、稳定、安全、可靠的供配电系统。

1. 供配电系统

机房的用电负荷等级和供电要求应满足《供配电系统设计规范》GB50052－95 规定，其供配电系统采用电压等级 220 V/380 V、频率 50 Hz 的 TN－S 系统。机房供配电系统应考虑系统扩展、升级，预留备用容量，配电柜/箱应有充足的备用回路。机房供配电系统的电能质量如表 8-16 所示。

表 8-16　机房供配电系统的电能质量

名　称	参　数
市电	
电压偏移范围	±2%
频率偏移范围	±0.2%
电压波形畸变率	3～5%
允许断电持续时间	0～4 ms
照明	≥300 Lx
事故照明	50 Lx

2. 辅助设备动力配电系统

机房辅助动力设备包括机房专用精密空调系统、照明系统等。由于机房辅助动力设备直接关系到计算机设备、网络设备、通讯设备、其他用电设备和工作人员正常工作及人身安全，要求配电系统应安全可靠，因此该配电系统按照一级负荷进行设计。

电源进线采用 TN-S 三相五线制，由大楼的配电室引至配电间配电柜，电源进线采用阻燃电缆，由建设方负责，规格型号为 VV4×35＋1×25。机房专用空调、照明、UPS 主机等由辅助设备供电。考虑到计算机系统以后升级、扩展等的可能性，总设计容量为 50 kW。

3. 计算机设备动力配电系统

机房计算机设备包括计算机主机、服务器、网络设备、通讯设备等，由于这些设备用来进行数据的实时处理与实时传递，关系重大，所以对电源的质量与可靠性的要求最高。电源经 UPS 稳频稳压，调整电压波形后为计算机设备供电，与此同时也为 UPS 的后备电池充电。一旦市电回路停电，UPS 的后备电池立即放电，经 UPS 逆变后给计算机设备供电，这样即能保证计算机设备的供电质量，又能保证无间断、长延时供电。

UPS 系统的建设其最显著的功能就是保护机房设备在停电等情况下也能够正常运行，防止重要数据的丢失与损坏，保障了系统设备的使用寿命。不间断电源设备对电子计算机供电时，其输出功率应大于电子计算机各设备额定功率总和的 1.5 倍；对其他用电设备供电时，为最大计算负荷的 1.3 倍。负荷的最大冲击电流不应大于不间断电源设备的额定电流的 150%。

本系统 UPS 选用 10 kV·A 模块化主机 1 台，模块式电源(10 kV·A/模块)配置，正常使用时，其中 10 kV·A 在线式后备，配备(12 V/38 AH)电池 16 节，可待机不间断供电 1 小时，可满足机房内精密设备的正常运行。

UPS 主机、电池柜对机房的承重有着特殊的要求，主机下方须加固槽钢处理，以加强地面的承重能力。

4. 配电柜及开关设计

配电柜供电的输出是机房内的设备用电、照明用电和应急照明用电。充分考虑供电负荷和需求后，应预留备用输出空气开关。配电柜内均预留相应的备用开关位；主进线电缆、开关、接触器等均预留一定的富裕容量，以备以后增容和增加用电设备时使用。

配电柜内均设有独立的市电零、地母排，UPS配电柜内还设有独立的计算机专用零、地母排，均有明显的标记，便于施工中接线和检查。配电柜还设有紧急联锁接线端口，与消防紧急断电按钮相连，一旦发生火灾，能迅速切断电源，阻止火灾蔓延，减少事故损失。

配电柜内的开关设备都留有一定的备用数量，这样既能满足在现有设备下的正常工作，充分保证电源系统的安全性和可靠性，又能为将来设备的增容留有余地。

五、防雷接地保护系统

1. 接地分类形式

机房设有四种接地形式，即直流工作接地、交流工作接地、安全保护接地、防雷保护接地。四种接地宜共用一组接地装置，其接地电阻按其中最小值确定。

1）直流工作接地

直流工作接地是计算机系统中数字逻辑电路的公共参考零电位，即逻辑地。逻辑电路一般工作电平低，信号幅度小，容易受到地电位差和外界磁场的干扰，因此需要一个良好的直流工作接地，以消除地电位差和磁场的影响。

用截面积为 3 mm × 30 mm 的紫铜带，在整个机房敷设网格地线(等电位接地母排)，交叉点焊接在一起，各设备把自己的直流地就近用 BVR16 铜芯线连接在网格地线上。

2）交流工作接地

机房内有很多使用交流电的电气设备，这些设备按规定在工作时要进行工作接地，即交流电三相五线制中的中性线直接接入大地，这就是交流工作接地。机房配套设施如空调、新风机组、稳压器、UPS 等设备的中性点应各自独立，按电气规范的规定接地。

3）安全保护接地

安全保护接地就是将电气设备的金属外壳或机架通过接地装置与大地直接连接起来，其目的是防止因绝缘损坏或其他原因使设备金属外壳带电而造成触电的危险。

安装好安全保护接地后，由于安全保护接地线电阻远远小于人体电阻，设备金属外壳或机架的漏电被直接引入大地，人体接触带电金属外壳后不会有触电的危险。机房安全保护接地的接法是将机房内所有计算机系统设备的金属机壳用数根绝缘导线就近接入系统的安全保护接地线上。

4）防雷保护接地

防雷保护接地主要是用来向大地引泄雷电流的，目地在于保护人员和建筑物的安全。防雷保护接地与计算机中心建筑物采用的避雷措施有关。由于雷电流产生的电磁感应现象会造成巨大的电磁场，对计算机中心及相关设备具有极大的破坏作用，因此防雷地线装置与所有其他电器设备之间应保持足够的距离。建筑物防雷设施必须严格遵循防雷设施的规定，按标准施工，每年至少要检测一次防雷接地桩的良好程度。

静电引起的问题不仅硬件人员很难查出，有时还会使软件人员误认为是软件故障，从而造成工作混乱。此外，静电通过人体对计算机或其他设备放电时(即所谓的打火)，当能量达到一定程度，也会给人以触电的感觉，从而造成维护人员的精神负担，影响工作效率。

对于计算机机房的静电，我们采取以下措施：

在计算机内安装高性能的防静电地板，地板贴面的电阻率应符合国家标准规定，地板下的金属支架应采用 40 mm(宽度)×0.2 mm(厚度)铜箔带或 BVR6 平方铜芯线进行有效接地(网状)，最后接至大楼综合地或机房安全地。

2. 防雷器选型

由电源系统外部(主要是雷电)和系统内部工作造成的工作电压超过正常供电值，即称为过电压。暂态过电压存在的时间非常短，只有几十微秒的时间，但危害却很大。雷击是过电压中最具破坏力的一种。经观测证明，大地被雷击时，负电荷放电的能量平均为 30 kA；发生正电荷向大地放电的雷击显得特别猛烈，一般为 100 kA，高的达 200～300 kA。

从大量的计算机雷击事例中分析可以认为：由雷电感应和雷电波侵入造成的雷电电磁脉冲是计算机和电子设备损坏的主要原因。

雷电破坏电子设备的途径有两种：雷电直击到电源输入线，继而损坏设备；以感应方式，如电阻性、电感性或电容性耦合到电源、讯号或电话线上，最终危害设备。

1) 电源线路防雷

电源线路采用多级 SPD 防护，主要目的是达到分级泄流。通过合理的多级泄流能量配合，可保证 SPD 有较长的使用寿命和设备电源端口的残压低于设备端口耐雷电冲击电压，从而确保设备安全。

SPD 一般并联安装在各级配电柜(箱)开关之后的设备侧。SPD 连接导线应平直，导线长度不宜大于 0.5 m，其目的是降低引线上的电压，从而提高 SPD 的保护安全性能。逐级可靠启动泄流，确保多级 SPD 不出现盲点，以达到最佳的能量配合效果。

2) 防雷器选型

机房防雷接地系统在大楼防雷系统的基础上，对弱电系统的主要设备电源引入端做了防雷处理，要求采用联合接地，接地电阻应小于 4 Ω。

在机房的总配电箱加装第一级电源避雷防护。

在 UPS 主机和空调主机前端并联安装二级电源防护。

在重要的服务器前端加装第三级电源防护。

在重要的服务器、防火墙、核心交换机前端信号进线处串联安装信号防雷器。

六、空调系统

计算机机房属于重要设备运行场所。为了使电子计算机机房设计确保电子计算机系统稳定可靠运行及保障机房工作人员有良好的工作环境，机房内应按照国家标准《计算站场地技术通用规范》(GB2887—2000)以及《电子信息系统机房设计规范》(GB50174—2008)来确定计算机机房的环境条件。

1. 机房环境要求

1) 温、湿度要求

根据国家标准《电子计算机信息系统机房设计规范》(GB50174—2008)，电子计算机机房内温、湿度应满足表 8-17 和表 8-18 所示的要求。

表 8-17　开机时电子计算机机房内的温、湿度

级　别　　　项　目	A 级		B 级
	夏季	冬季	全年
温度	23℃ ± 2℃	20℃ ± 2℃	18℃－28℃
相对湿度	45%～65%		40%～70%
温度变化率	＜5℃/h，并不得结露		＜10℃/h，并不得结露

表 8-18　停机时电子计算机机房内的温、湿度

项　目	A 级	B 级
温　度	5～35℃	5～35℃
相对湿度	40%～70%	20%～80%
温度变化率	＜5℃/h，并不得结露	＜10℃/h，并不得结露

2) 空气含尘浓度要求

根据国家标准《电子计算机信息系统机房设计规范》(GB50174—2008)，主机房内的空气含尘浓度，在表态条件下测试，每升空气中大于或等于 0.5 μm 的尘粒数，应少于 18 000 粒。

3) 机房噪音规定

根据国家标准《电子计算机信息系统机房设计规范》(GB50174—2008)，在计算机系统停机条件下，主机房内主操作员位置测量的噪声应小于 68 dB(A)。

4) 气流组织规定

根据国家标准《电子计算机信息系统机房设计规范》(GB50174—2008)，采用活动地板下送风时，出口风速不应大于 3 m/s，送风气流不应直对工作人员。

5) 系统设计规定

根据国家标准《电子计算机信息系统机房设计规范》(GB50174—2008)，主机房必须维持一定的正压。主机房与其他房间、走廊间的压差不应小于 4.9 Pa，与室外静压差不应小于 9.8 Pa。

2. 空调系统设计与选型

本设计方案根据机房的基本情况，配置机房空调设备，以满足设计的要求。

根据项目机房情况分析，我们为数据机房和传输机房配置了精密空调系统。

机房内部空间分隔，天花板上端镂空，机房内铺设抗静电活动地板，地板上设置适量的出风口，精密空调计划采用下送风的环保型风冷机组。

计算机机房专用精密空调机组是西方科学家根据目前世界上各类品牌计算机设备对综合环境的变化要求而专业设计的一种特殊空调机，它与普通空调系统相比有许多不同之处，其主要的特点有以下几点：

(1) 保持常年恒温环境：22℃ ± (1～2)℃(因计算机主机及相关设备为不间断热源器件)。

(2) 保持常年恒湿环境：相对湿度 40%～60%(因计算机主机及相关设备在湿度较大情况下易造成电路板等接插件短路，而在湿度较小情况下，易产生静电吸附、集成块龟裂，

造成对主机的损害)。

(3) 保持机房环境内的尘净度：此类空调机以地板下为高压送风口，以天篷以上或天篷以下空间为低压回风库，进行内循环工作。在循环过程中采用了亚高效过滤网系统使机房内空间得到不断的净化。

(4) 空调送风焓差小，风量大：机房设备散热量的 95% 左右是显热，热量大、湿量小，热湿比接近无穷大。因此，空调的空气处理可近似作为一个等湿降温过程，这种工况下的焓差小，要消除余热必然是风量大。

(5) 采用下送风、上回风的送风方式：设备散热量大且集中，进风口一般设置在设备下部，自下而上的冷空气可迅速而有效地冷却设备。

(6) 考虑到甲方的预算及实际需求，本系统采用普通的 3P 柜式空调。

七、配置清单

机房及空调的配置清单如表 8-19 所示。

表 8-19　机房及空调的配置清单

序号	设 备 名 称	规 格 型 号	品牌	数量	单位
机房装修					
1	抗静电地板安装	600×600×35	亿达	80	m²
2	吸盘	—	国产	2	只
3	地板下防尘涂料涂刷	防尘	立邦	80	m²
防雷接地系统					
4	一级电源防雷器	WJA380-60	万佳	1	套
5	二级电源防雷器	WJA220-40	万佳	2	套
6	三级电源防雷器	WJAZ10/6	万佳	3	套
7	信号防雷器	WJX-RJ45	万佳	5	套
8	等电位直流静电释放	3×30铜排、机房六面体	国产	60	米
9	水平接地体	WJDO1M	万佳	4	块
10	垂直接地体	WJDO1B	万佳	8	根
11	等电位汇流排	WJD	万佳	1	个
12	接地辅材		国产	1	项
供配电/UPS 系统					
13	总配电箱	—	国产	1	套
14	UPS 主机	C10KS	山特	1	台
15	UPS 电池	12V38AH		16	节
16	电池柜	16节装电池柜	定制	1	个
17	电源连接线等辅材	—	—	1	套
空调系统					
18	柜式空调	3P	格力	1	台

附录　工程竣工档案

图 F-1 和图 F-2 是常见的工程竣工档案的封面和目录。

工程竣工档案

工程名称：＿＿＿＿＿＿＿＿＿＿＿＿＿＿＿＿＿＿＿＿

开工日期：　　　　年　　　月　　　日
竣工日期：　　　　年　　　月　　　日

安装单位：××××××××有限公司

工程负责人：　　　　　　工程技术负责人：
质量负责人：　　　　　　档案编制人：

图 F-1　封面样式

目　　录

一、前言

二、工程方案设计

三、开工报告及图纸会审记录

四、施工方案

五、施工计划及过程

六、施工组织人员安排、施工机具及材料设备清单

七、保证工程质量及施工安全技术措施

八、设备到货及开箱验收

九、施工签证及有关联系单

十、工程质量自检记录

十一、验收材料及竣工报告

十二、工程图纸

十三、其他

图 F-2　目录样式

以下提供了工程中涉及的一些表格和报告，请读者参考阅读。

工程开工报告

建设单位		工程编号		工程名称	
批准机关		批准文号		资金来源	
设计单位		出图日期		工程量	
计划开工时间		计划竣工时间		投资金额	

工程简要内容：

工程准备情况：

施工单位	建设单位	工程监理
年　月　日	年　月　日	年　月　日

主管部门审批

年　月　日

技 术 联 系 单

年　　月　　日

联系单位		工程名称	

内　容：

提出单位：　　　　设计单位：　　　　建设单位：　　　　工程监理：　　　　安装单位：

施工技术交底

年　　月　　日

工程名称		分部分项工　程	
内容：			

工程技术负责人：　　　　　　　　　　　　　施工班组：

工 程 签 证

工程名称		分部分项名称	
图　　号		签 证 编 号	

内容：

设计单位	建设单位	工程监理	施工单位
年　月　日	年　月　日	年　月　日	年　月　日

设计变更通知单

年　　月　　日

工程名称		施工单位		变更单编号	
主送单位		主送单位			
图　号					

内容：

设计单位意见

签　章　　　　　　　年　　月　　日

建设单位公章　　　　　　　　　　　　建设单位代表

中间交工验收证书

年　月　日

工程编号		工程地点		建设单位	
工程名称		工程总价		施工单位	
交　工　工　程		单位工程		分部工程	
		开工日期		竣工日期	
		验收日期			
验　收　意　见					
建设单位		施工单位		工程监理	
主管 住工地代表 （公章）		主管 住工地代表 （公章）		主管 住工地代表 （公章）	

联合调试合格证书

工程项目：
车间，工段或生产系统名称：
调试时间：自　年　月　日　时起至　年　月　日　时止
调试情况：
质量鉴定：
建设单位： 　　　　现场代表：　　单位签章： 　　　　　　　　　　　　　　　　　　　年　月　日
工程监理： 　　　　现场代表：　　单位签章： 　　　　　　　　　　　　　　　　　　　年　月　日
施工单位： 　　　　现场代表：　　单位签章： 　　　　　　　　　　　　　　　　　　　年　月　日

工程开工报告

建设单位	XXXX 邮政局	工程编号		工程名称	
批准机关		批准文号		资金来源	
设计单位		出图日期		工程量	
计划开工 时　间		计划竣工 时　间		投资金额	

工程简要内容：

工程准备情况

施工单位 　　　　　年　月　日	建设单位 　　　　　年　月　日

主管部门审批

　　　　　　　　　　　　　　　　　　　　年　月　日

图纸会审记录

××××年××月××日

工程名称		设计单位		建设单位	
图纸名称图号	主要问题内容和解决意见				
主 持 单 位 及 负 责 人					
参 加 单 位 负 责 人					

技术负责人：　　　　　　　单位工程负责人：　　　　　　　填表人：

盘箱柜安装记录

建设单位		工程名称		工段名称	BA、监控系统
施工单位		施工图号	江 7159-160	施工日期	

序　号	型号／编号	安 装 位 置	绝 缘 情 况
1			绝缘良好，符合规程
2			绝缘良好，符合规程
3			绝缘良好，符合规程
4			绝缘良好，符合规程
5			绝缘良好，符合规程
6			绝缘良好，符合规程
7			绝缘良好，符合规程
8			绝缘良好，符合规程
9			绝缘良好，符合规程
10			绝缘良好，符合规程

实测情况	1. 柜内接线符合有关规程，设备、元件检查良好。 2. 柜内设备排列整齐、美观，线色标记清晰、完整，接线排列整齐。 3. 柜面油漆完整，无变形现象。 4. 柜内进出线排列整齐，弯曲半径符合规程。 5. 控制柜安装的倾斜度、水平度、垂直度在规定的误差范围内。

说　明：

技术负责人： 年　月　日	质检员： 年　月　日

同轴电缆安装记录

建设单位		工程名称		工段名称	监控有线等
施工单位		施工图号	电讯平面图	施工日期	

序　号	型号／编号	安　装　位　置	起点／终点
1			
2			
3			
4			
5			
6			
7			
8			
9			
10			

实测情况	1. 电缆间和电缆对地的绝缘电阻值符合有关规范及要求。 2. 电缆的材质良好，无扭绞、死弯、绝缘层损坏和护套断裂的现象。 3. 同轴电缆敷设平直、整齐、固定可靠，过梁、墙、楼板等有保护管并留有余量。 4. 多根同轴电缆敷设时，排列整齐，间距一致，分支和转弯处整齐。 5. 同轴电缆连接牢固，不伤线芯，包扎严密，绝缘良好。 6. 同轴电缆进出盘箱时，弯曲半径符合要求及规程。

说　明：
　　本部分安装记录包括保安监控及报警系统、有线闭路电视系统。

技术负责人： 年　月　日	质检员： 年　月　日

信息、数据线缆安装记录

建设单位		工程名称	楼宇自控	工段名称	监控 BA 等
施工单位		施工图号		施工日期	

序　号	型号/编号	安 装 位 置	起点/终点
1			
2			
3			
4			
5			
6			
7			
8			
9			
10			

实测情况	1. 数据、信息线间和数据、信息线对地的绝缘电阻值符合有关规范及要求。 2. 线缆的材质良好，无扭绞、死弯、绝缘层损坏和护套断裂的现象。 3. 数据、信息线敷设平直、整齐、固定可靠，过梁、墙、楼板等有保护管并留有余量。 4. 多根数据、信息线敷设时，排列整齐，间距一致，分支和转弯处整齐。 5. 数据、信息线连接牢固，不伤线芯，包扎严密，绝缘良好。 6. 数据、信息线进出盘箱时，弯曲半径符合要求及规程。

说　明： 　　本部分用于保安监控及报警系统、BA 系统的安装记录

技术负责人： 　　　　　　　　　年　月　日	质检员： 　　　　　　　　年　月　日

配管及管内穿线分项工程质量评定表

工程名称： 部位： 安装单位：

保证项目		项 目	质 量 情 况									
	1	配管质量、配管的适用场所	符合图纸及设计									
	2	导线的品种、质量、绝缘电阻	符合设计及有关要求，大于 0.5 兆欧									
	3											

检验项目		项 目	质 量 情 况										等 级
			1	2	3	4	5	6	7	8	9	0	
	1	管路敷设	0	0	0	0	0	0	0	0	0	0	合 格
	2	管路保护及接地(接零)	0	0	0	0	0	0	0	0	0	0	合 格
	3	管内穿线	0	0	0	0	0	0	0	0	0	0	合 格

实测情况	1. 电缆、导线间和电缆、导线对地的绝缘电阻大于 0.5 兆欧。 2. 电缆、导线、钢管的材质良好，无扭绞、死弯、绝缘层损坏和护套断裂的现象。 3. 电缆、导线、钢管敷设平直、整齐、固定可靠，过梁、墙、楼板等有保护管并留有余量。 4. 多根电缆、导线、钢管敷设时，排列整齐，间距一致，分支和转弯处整齐。 5. 电缆、导线、钢管的连接牢固，不伤线芯，包扎严密，绝缘良好。 6. 电缆、导线进出盘箱时，弯曲半径符合要求及规程，钢管弯曲半径符合要求。

检查结果	保证项目	符合设计及规范
	检验项目	合格
	实测情况	符合技术要求

评定等级		核定意见	专职质量检查员：
	年 月 日		年 月 日

电缆线路分项工程质量检验评定表

工程名称：　　　　　　部位：　**XX** 系统　　　安装单位：

保证项目		项　　　目	质　量　情　况									
	1	电缆耐压试验	符合规范及要求									
	2	电缆敷设	符合设计图纸									
	3	终端头、电缆接头	符合规范及有关制作要求。									

检验项目		项　　　目	质　量　情　况										等　级
			1	2	3	4	5	6	7	8	9	0	
	1	电缆支、托架安装	0	0	0	0	0	0	0	0	0	0	合　格
	2	电缆保护管，电缆敷设	0	0	0	0	0	0	0	0	0	0	合　格
	3	接地(接零)	0	0	0	0	0	0	0	0	0	0	合　格

实测情况	1. 电缆、导线、钢管的材质良好，无扭绞、死弯、绝缘层损坏和护套断裂的现象。 3. 电缆、导线、敷设平直、整齐、固定可靠，过梁、墙、楼板等有保护管并留有余量。 4. 多根电缆、导线、敷设时，排列整齐，间距一致，分支和转弯处整齐。 5. 电缆、导线、的连接牢固，不伤线芯，包扎严密，绝缘良好。 6. 电缆、导线进出盘箱时，弯曲半径符合要求及规程。

检查结果	保证项目	符合设计及规范
	检验项目	合格
	实测情况	符合技术要求

评定等级		核定意见	专职质量检查员： 　　　年　月　日
	年　月　日		

成套配电柜(盘)控制柜及动力开关箱安装

分项工程质量检验评定表

工程名称：　　　　　　　部位：监控　　　　安装单位：

<table>
<tr><td rowspan="4">保证项目</td><td colspan="2">项　　目</td><td colspan="11">质　量　情　况</td></tr>
<tr><td>1</td><td>柜(盘)试验调整</td><td colspan="11">符合规范及要求</td></tr>
<tr><td>2</td><td>瓷件质量</td><td colspan="11">符合规范要求，外观良好</td></tr>
<tr><td>3</td><td>柜(盘)连接</td><td colspan="11">连接紧密</td></tr>
<tr><td rowspan="5">检验项目</td><td colspan="2" rowspan="2">项　　目</td><td colspan="10">质　量　情　况</td><td rowspan="2">等　级</td></tr>
<tr><td>1</td><td>2</td><td>3</td><td>4</td><td>5</td><td>6</td><td>7</td><td>8</td><td>9</td><td>0</td></tr>
<tr><td>1</td><td>柜(盘)组立</td><td>0</td><td>0</td><td>0</td><td>0</td><td>0</td><td>0</td><td>0</td><td>0</td><td>0</td><td>0</td><td>合　格</td></tr>
<tr><td>2</td><td>柜(盘)设备及接线</td><td>0</td><td>0</td><td>0</td><td>0</td><td>0</td><td>0</td><td>0</td><td>0</td><td>0</td><td>0</td><td>合　格</td></tr>
<tr><td>3</td><td>接地(接零)</td><td>0</td><td>0</td><td>0</td><td>0</td><td>0</td><td>0</td><td>0</td><td>0</td><td>0</td><td>0</td><td>合　格</td></tr>
<tr><td>实测情况</td><td colspan="13">
1. 柜内接线符合有关规程，设备、元件检查良好。
2. 柜内设备排列整齐、美观，线色标记清晰、完整，接线排列整齐。
3. 柜面油漆完整，无变形现象。
4. 柜内进出线排列整齐，弯曲半径符合规程。
5. 控制柜基础安装的倾斜度、水平度、垂直度在规定的误差范围内。
6. 控制柜安装的倾斜度、水平度、垂直度在规定的误差范围内。</td></tr>
<tr><td rowspan="3">检查结果</td><td colspan="2">保证项目</td><td colspan="11">符合设计及规范</td></tr>
<tr><td colspan="2">检验项目</td><td colspan="11">合格</td></tr>
<tr><td colspan="2">实测情况</td><td colspan="11">符合技术要求</td></tr>
<tr><td rowspan="2">评定等级</td><td colspan="6" rowspan="2"></td><td rowspan="2">核定意见</td><td colspan="6" rowspan="2"></td></tr>
<tr></tr>
<tr><td rowspan="3"></td><td colspan="6">　　　　　　年　月　日</td><td></td><td colspan="6">　　　　　　年　月　日</td></tr>
<tr><td colspan="2">检验项目</td><td colspan="4">合格</td><td rowspan="4">核定意见</td><td colspan="6" rowspan="2"></td></tr>
<tr><td colspan="2">实测情况</td><td colspan="4">符合技术要求</td></tr>
<tr><td rowspan="2">评定等级</td><td colspan="5" rowspan="2">合格</td><td rowspan="2"></td><td colspan="6">专职质量检查员：</td></tr>
<tr><td colspan="6">　　　　　　年　月　日</td></tr>
</table>

分部工程质量检验评定表

工程名称：

分 项 工 程 明 细 表			
序号	名 称	质量等级	备 注
1	控制柜安装	合格	
2	线缆敷设	合格	
3	管路连接	合格	
4	监控设备安装	合格	
5	电线、电缆管敷设	合格	

检查数量占设备总数量的比例：90%

说明：
   以上评定包括 BA、CCTV、CATV 及综合布线(PDS)各系统。

分项工程优良率%	质量保证资料得分	分部工程质量评定等级	核查人盖章
0	90分	合格	

工程技术负责人：　　　　质量检查员：　　　　　　年 月 日

联合调试合格证书

工程项目：楼智能化楼宇项目
车间，工段或生产系统名称：
调试时间：自 年 月 日 时起至 年 月 日 时止

调试情况：
 	
  1. 所有设备的安装及接线正确，外观检查良好，符合设计及有关规范的要求。
 	
  2. BA系统中，冷水、新风机、采暖、照明等各分系统调试后运行状态良好，72小时运转正常。
 	
  3. 微机控制部分运转状态良好，实现了所有要求的功能。
 	
  4. 安装资料、调试资料已交给甲方。

质量鉴定：

建设单位：
 	
      现场代表： 单位签章：
 	
                            年 月 日

施工单位：
 	
      现场代表： 单位签章
 	
                            年 月 日

工 程 竣 工 报 告

年　月　日

建设单位		工程编号		工程名称	
批准机关		批准文号		资金来源	
设计单位		出图日期		工程量	166万
计划开工时间		竣工时间		投资金额	

工程简要内容：

工程完成情况：

施工单位 年　月　日	建设单位 年　月　日
主管部门审批 年　月　日	

材　料　计　划

工 程 名 称

审 批 ：　　　　审 核 ：　　　　编 制 ：

××××××××有限公司

年　月　日

单 位 工 程 材 料 计 划 汇 总 表

工程名称：　　　　　　　年　月　日　　　　　　制表人：

序号	材料名称	规　　格	单位	计划数量	序号	材料名称	规　　格	单位	计划数量
1									
2									
3									
4									
5									
6									
7									
8									
9									
10									
11									
12									
13									
14									
15									
16									
17									
18									

隐蔽工程检查记录

年　　月　　日

单位工程名称		建设单位		图　　号	XX 平面图
部位及名称		施工单位		隐蔽日期	
隐蔽检查内容	1、隐蔽工程内容有以下几个方面：20F～1F 的电话线、微机线、监控线、闭路线及 BA 系统线在各层走廊棚顶的敷设部分。 2、此部分的施工依据为：各系统设计规范、施工规范、施工图纸及有关技术要求。 3、检查内容为： 　● 敷设中所用的线缆符合设计及有关规范。 　● 线管的材质符合要求，安装符合规范。 　● 线缆敷设的弯曲半径(D)10d)等符合技术要求及规范。 　● 线管及线缆的安装整齐、美观。 4、此隐蔽工程的线缆走向根据图纸所示，具体标定在竣工图中。				
建设单位意见		工程监理意见		备　　注	

质检员：　　　　　　　　　　　　　　　　技术负责人：

参 考 文 献

[1] 黎连业. 网络综合布线系统与施工技术. 北京：机械工业出版社，2003.

[2] 刘省贤. 综合布线技术教程与实训. 北京：北京大学出版社，2006.

[3] 张海涛. 综合布线实用指南. 北京：机械工业出版社，2006.

[4] 雷锐生. 综合布线系统方案设计. 西安：西安电子科技大学出版社，2004.

[5] 李宏力. 计算机网张综合布线系统. 北京：清华大学出版社，2003.

[6] 吴金达. 综合布线系统工程常用标准图表资料精选，2005.

[7] 全力. 综合布线工程. 北京：化学工业出版社，2006.

[8] 余明辉. 综合布线技术与工程. 北京：高等教育出版社，2004.

[9] 张新. 智能建筑综合布线系统的安装、调试和运行. 北京：国防工业出版社，2005.

[10] 王公儒. 综合布线工程实用技术. 北京：机械工业出版社，2011.

[11] 中华人民共和国国家标准 GB/T 20311—2007 建筑与建筑群综合布线系统工程设计规范.

[12] 中华人民共和国国家标准 GB/T 20312—2007 建筑与建筑群综合布线系统工程验收规范.